西北人影研究

（第三辑）

主　编　桑建人
副主编　常倬林　田　磊　舒志亮

内容简介

本书收录了西北区域人工影响天气中心2018年在宁夏银川召开的“西北区域人工影响天气工作经验交流及学术研讨会”上的部分论文。全书分为五部分，内容涵盖了云物理降水、人工增雨和防雹技术研究、人工影响天气作业效果检验和评估、人工影响天气管理工作经验和方法，以及人工影响天气相关技术应用研究等。

本书可供从事人工影响天气的管理、业务技术、科学研究等人员应用与参考。

图书在版编目(CIP)数据

西北人影研究．第三辑/桑建人主编．—北京：气象出版社，2020.4
ISBN 978-7-5029-7191-5

Ⅰ.①西…　Ⅱ.①桑…　Ⅲ.①人工影响天气—研究—西北地区　Ⅳ.①P48

中国版本图书馆CIP数据核字(2020)第052144号

Xibei Renying Yanjiu(Di-san ji)
西北人影研究(第三辑)
桑建人　主编

出版发行：气象出版社
地　　址：北京市海淀区中关村南大街46号　　**邮政编码**：100081
电　　话：010-68407112(总编室)　010-68408042(发行部)
网　　址：http://www.qxcbs.com　　**E-mail**：qxcbs@cma.gov.cn
责任编辑：林雨晨　　**终　　审**：吴晓鹏
责任校对：王丽梅　　**责任技编**：赵相宁
封面设计：博雅思企划
印　　刷：北京中石油彩色印刷有限责任公司
开　　本：787 mm×1092 mm　1/16　　**印　　张**：14
字　　数：400千字
版　　次：2020年4月第1版　　**印　　次**：2020年4月第1次印刷
定　　价：78.00元

《西北人影研究(第三辑)》
编撰组

科学顾问　刘建军

主　　编　桑建人

副 主 编　常倬林　田　磊　舒志亮

成　　员　穆建华　曹　宁　孙艳桥　陶　涛

周积强　马思敏　戴言博　林　彤

邓佩云　党张利　李向栋　高国青

李化泉　马兴明

序

人工影响天气是指为避免或减轻气象灾害，合理利用气候资源，在适当条件下通过科研手段对局部大气的物理过程进行人工影响，实现增雨雪、防雹等目的的活动。在全球气候变化的背景下，干旱、冰雹等气象灾害对我国经济、社会、生态安全的影响越来越大，迫切需要增强人工影响天气的业务能力和科技水平，为全面建成小康社会和美丽中国提供更好的服务。

2018年是我国开展人工影响天气60周年，60年来，我国人工影响天气业务技术和科技水平都有了很大的提高，取得了显著的经济、社会和生态效益，人工影响天气已经成为我国防灾减灾、生态文明建设的有力手段。但是，面对新形势和未来发展对人工影响天气工作的新需求，人工影响天气工作仍存在着诸多不足，其中科技支撑薄弱是一个突出问题。强化科技对核心业务的支撑，依靠科技进步，全面提升人工影响天气工作的水平和效益是全体人影工作者面临的重要任务。

西北地区是我国水资源最少的地区，生态修复、脱贫攻坚对人工影响天气的需求十分迫切。2017年，国家启动了西北区域人工影响天气能力建设工程，同时也正式成立了中国气象局西北区域人工影响天气中心，通过飞机、地面、基地等能力建设和区域统筹协调机制建设，提升西北区域人工影响天气的业务能力和服务效益。此外，根据西北区域地形和云降水特点，设立了西北地形云研究实验项目，联合国内外云降水和人工影响天气科技人员，开展空地协同外场试验，攻克关键技术，形成业务模型，提高西北人影的科技水平。为进一步聚焦人影关键技术，加强区域内各省(区)人影业务科技人员学术交流，西北区域人影中心组织开展了常态化的学术交流活动，总结交流人工影响天气发展以及需要解决的关键科技问题，提出可供西北区域科学开展人工影响天气作业的参考结论。每年学术研讨会后出版一本论文集《西北人影研究》，相信这套专集能为西北人影事业的科学发展起到积极的推动作用。

中国气象局人工影响天气中心主任 李集明

2018年10月

前　言

西北区域是我国极其重要的生态环境屏障，自然生态环境十分脆弱，在全球变暖的气候背景下，西北区域气象灾害呈明显上升趋势，干旱、冰雹、霜冻、高温等极端气候事件频繁发生，严重威胁着粮食安全和生态安全，制约着经济社会发展。随着气象科技进步，人工影响天气作业日益成为防灾减灾和改善生态环境的重要措施，国家“十三五”规划纲要明确提出“科学开展人工影响天气工作”。

为进一步提高西北区域人工影响天气的作业能力、管理水平和服务效益，全面推进人工影响天气科学、协调、安全发展，提高人工影响天气的科学性和有效性，开展人工增雨抗旱、防雹、森林灭火、防霜冻等研究，是近年来西北地区人工影响天气工作面临的紧迫性问题。西北区域人工影响天气中心从1996年开始，组织每年轮流召开一次学术研讨会，汇集了西北地区相关科技工作者和科技管理工作者对人影业务技术的分析和总结，形成了比较丰富的研讨成果。为了提高西北人影科研水平，为各地有关部门更好地开展人工影响天气工作提供参考，利用研究论文，每年编辑出版《西北人影研究》。

本专集搜集整理了西北区域人工影响天气中心2018年在宁夏召开的“西北区域人工影响天气工作经验交流及学术研讨会”上的论文，共分为5部分，内容涵盖了云物理降水、人工增雨和防雹技术研究、人影作业效果检验和评估、人影管理工作经验和方法以及人工影响天气相关技术应用研究等。

本专集第三辑由宁夏回族自治区气象灾害防御技术中心（宁夏人工影响天气中心）、中国气象局云雾物理环境重点开放实验室与云水工程南京有限公司整理汇编，由西北区域人工影响天气能力建设项目——六盘山地形云人工增雨技术研究试验项目资助，在整理编写过程中，得到中国气象局人工影响天气中心、甘肃省人工影响天气办公室、陕西省人工影响天气办公室、新疆维吾尔自治区人工影响天气办公室、青海省人工影响天气办公室，以及宁夏回族自治区人影中心相关领导、专家、同行给予的大力支持和帮助，在此一并致以衷心的感谢。

由于时间仓促，编者水平有限，难免会存在不少错漏之处，敬请各位读者批评指正。

《西北人影研究》编撰组

2019 年 10 月

前言

目　　录

第三部分　人影作业效果检验方法与效益评估方法

第四部分　人影管理工作经验和方法

第五部分　人影相关技术与应用研究

第一部分　云物理降水

内蒙古中部地区云气候学特征及降水云垂直结构特征分析

苏立娟　郑旭程　王　凯　于水燕

（内蒙古自治区气象科学研究所，呼和浩特 010051）

摘　要　本文利用2013年内蒙古中部地区呼和浩特、东胜、临河、乌拉特中旗4个高空观测站的L波段探空秒数据，采用相对湿度阈值法，进行云垂直结构气候学特征分析以及降水云系的垂直结构分析。结果表明：呼和浩特地区平均云底高度为2680 m，平均云顶高度为6433 m，平均云厚为3753 m。在全年中有60.2%的时间是无云天气。在有云时候，单层云约占24.1%，多层云中以双层云居多占多层云数的64.9%。云底高度低于2.5 km、云层厚度在3.5 km以上、云顶高度高于5.0 km且连续无夹层是降水云系的垂直结构特征。

关键词　L波段探空秒数据　云垂直结构　降水云

1　引言

形态各异、尺度不一的云，覆盖着全球50%以上的天空。云的水平分布和垂直结构特征，无论是对天气、气候还是人工影响天气都十分重要。对于天气和气候的变化，云不仅是指示器，而且是调节器。云在形成过程中释放的潜热对上升运动及云自身的发展与维持有极大的作用。一方面，云通过吸收和发射长波辐射、反射和散射短波辐射调节着地气系统的能量平衡，另一方面，云通过降水过程参与大气中的水循环，进而调节大气的温度、湿度等的分配过程。由于云能影响大气的动力和热力过程，同时能改变大气中的水循环，因此，云对天气和气候都有着重要的影响。云与辐射之间复杂的相互作用，对天气变化过程有重要的影响，对气候变化的影响更不容忽视。云和辐射的相互作用，是气候变化研究中的热点和难点。Wang[1]等通过研究发现云的垂直结构特征对大气循环的作用比水平分布更加重要，并总结出了三个重要的云垂直结构特征参数：云顶高度、云层数以及多层云之间的夹层厚度。以往的研究对云的水平分布，云总量的关注度比较高，随着探测技术的发展和遥感反演技术的提高，近年来对云的研究重点逐步转向云宏观和微观物理特性的众多参数中，对云垂直结构的进一步理解就是重点之一。

大量的实验和观测证实，云的垂直结构能够显著的影响大气环流。不同的天气系统也具有不同的云结构特征。而降水云的垂直结构能够反映降水云团的动力和热力结构特征，以及云团中降水的微物理特征。因此，获得云的垂直结构特征及其在时空上的变化，对于研究全球气候变化、选择人工影响天气作业条件有着重要意义。

国内对于云垂直结构的研究多采用云雷达资料，但由于受仪器限制，不能广泛地布网，只能对单点观测。而CloudSat虽然能够大范围的观测，但是受其轨道限制不能对一个地方进行连续观测，而且其观测也有一定的盲区。所以需要一种能够广泛布网，而且又能对云的垂直结构进行持续探测的仪器和方法，广泛布网的无线电探空获得的对空中温湿的探测，对了解云的垂直结构很有帮助。因此，本文利用我国气象业务布网的L波段探空秒数据对云的气候学特征及降水云垂直结构特征进行分析。

2 仪器及数据资料介绍

本文利用我国气象业务布网的 L 波段探空秒数据、地面观测数据等资料。L 波段高空气象探测系统是我国自行研制具有独立知识产权的高空气象探测系统之一,由 GFE(L)1 型二次测风雷达和 GTS1 型数字探空仪配合组成,能够连续自动测定高空气温、湿度、气压、风向和风速等气象要素,具有高分辨率和实时采集的能力。

L 波段高空探测系统采样周期为 1.2 s(因此其数据也称为探空秒数据),每分钟的采样频率约为 50 次,按照每分钟 400 m 升速算,L 波段高空探测仪的空间垂直分辨率为 8 m,具有高分辨率和实时采集的能力,其性能与以往探空仪相比,得到了很大的提高。它主要包括从地表到 30 km 高空的气温、湿度、气压和风向风速数据。因此,可以利用 L 波段探空系统进行云垂直结构的分析。

本文使用了 2013 年内蒙古中部地区呼和浩特、东胜、临河、乌拉特中旗 4 个高空观测站的 L 波段探空秒数据,地面观测站的降水量及卫星云图等资料。

3 计算方法

目前利用探空数据分析云垂直结构应用最多也最成熟的方法主要是相对湿度阈值法[2]。1995 年 Wang[1] 认为当探空仪器穿过云层的时候,湿度的变化和云层的变化有很大的关系,于是 Wang[1] 等根据一年的地面和探空观测对云底高度范围内的相对湿度做频率统计,得到在地面人工观测云底高度范围内湿度的频率分布。发现,相对湿度 87%处在一个显著变化的频率上,相对湿度小于 84%的只占所有个例的 25%。因此,以 84%~87%作为阈值判断云层,改进了 Poore[3] 的方法,通过对相对湿度取阈值来判断云层垂直结构。

采用相对湿度阈值法分析云垂直结构的主要算法包括:(1)换算相对湿度,气温低于 0℃时,要按照冰面饱和水汽压去计算相对湿度,即利用实际水汽压除以冰面的饱和水汽压得到新的相对湿度(RH-ice);(2)云层中相对湿度最大值要大于 87%,最小值要不小于 84%;(3)在云层边界云底和云顶时相对湿度的跳变要大于 3%,且在云顶有负的跳变,在云底有正的跳变。除此以外,沿用了蔡淼等[4-8] 改进的内容;(4)云夹层小于 300m,并且夹层内最小相对湿度大于 80%时,该夹层视为云层内;(5)云层厚度小于 80m 时,该层云视为湿层;(6)云底高度按照地面人工观测的高度确定。

4 研究结果

4.1 云垂直结构气候学统计分析

云在天气和气候系统中扮演着重要而复杂的角色,云的物理特性的垂直结构特征及其分布等直接影响云-辐射特性,对气候变化起着关键的作用。利用 2013 年 1—12 月呼和浩特站的 L 波段探空资料,采用相对湿度阈值法,进行云垂直结构特征分析。包括:云底高度,云顶高度,云层厚度的频率分布;多层云的出现频率分布及特征分析;高中低云的特征分析;云垂直结构的季节、地域变化等。

4.1.1 云高度和云厚度特征

利用呼和浩特站2013年共365份探空样本资料，分别统计得出：平均云底高度为2680 m，平均云顶高度为6433 m，平均云厚为3753 m，去除夹层的云厚为2546 m。图1给出了云底高度、云顶高度和云厚度随月份的分布情况。可以看到：1—4月，云底和云顶高度均较高，云厚约为2000 m左右；5—8月，云底普遍较低，约为1500 m左右，云顶高度较高，可达8000 m以上，云厚约为6000 m左右，主要由于夏季对流发展比较旺盛；9—12月云底和云顶高度均有所升高，云厚约为2000 m。

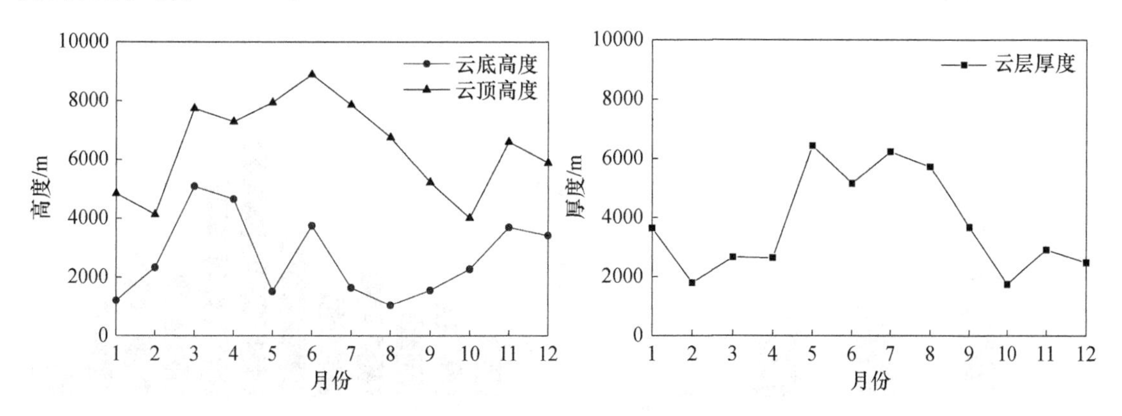

图1 云底高度、云顶高度和云厚度随月份的变化

4.1.2 多层云的结构特征

图2为多层云的分布特征，由图2可知，全年中呼和浩特无云时候占多数，60.2%是无云天气；在有云时候，单层云约占24.1%，多层云中以双层云居多占64.9%，三层云以上（包括三层云）出现的次数较少，仅有5.2%。单层云出现时其平均云底高度为2714 m，云顶高度4769 m，云厚2364 m。从单层云到多层云厚度逐渐增加（单层2047 m，双层2769 m，三层3743 m），云底降低，云顶升高。多层云出现时，高层的云厚比低层要厚，三层云的夹层比双层云厚。从多层云出现的频率随月份变化看出，4—9月，即春末至秋初多层云出现的频率较高，主要与对流天气的发展密切相关；1月、11月和12月频率也较高，可能与样本数较小有关。

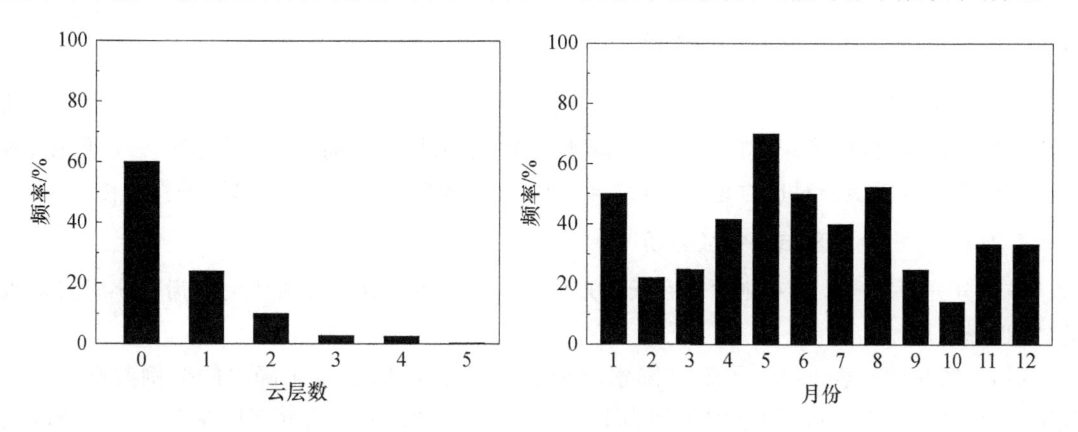

图2 多层云的分布与特征

4.1.3 高中低云的结构特征

根据云底高度和厚度的不同,将云分为以下四类:(1)低云,云底高度低于 2.5 km,云厚小于 6 km;(2)中云,云底高度在 2.5 km 到 6 km 之间;(3)高云,云底高度高于 6 km;(4)深对流云,云底高度低于 2.5 km,云厚大于 6 km。这四类云出现的频率(图 3)分别为,42.8%、29.1%、25.9%和 2.2%。可见从低云、中云到高云出现的频率逐渐减小,深对流云出现的次数很少仅有 2.2%。低云平均云底高度为 1156 m,且较薄,厚度仅有 1226 m;中高云比低云略厚,其中中云厚度为 1896 m,高云厚度为 2060 m。深对流云很厚,有 16.5 km,且云顶高,最高可达到 17210 m。

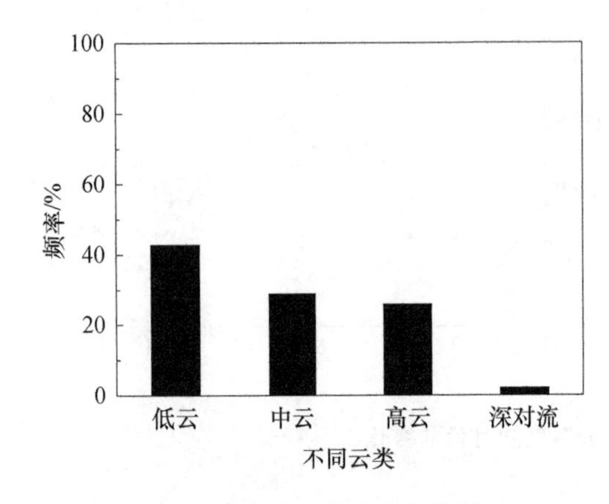

图 3 高低中云的分布与特征

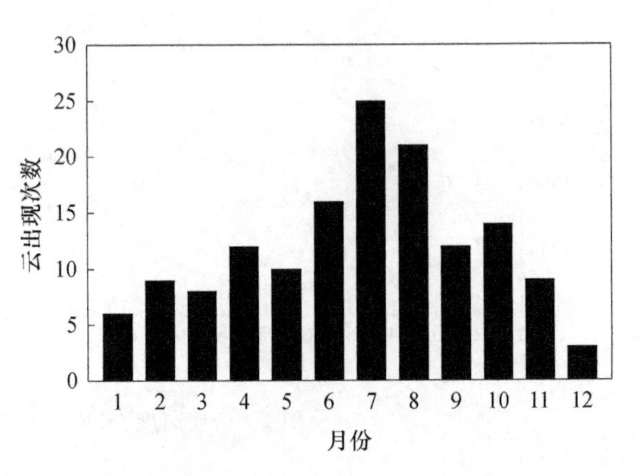

图 4 云层出现次数随月份变化

4.1.4 云结构的月份变化特征

云结构的变化和月份有一定的关系,图 4 给出了呼和浩特云层出现次数随月份变化的情况。由图 4 可以看出,云层出现次数随月份变化较大,其中 6 月、7 月、8 月三个月出现云的次数较多,均在 15 次/月以上,7 月份更是高达 25 次。其他月份出现云层的次数则较少,特别是在冬季的 12 月份和 1 月份,云层出现次数基本在 5 次左右。可以看出呼和浩特夏季的云层发展还是非常旺盛的,但冬季相对较少。

4.2 典型降水云的垂直结构特征

利用 2013 年 3—10 月 20 次过程呼和浩特、东胜、临河、乌拉特中旗 4 站共 120 个个例的 L 波段探空秒数据,将其分为有降水和无降水两组,分别从云底高度、云顶高度、云层厚度、多层云特征四个方面展开对比讨论,并且结合云状、天气现象等,揭示出降水云垂直结构。

4.2.1 降水云垂直结构特征分析

本部分分析对象包括观测时现在天气现象中有降水的个例以及观测时前后一小时有降水的(附近降水)个例。

(1)云底高度。表 1 给出了发生降水时云底高度分布情况,发生降水的个例共有 47 次。其中,云底高度在 1.0 km 以下的个例为 15 个,占总数的 31.9%,云底高度在 1.5~2.0 km 的占 23.4%。发生降水时,有三分之一的降水云的云底高度很低,在 1.0 km 以下;有三分之二的降水发生时,降水云的云底高度均在 2.0 km 以下;而大约 80%的个例云底高度在 2.5 km

以下。附近有降水时云底高度基本在 2.5 km 以下。可见，云底高度在 2.5 km 以下的时候发生降水的可能性较大。

表 1　发生降水时云底高度分布情况

云底高度/km	0.0～1.0	1.1～1.5	1.6～2.0	2.1～2.5	2.6～3.0	3.1～3.5	>3.5
个例数/个	15	5	11	6	3	5	2
百分比/%	31.9	10.6	23.4	12.8	6.4	10.6	4.3

(2)云厚。表 2 给出了发生降水时云厚的分布情况，由表 2 可见，大部分降水云的云厚在 5.0 km 以上，云层厚度在 3.5 km 以上时发生降水的概率为 83.0%，而云层厚度在 2 km 以下时基本不会发生降水。

表 2　发生降水时云厚分布情况

云层厚度/km	0.0～2.0	2.1～3.0	3.1～3.5	3.6～4.0	4.1～5.0	>5.0
个例数/个	1	3	4	4	5	30
百分比/%	2	6.4	8.5	8.5	10.6	63.8

(3)云顶高度。表 3 给出发生降水与观测时刻前后一小时有降水时云顶高度分布情况，大约 90%的降水云云顶高度均在 5.0 km 以上。

表 3　发生降水时云顶高度分布情况

云顶高度/km	0.0～3.0	3.1～5.0	>5.0
个例数/个	1	5	41
百分比/%	2.0	10.6	87.2

(4)多层云特征。在统计的 120 个个例中，有 47 个个例发生了降水，12 个个例前后一小时内有降水，其中共有 6 个个例云中出现了夹层，所占比例很小(表 4，表 5)。具体考察夹层厚度及位置特征后发现，夹层的厚度较小，基本在 1.0 km 以下，夹层位置偏高，第一层云的厚度应在 2 km 左右。因此，降水云在垂直结构上应该是连续的，没有夹层出现。如果有夹层的话，夹层厚度应在 1 km 以下，第一层云的厚度应在 2 km 左右，否则将不利于降水的产生。

表 4　发生降水时 L 波段探空秒数据所示的云垂直结构特征(有夹层)

站名	时间	云底/km	云顶/km	云厚/km	夹层厚度，位置/km	云状	现在天气
乌拉特中旗	072108	2.8	6.1	3.3	0.7，(4.5～5.2)	Cb cap	雷暴
东胜	082008	1.6	5.4	3.8	0.2，(2.6～2.8)	Scop	小雨
东胜	091620	0.0	7.6	7.6	2.1，(2.0～4.1)	Cb cap	阵雨

注：时间“072108”代表 7 月 21 日 08 时，下同。

表 5 附近降水时 L 波段探空秒数据所示的云垂直结构特征(有夹层)

站名	时间	云底/km	云顶/km	云厚/km	夹层厚度,位置/km	云状	现在天气
呼和浩特	061608	2.0	8.8	6.8	1.3,(4.0～5.3)	Cb cap	无
东胜	091708	1.6	5.5	3.9	0.8,(3.9～4.7); 0.3,(4.5～4.8)	Scop	无
东胜	091720	0.0	5.1	5.1	0.6,(0.3～0.9)	Cb cap	无

4.2.2 非降水云垂直结构特征分析

(1)云底高度。无降水发生时(共 61 个例),云底高度较高的个例为 21 个个例(表 6)。无降水但云底高度在 2.5 km 以下的个例有 40 个,其中有 17 个个例有夹层,另外 23 个无夹层,17 个有夹层的个例不利于降水;23 个无夹层的个例中有 15 个个例的云厚均小于 3.6 km,产生降水概率很小;剩余的 11 个个例满足云底高度在 2.5 km 以下、云厚大于 3.5 km、无夹层的条件,但是具体考察这 11 个个例后我们发现,又有 7 个个例在其前或后两小时内有降水或有雾霾天气。因此,可以说,在 61 次无降水的个例中,只有 4 次出现云底高度在 2.5 km 以下而没有发生降水的情况(4 个例中 1 个例云顶高度 5 km 以下,其余 3 次为同一次天气过程)。

表 6 无降水时云底高度分布情况

云底高度/km	0.0～1.0	1.1～1.5	1.6～2.0	2.1～2.5	2.6～3.0	3.1～3.5	>3.5
个例数/个	17	2	10	11	10	8	3
百分比/%	27.9	3.3	16.4	18.0	16.4	13.1	4.9

(2)云厚。没有发生降水的 61 个个例中,有 22 个个例云层厚度在 3.5 km 以下,占总数的 36%,其中云厚 2 km 以下的个例较多(表 7)。有 64%的个例云厚在 3.5 km 以上,但并没有发生降水,共 39 个个例。具体分析 39 个个例后,我们发现,17 个个例有夹层,降水可能性较小,剩余的 22 个个例中又有 11 个个例不满足云底高度在 2.5 km 以下的条件。对其余满足云底高度在 2.5 km 以下、云层厚度在 3.5 km 以上、无夹层这三个条件的 11 个个例进行深入分析后发现,有 4 个例在前后两小时发生降水,2 个例出现雾霾天气。因此,在 61 次无降水的个例中,只有 4 次出现云厚 3.5 km 以上而没有发生降水的情况(4 个例中 1 个例云顶高度5 km以下,其余三次为同一次天气过程)。

表 7 无降水时云厚分布情况

云层厚度/km	0.0～2.0	2.1～3.0	3.1～3.5	3.6～4.0	4.1～5.0	>5.0
个例数/个	11	7	4	6	3	30
百分比/%	18.0	11.5	6.6	9.8	4.9	49

(3)云顶高度。无降水时有大约三分之一的个例云顶高度较低,40 个个例满足云顶高度在5 km以上但没有发生降水(表 8)。除去 37 个云底高度和云厚不满足条件、前后两小时发生降水或出现雾霾天气的个例外,只有 3 个个例云顶高度在 5 km 以上没有产生降水,而这三个个例均为同一次天气过程。

表 8 无降水时云顶高度分布情况

云顶高度/km	0.0～3.0	3.1～5.0	>5.0
个例数/个	7	14	40

(4)多层云特征。表 9 给出了无降水时 L 波段探空秒数据所示的云垂直结构特征，61 次无降水个例中有 22 个出现夹层(表 9)。22 个个例中多数均为云底较低、云层较厚、云顶较高，可见，没有产生降水的主要原因是因为站点上空云的部分不连续、出现了夹层。对比有降水时的多层云特征后发现，发生降水时上空云中出现的夹层，其厚度较小，在 1 km 以内，第一层云的厚度在 2 km 左右。而表 9 中的夹层厚度明显偏大，第一层云的厚度在 1 km 以下。

表 9 无降水时 L 波段探空秒数据所示的云垂直结构特征(有夹层，22 个)

站名	时间	云底/km	云顶/km	云厚/km	夹层厚度，位置/(km)	云状	现在天气
东胜	050820	0.0	6.1	6.1	1.5，(0.5～2.0)	Cb cap	无
临河	070108	0.1	11.5	11.4	1.9，(1.0～2.9)	Cb cap	雾
东胜	060820	0.6	9.5	8.9	0.9，(1.4～2.3)	—	无
乌拉特中旗	061620	0.7	4.5	3.8	0.6，(2.2～2.8)	Sc	无
呼和浩特	061508	0.7	3.9	3.2	0.3，(2.7～3.0)	—	无
临河	071420	1.1	6.3	5.2	1.0，(1.7～2.7)	Cb cap	无
乌拉特中旗	071508	1.2	3.8	2.6	0.2，(1.7～1.9)	Sc	无
临河	091720	1.8	4.6	2.8	0.5，(3.4～3.9)	Cb cap	无
临河	050708	1.9	4.0	2.1	0.2，(2.6～2.8)	Actra	无
临河	062014	1.9	5.5	3.6	0.4，(2.1～2.5)	Sc tra	无
临河	082708	2.0	7.8	5.8	0.5，(2.3～2.8)； 0.6，(3.3～3.9)	Sc tra	雾
呼和浩特	061520	2.0	8.8	6.8	1.3，(3.9～5.2)	Cb cap	无
临河	081920	2.1	9.5	7.4	0.9，(3.0～3.9)	Cb cap	无
呼和浩特	050720	2.2	3.9	1.7	0.7，(2.7～3.4)	—	无
呼和浩特	051608	2.2	11.9	9.7	3.0，(3.4～6.4)	Cu hum	无
呼和浩特	080720	2.2	10.9	8.7	0.7，(2.7～3.4)	Cb cap	无
东胜	070914	2.5	7.6	5.2	1.0，(4.7～5.7)	Cb cap	无
呼和浩特	082720	2.8	9.1	6.3	1.0，(3.9～4.9)	—	无
乌拉特中旗	050820	2.9	10.9	8.0	1.6，(3.7～5.3)	Cb cap	无
乌拉特中旗	061520	2.9	10.9	8.0	1.7，(3.7～5.4)	—	无
临河	050820	3.0	12.2	9.2	1.5，(4.0～5.5)	Sc tra	无
临河	050720	3.3	6.0	2.7	0.5，(6.5～7.0)	—	无

注：“—”代表缺测，下同。

4.3 典型降水个例分析

选取 2013 年 5 月 15 日—16 日个例进行分析，临河站从 5 月 15 日 16 时开始到 16 日 11 时出现降水，降水持续 20 个小时，总降雨量 12.5 mm。5 月 15 日 08 时，云底高度为 3.7 km，云顶高度 11.0 km,云层厚 6.3 km,地面观测为高层云,云层的发展较好,但云底较高,没有产生降水。随着系统的发展,16 时降水开始,到 20 时,云底高度为 1.9 km,云顶高度 7.5 km,云层厚 5.6 km,出现小雨天气。云层继续发展到 16 日 08 时,云基本接地,降水量明显增加(表 10)。

表 10 临河市 L 波段探空秒数据所示的云垂直结构特征

时间	云底/km	云顶/km	云厚/km	夹层厚度,位置/km	云状	现在天气
051508	3.7	11.0	6.3	无夹层	—	无
051520	1.9	7.5	5.6	无夹层	Scop	小雨
051608	0.0	6.1	6.1	无夹层	Scop	小雨

由此个例进一步验证了当云底高度在 2.5 km 以下、云厚在 3.5 km 以上,云顶高度在 5.0 km以上,且在垂直结构上是连续没有夹层出现的时候,该云层为降水云系,能够产生降水。

5 结论与讨论

(1)呼和浩特地区平均云底高度为 2680 m,平均云顶高度为 6433 m,平均云厚为 3753 m。在全年中有 60.2%的时间是无云天气。在有云时候,单层云约占 24.1%,多层云中以双层云居多,占多层云数的 64.9%。云垂直结构特征存在季节变化的规律,云底高度随季节变化不大,而云顶高度在夏天达到最高,到冬天云顶较低,云厚较薄。夏季有云的时候多,且以多层云为主,冬季无云时候多;夏季低云多,高云多,而冬季高云多,低云少。

(2)降水云的垂直结构特征表现为,大约 80%的降水云云底高度在 2.5 km 以下;云顶高度在 5.0 km 以上,云层厚度在 3.5 km 以上时发生降水的概率为 83.0%,而云层厚度在 2 km 以下时基本不会发生降水;降水云云顶高度大部分均在 5.0 km 以上;降水云在垂直结构上应该是连续的,没有夹层出现,如果有夹层的话,夹层厚度应在 1 km 以下,第一层云的厚度应在 2 km 左右,否则将不利于降水的产生。因此,云底高度在 2.5 km 以下、云层厚度在 3.5 km 以上、云顶高度在 5.0 km 以上且连续无夹层是降水云系的垂直结构特征。

参考文献

[1] Wang J H,Rossow W B. Deteminnation of cloud vertical structure from upper air observations[J]. J Appl Meteor,1995,34:2243-2258.

[2] 周毓荃,欧建军. 利用探空数据分析云垂直结构的方法及其应用研究[J]. 气象,2010,36(11):50-58.

[3] Poore K D. Cloud base top and thickness climatology from RAOB and surface data[C]. Cloud Impacts on DOD Operations and Systems,1991 Conf.

[4] 蔡淼,欧建军,周毓荃,等. L 波段探空判别云区方法的研究[J]. 大气科学,2014,38(2):213-222.

[5] 尚博,周毓荃,刘建朝,黄毅梅. 基于 Cloudsat 的降水云和非降水云垂直特征[J]. 应用气象学报,2012,23(1):1-9.

[6] 李伟,李峰,赵志强,等. L 波段气象探测系统建设技术评估报告[M]. 北京:气象出版社,2009.

[7] 李积明,黄建平,衣育红,等. 利用星载激光雷达资料研究东亚地区云垂直分布的统计特征[J]. 大气科学,2009,33(4):698-707.

[8] 彭杰,张华,沈新勇. 东亚地区云垂直结构的 CloudSat 卫星观测研究[J]. 大气科学,2013,37(1):92-99.

基于微波辐射计的六盘山区夏秋季大气水汽、液态水特征初步分析

田　磊[1,2]　桑建人[1,2]　姚展予[3]　常倬林[1,2]　穆建华[1,2]　孙艳桥[1,2]　曹　宁[1,2]

(1. 中国气象局旱区特色农业气象灾害监测预警与风险管理重点实验室,银川 750002;
2. 宁夏气象防灾减灾重点实验室,银川 750002;3. 中国气象科学研究院,北京 100081)

摘　要　本文利用 2017 年 6—11 月隆德气象站地基多通道微波辐射计资料,结合同期平凉探空站及隆德地面降水等观测资料,分析了六盘山区夏秋季大气水汽、液态水变化特征。结果显示:六盘山区夏秋季在降水天气背景下,大气水汽含量和液态水含量均较高,平均分别是无降水天气背景下的 1.4 倍和 7 倍;降水天气背景下水汽在 5000 m 以下有明显的增加,且在此高度范围内的水汽密度随高度的递减率比无降水天气背景下明显偏小;各高度层的液态水相比无降水天气背景下均有明显增长,除 6 月外,主峰值均出现在 0℃层高度层以下。六盘山区夏秋季各月中,6—9 月,大气水汽含量高值区均出现在正午到傍晚时段,低值区均出现在日出前后;液态水含量在日出前、午后及傍晚则分别出现峰值,最明显的峰值出现在午后。10—11 月大气水汽、液态水日变化特征不太明显。

关键词　微波辐射计 大气水汽 液态水 日变化 六盘山

1　引言

水汽在大气中所占的比例很小,仅为 0.1%～3%,但却是全球水循环过程中最为活跃的成分,是天气和地球系统中的关键因子之一[1-2]。水汽还是一种很重要的温室气体,以多种形式影响地球的能量收支[3]。我国把大气水汽研究作为全球变化研究的主要内容[4]。同时,大气水汽作为云降水物理过程的重要介质对提高人工影响天气效率有着不可忽视的作用[5-6],云中液态水的多寡是决定增雨可播性的先决条件[7]。

地基微波辐射计高时空分辨率、高探测精度、可无人值守并能全天候连续工作的优点使其逐渐成为监测大气水汽和云液态水的有力工具[8-10]。随着探测技术及探测设备的发展,微波辐射计从双通道发展到了多通道,反演方法也从最初的回归算法发展到神经网络算法,并在不断的改进[11-17],反演精度的提高使其越来越广泛的应用于科研和业务当中。

在双通道微波辐射计观测研究方面,魏重[18]等针对双通道微波辐射计天线着水做了订正,通过分析北京雨天观测实例得出,在雨强小于 20mm/h 范围内,双通道微波辐射计可以定量得到大气水汽含量和云液态水含量。雷恒池等[19]在西安观测发现,降雨开始前,大气水汽和云液态水含量的数值均有跃增现象,并提出在降水云系前方(周围)存在丰水区的假设。李铁林等[20]在河南新乡观测发现,不同天气背景时对应不同的大气水汽含量及云液态水含量分布,云液态水含量的变化与云量的增减有关,也发现了降水开始之前大气水汽和云液态水含量有明显跃增的现象。黄彦彬等[21]分析了西宁市不同月份晴天少云、阴天及降水天气条件下大气总含水量和云中液态水含量的分布规律。陈添宇等[22]观测发现,张掖甘州降水发生的前提是大气水汽含量需超过某一阈值,且雨强与大气水汽含量在时间上同步。王黎俊等[23]分析了黄河上

游河曲地区的云水特征,并探讨了利用微波辐射计预测降水及制定人工增雨作业指标的可能。田磊等[24]分析了银川地区不同季节大气水汽和云液态水的日变化特征及各个时次的降水分布。

近年来,多通道微波辐射计逐渐替代了双通道微波辐射计,越来越受到研究者的关注。刘红燕等[25]对比了地基微波辐射计、探空、GPS三种探测水汽方法之间的差异,并分析了北京地区水汽的日变化特征及水汽与温度的相关性。黄建平等[26]分析了黄土高原半干旱区大气水气和云液态水的变化特征。张志红等[27]对北京一次积层混合云降水过程观测发现,雷达回波垂直分布趋势与微波辐射计液态水的垂直分布趋势有较好的对应关系,底层液态水的分布与地面降水的产生有直接的关系。李军霞等[28]在山西观测发现,初夏季节降水前大气水汽和液态水含量的迅速增大预示着测站上空水汽的迅速聚集,可作为降水可能发生的指示因子。张文刚等[29]发现武汉地区降水发生时,水汽在垂直方向上有明显的变化特征。汪小康等[30]通过分析武汉地区不同强度降水发生前的水汽及液态水及相对湿度等微波辐射计反演参数的差异,探讨了这些参量在降水预报中的参考意义。黄治勇等[31]对湖北两次冰雹过程的观测发现,这两次冰雹都发生在2～3 km层增温过程中,降雹前约20 min,0 ℃以下液态水含量急剧增长,在降雹开始前快速减小。众多研究成果表明,多通道微波辐射计在监测分析人工影响天气云水条件方面有很好的应用前景。

六盘山区地处青藏高原与黄土高原的交汇地带,是我国典型的农牧交错带和生态脆弱带,也是黄土高原重要的水源涵养地、生态保护区及国家级扶贫开发区。该地区降水季节分布不均,夏秋季(6—11月)降水约占全年总降水量的70%以上,水资源短缺是制约当地农业发展的关键因素之一,通过人工增雨的方式增加地面降水对缓解该地区水资源短缺,促进生态环境建设,保障社会经济发展具有重要意义。

目前,针对六盘山区大气水汽、液态水特征的观测研究很少。本文利用六盘山区隆德气象站的地基多通道微波辐射计资料,结合地面降水等观测资料,深入分析了该地区夏秋季大气水汽含量、云液态水含量及水汽、液态水垂直廓线等参量的变化特征。

2 站点、仪器及方法介绍

2.1 观测站点

隆德气象站位于六盘山脉西侧,地理坐标为106°07′E,35°37′N,海拔2079 m,距六盘山山脊线的距离约10 km,与山脊最高点的高度相差约800m。具体位置见图1。据隆德气象站近30年降水资料统计,该站年平均降水量为492 mm,其中夏秋季平均降水量为393 mm,占年降水量的79%。

2.2 仪器介绍

为了监测六盘山区过境云水,2017年6—11月的试验中在隆德气象站内空旷地带布设了RPG-HATPRO-G4型多通道微波辐射计,其采用并行42通道设计,其中K频段(22.24～31.9 GHz)21个通道主要用于测量及反演大气水汽廓线、水汽含量及液态水含量,V频段(51.26～58.0 GHz)21个通道主要用于测量及反演大气温度廓线。同时通过反演获得0～10 km范围内大气温度、湿度廓线、大气水汽含量、液态水含量、水汽密度等数据产品。微波辐射计基本性能参数见表1。

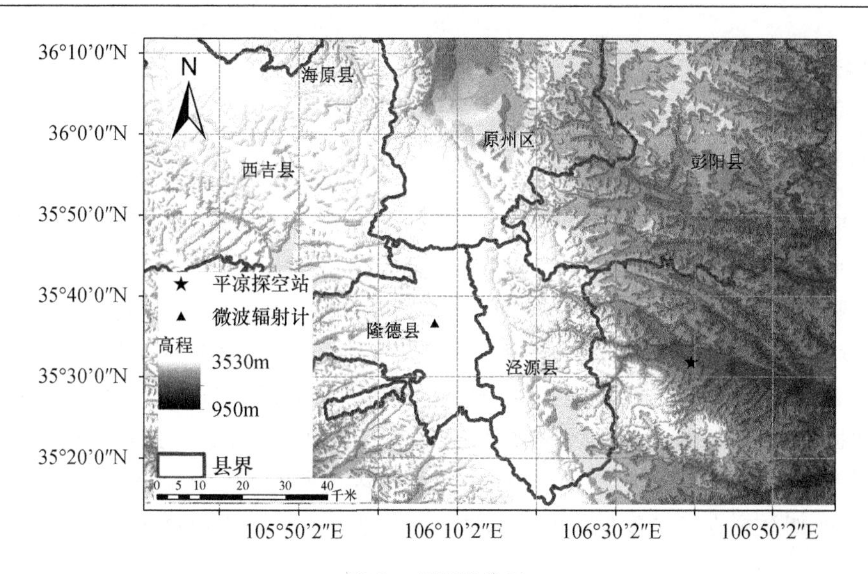

图 1　观测站位置

表 1　微波辐射计性能参数

性能参数	参数值
垂直分辨率(共 93 层)	25 m(0～100 m);30 m(100～500 m);40 m(500～1200 m); 60 m(1200～1800 m);90 m(1800～2500 m);120 m(2500～3500 m); 160 m(3500～4500 m);200 m(4500～6000 m);300 m(6000～10000 m)
温度廓线精度	0.25 K RMS(0～500 m);0.50 K RMS(500～1200 m); 0.75 K RMS(1200～4000 m);1.00 K RMS(4000～10000 m)
湿度廓线精度	0.1 g/m^3 RMS(绝对湿度);5% RMS (相对湿度)
液态水路径 LWP	精度:±10 g/m^2;噪声:2 g/m^2 RMS
综合水汽含量 IWV	精度:±0.12 kg/m^2 RMS;噪声:0.05 kg/m^2 RMS
系统噪声温度	22.2～31.4 GHz:<400 K;51.4～58.0 GHz:<600 K
辐射分辨率	K 波段:0.10 K RMS;V 波段:0.15 K RMS(1 s 积分时间)
绝对亮温精度(定标后)	0.2 K
辐射测量范围	0～800 K
长期亮温漂移	0.2 K/a
工作温度范围	−60～60 ℃
工作相对湿度范围	0～100%

探空数据来源于甘肃平凉探空站 2017 年 6—11 月 L 波段探空雷达监测秒数据。气象资料包括地面温、压、湿、风、降水等来源于隆德县气象站。

2.3　数据处理方法

在数据分析和处理当中,我们将隆德气象站出现有效降水(日降水量大于 0.1 mm)的一天记为降水日,反之,记为非降水日。为了避免降水对微波辐射计测量大气水汽、液态水等参量的误差,在对资料统计分析之前,参照隆德气象站的降水资料,剔除了降水时段的资料,以保证资料的可靠性。

3 结果分析

3.1 微波辐射计和探空的对比

本文选取2017年6—11月平凉探空站每天两次(08时和20时)的探空资料,将探空得到的各高度的平均温度、水汽密度及相对湿度线性插值隆德到微波辐射计93层高度,根据每天探空开始观测至气球上升至微波辐射计探测最高高度时刻提取出对应时间段的微波辐射计温度、水汽密度及相对湿度廓线数据,并将每次探空观测时段的微波辐射计分钟数据做平均,视为此次探空观测时次对应的微波辐射计观测值,利用由此得到的354个观测时次的探空和微波辐射计数据,对两个探测设备获得的温度、水汽密度及相对湿度廓线进行对比分析。

计算了两个探测设备的3个特征参量在观测期内的平均廓线及其相关系数和均方根误差,统计了354组数据在各高度层的相关系数,统计的相关系数均通过了置信度为0.01的显著性水平检验,如图2。

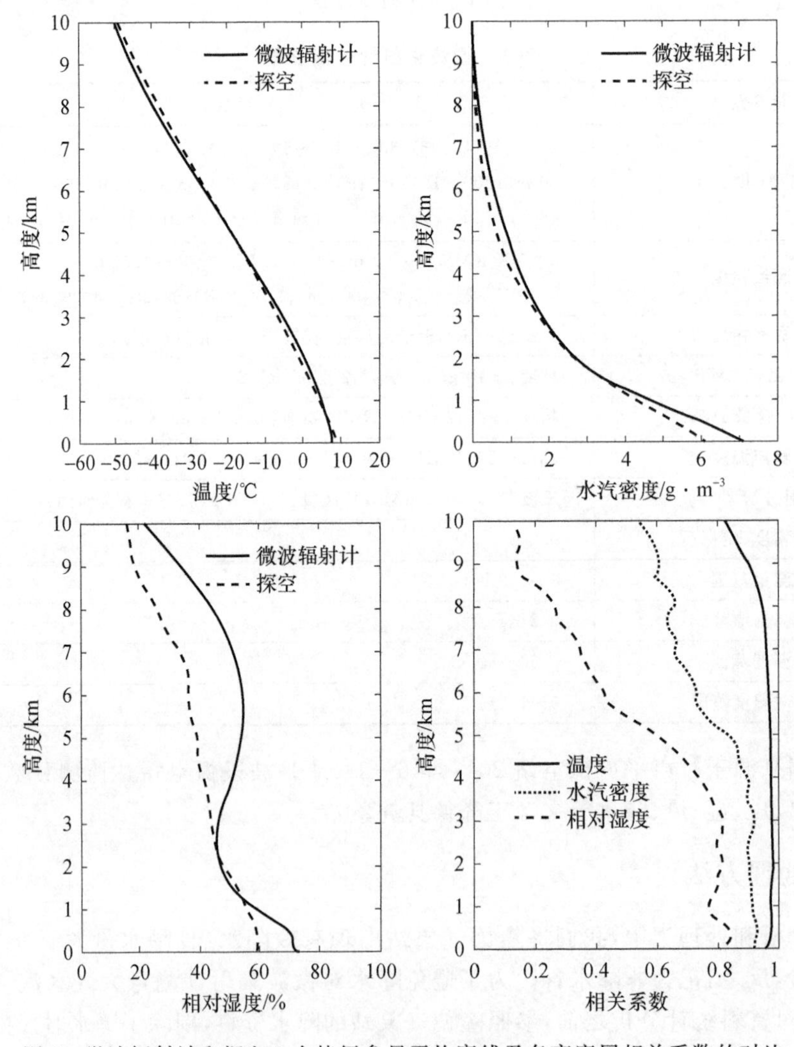

图2 微波辐射计和探空3个特征参量平均廓线及各高度层相关系数的对比

整体来看，两个仪器在观测期内的平均温度廓线、水汽密度廓线及相对湿度廓线的相关系数分别为0.99、0.99及0.85，均方根误差分别为0.86℃、0.46 g/m³及10.32 g/m³。从三个特征参量在各高度层的对比来看，两个设备观测的温度在各高度层均有较好的相关性，整层相关系数均超过0.8，9000 m以下相关系数均超过0.9，和探空相比，微波辐射计观测的温度在4500 m以下略大，4500 m以上略小；水汽密度在5000 m以下有较好的相关性，相关系数均超过0.83，5000 m以上相关系数随高度逐渐递减，从0.83递减至0.54，和探空相比，微波辐射计观测的水汽密度在各高度层均偏大，其中1000 m以下和4000～6000 m的偏差较大；相对湿度在4000 m以下相关性较好，相关系数均超过0.75，4000～5500 m之间相关系数随高度迅速递减，从0.75递减至0.47，5500 m以上相关系数随高度逐渐变差，和探空相比，微波辐射计观测的相对湿度除1200～2300 m范围内比探空略小外，其他高度层均比探空明显偏大。两个观测设备观测的廓线存在差别的可能原因主要有：(1)采样方式有一定差异。由于平凉探空的采样时间一般为30～45 min，且采样地点相对探空站有水平位移，而微波辐射计的采样时间为1秒钟，在固定位置以天顶模式观测。(2)微波辐射计观测地点与平凉探空站直线距离约42 km，海拔相差近600 m，且两地观测期的天空状况的不同也会造成一定误差。

3.2 大气水汽、液态水含量变化特征

统计夏秋季各月降水日和非降水日的大气水汽及液态水的平均值和标准差，结果见表2。从夏秋季各月水汽含量来看，8月降水日平均水汽含量最大，为30.12 mm，降水量也为各月最多，为167.1 mm；各月非降水日水汽含量7月最大，为21.8 mm，11月最小，为2.9 mm。从各月液态水含量来看，8月月平均液态水含量最大，为0.48 mm，11月液态水含量很小，几乎可忽略不计；除11月外，各月降水日的液态水含量均在0.2 mm以上。从整体来看，在降水天气背景下，大气水汽含量和液态水含量均较高，大气水汽含量和无降水天气背景下的大气水汽含量总体在一个相同数量级，比无降水的情况平均高5.72 mm，液态水含量相比无降水天气背景相差较大，基本差一个数量级，平均是无降水天气背景下的7倍。

表2 降水日和非降水日水汽和液态水含量的统计特征(单位:mm)

月份	降水量	水汽含量				液态水含量			
		降水日		非降水日		降水日		非降水日	
		平均值	标准差	平均值	标准差	平均值	标准差	平均值	标准差
6	149.10	19.32	2.80	15.39	4.55	0.32	0.32	0.03	0.04
7	68.90	28.48	5.74	21.79	6.84	0.28	0.24	0.03	0.04
8	167.10	30.12	5.71	20.38	4.74	0.48	0.32	0.04	0.05
9	24.80	23.28	2.99	17.32	5.52	0.22	0.12	0.06	0.07
10	60.10	17.95	5.04	11.09	2.82	0.34	0.29	0.06	0.05
11	0.50	7.21	1.38	6.08	2.38	0.05	0.04	0.02	0.04
平均值		21.06	3.94	15.34	4.48	0.28	0.22	0.04	0.05

3.3 水汽密度、液态水垂直廓线变化特征

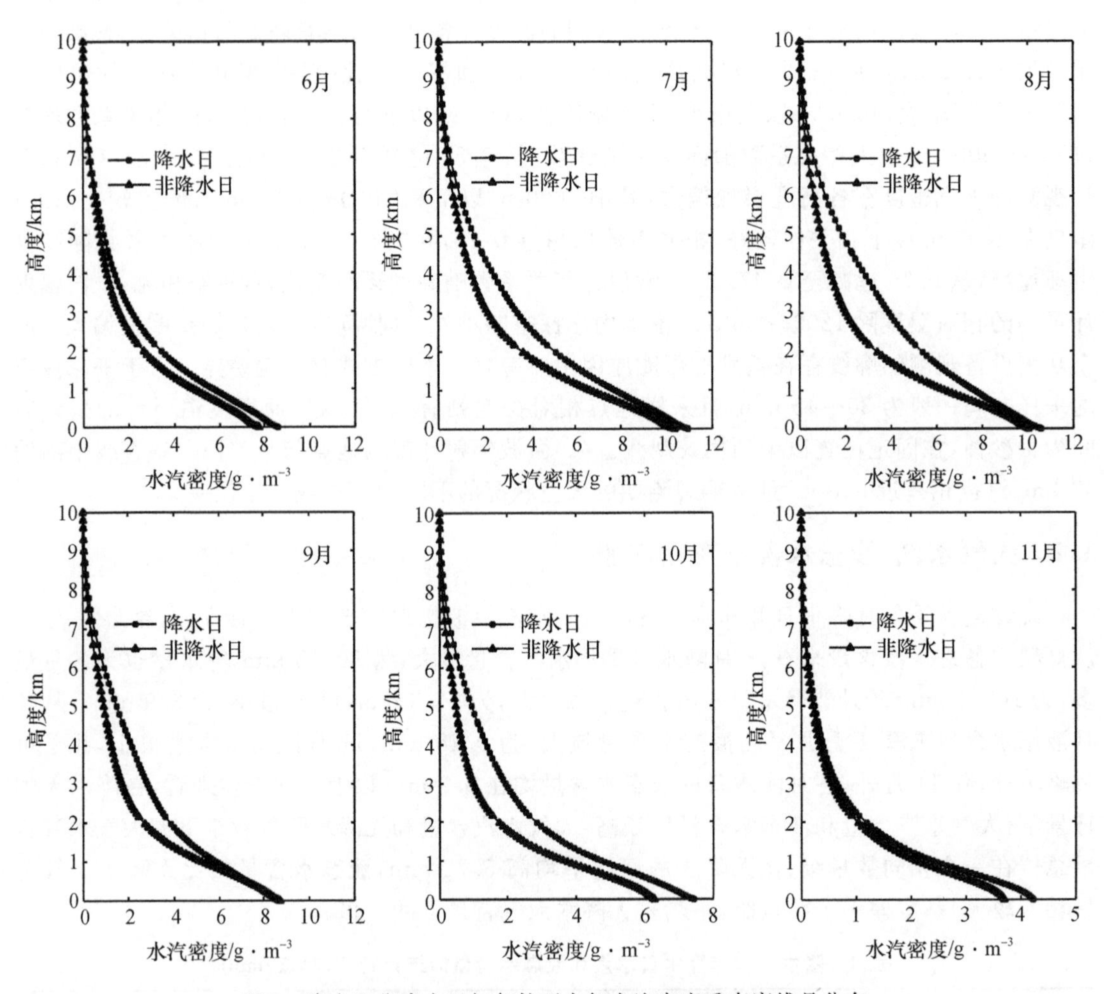

图3 降水和非降水天气条件下大气水汽密度垂直廓线月分布

表3 降水和非降水天气条件下大气水汽密度垂直分布特征统计

月份	降水日				非降水日				降水日-非降水日	
	平均值(g/m^3)	标准差(g/m^3)	最大值(g/m^3)	最大值出现高度(m)	平均值(g/m^3)	标准差(g/m^3)	最大值(g/m^3)	最大值出现高度(m)	最大值(g/m^3)	最大值出现高度(m)
6	3.93	2.90	8.61	0	3.35	2.61	7.78	0	0.90	1160
7	5.45	3.60	10.92	0	4.58	3.50	10.34	0	1.42	1980
8	5.43	3.39	10.58	0	4.38	3.43	10.01	0	2.02	2260
9	4.23	2.76	8.74	0	3.72	2.93	8.73	0	1.16	2350
10	3.39	2.44	7.42	0	2.57	2.18	6.27	0	1.15	0
11	1.71	1.49	4.22	0	1.49	1.30	3.70	0	0.53	0

从图 3 和表 3 可以看出，六盘山区夏秋季各月中，在 7—11 月无论降水还是非降水天气背景下，大气水汽密度各统计值都呈逐渐减小趋势。降水天气背景下，7—11 月，大气水汽密度平均值从 5.45 g/m³减小至 1.00 g/m³，最大值从 10.92 g/m³减小至 2.34 g/m³，大气水汽密度最大值均出现在近地层。无降水天气背景下，7—11 月大气水汽密度平均值从 4.58 g/m³减小至 0.70 g/m³，最大值从 10.34 g/m³减小至 2.00 g/m³，大气水汽密度最大值均出现在近地层。在夏秋季，降水天气背景下各高度层的大气水汽密度均比无降水天气背景下明显增大，两者各高度层差值的最大值出现在 8 月，为 2.02 g/m³，最小值出现在 11 月，为 0.48 g/m³；6—9 月各高度层差值的最大值出现在 1000～2500 m 的高度范围内，10、11 月各高度层差值的最大值出现在近地层。整体来看，无论降水还是无降水天气背景下，大气水汽密度均随高度的增加呈逐渐减小趋势，降水天气背景相比无降水天气背景，水汽在 5000 m 以下有明显的增加，并且在此高度范围内的大气水汽密度随高度的递减率比无降水天气背景下明显减小，这对于降水的预报及人工增雨有一定的指示作用。

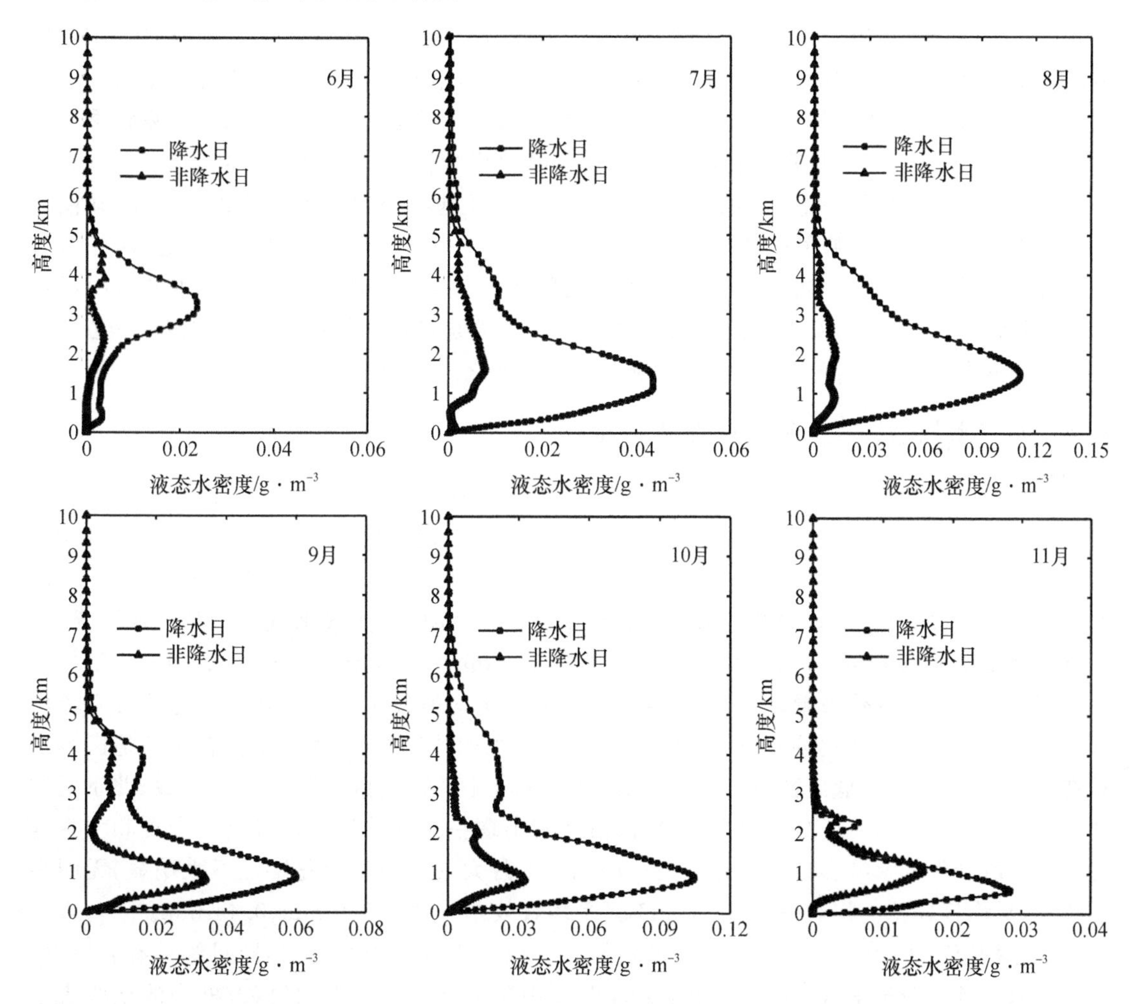

图 4　降水和非降水天气条件下液态水密度平均垂直廓线月分布

表4　降水和非降水天气条件下液态水密度垂直分布统计特征

月份	降水日				非降水日			
	平均值(g/m³)	标准差(g/m³)	最大值(g/m³)	最大值/0℃层高度(m)	平均值(g/m³)	标准差(g/m³)	最大值(g/m³)	最大值/0℃层高度(m)
6	0.0050	0.0060	0.0200	3150/2671	0.0008	0.0012	0.0039	3900/2641
7	0.0200	0.0160	0.0436	1150/3372	0.0030	0.0027	0.0077	1650/3256
8	0.0466	0.0411	0.1119	1500/3422	0.0053	0.0045	0.0117	2100/3152
9	0.0260	0.0201	0.0601	900/2789	0.0102	0.0107	0.0341	860/2617
10	0.0432	0.0351	0.1050	860/2201	0.0097	0.0099	0.0326	860/1941
11	0.0090	0.0096	0.0283	580/844	0.0040	0.0052	0.0158	1100/451

从图4及表4可以看出,六盘山区夏秋季在降水天气条件下各个高度层的液态水密度均有明显增长,除6月外,各月主峰值均出现在0℃层以下,这和洪延超等[32]的研究结果“0℃层到云底为液水层”一致,同时也说明六盘山地区降水云的平均云底较低。六盘山区夏秋季各月中,6月、7月、8月及11月降水日液态水含量主峰值出现高度比非降水日高500～800 m,9月、10月降水日液态水含量主峰值出现高度和非降水日基本一致。除6月和8月外,其他各月降水天气条件下除主峰值之外,在0℃层以上还存在一个次峰值,但相比主峰值,次峰值时的液态水含量明显较低。和夏季相比,秋季在无降水天气条件下峰值时的液态水含量明显较大,说明秋季六盘山区非降水性低云出现的频率高。微波辐射计探测的夏秋季降水云在0℃层以上的液态水存在的位置可以作为判断人工增雨催化作业高度的参考依据。

3.4　大气水汽、液态水含量日变化特征

如图5所示,图中黑色圆点表示平均值,方框中的横线表示中值,方框的上下边界表示25%和75%值,垂直竖线表示5%和95%值。可以看出,六盘山区夏秋季各月中,6—9月大气水汽有相似的日变化特征,大气水汽含量在08:00—09:00(北京时,下同)出现日变化最小值,此后逐渐上升,15:00—16:00出现日变化的最大值,16:00以后大气水汽含量又迅速下降,夜间下降速度逐渐减小;6—9月平均日较差分别为3.1 mm、3.2 mm、2.16 mm、2.15 mm;从各月数据集的离散度变化来看,大气水汽离散度在夜间平均值较小的时段较大。这几月六盘山区大气水汽含量的日变化特征与同期银川地区[17]的观测结果相似,大气水汽含量高值区均出现在正午到傍晚时段,低值区均出现在日出前后;这与北京的观测结果[15]不太一致,北京同期的大气水汽含量的高值区都出现在凌晨,低值区则出现在正午前后。这可能与宁夏和北京地理环境及所受天气系统影响的差异有关。10月、11月大气水汽日变化特征不太明显,无明显的峰值,平均日较差也相对较小,10月、11月平均日较差分别为0.9 mm、0.44 mm。

在分析液态水含量日变化特征时,我们剔除了液态水含量为0的值,即只统计有云情况,得到夏秋季各月液态水含量的日变化,如图6,图中黑色圆点表示平均值,方框中的横线表示中值,方框的上下边界表示25%和75%值,垂直竖线表示5%和95%值。

可以看出,六盘山区夏秋季各月中,6—9月液态水含量日变化特征比较相似,在午后、傍晚及日出前分别出现峰值,最明显的峰值出现在午后。液态水含量和云的生成、发展、成熟和

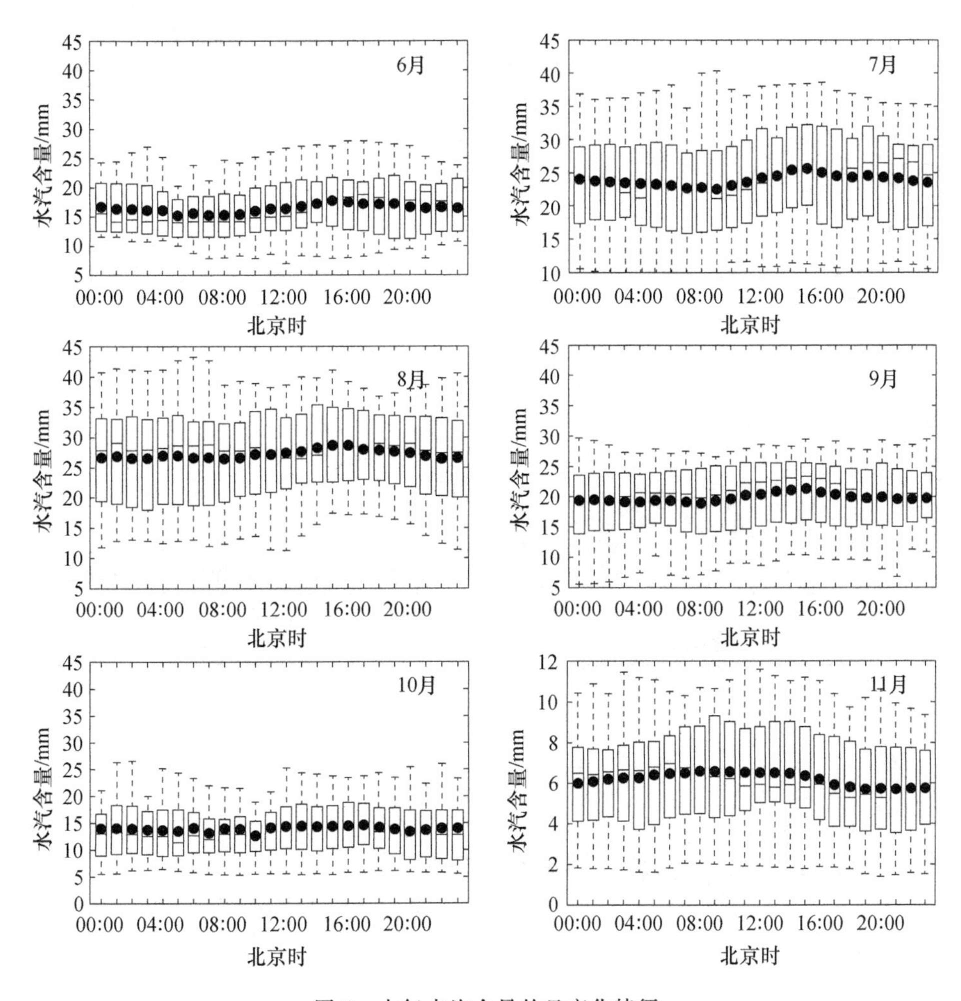

图 5　大气水汽含量的日变化特征

消亡过程及云的种类、厚度和高度密切相关，6—9 月六盘山区因处在副高边缘，水汽输送条件较好，加之该地区地形复杂，午后大气层结不稳定，易出现对流云，从而使得午后液态水含量比较高。相对而言，10 月、11 月液态水含量日变化特征不太明显，其中 11 月液态水含量很小。从各月数据集的离散度变化来看，液态水含量离散度在峰值处最大，在谷值处最小。

4　结论

通过以上分析，得出如下主要结论：

(1)隆德气象站微波辐射计和探空的平均温度廓线、水汽密度廓线及相对湿度廓线的相关系数分别为 0.99、0.99 及 0.85，均方根误差分别为 0.86℃、0.46 g/m³ 及 10.32 g/m³，各高度层的相关系数随高度逐渐递减。

(2)六盘山区夏秋季在降水天气背景下，大气水汽含量和液态水含量均较高，平均分别是无降水天气背景下的 1.4 倍和 7 倍；水汽在 5000 m 以下有明显的增加，并且在此高度范围内的大气水汽密度随高度的递减率比无降水天气背景下明显减小。

(3)六盘山区夏秋季在降水天气背景下，各高度层的液态水含量相比无降水天气背景下均

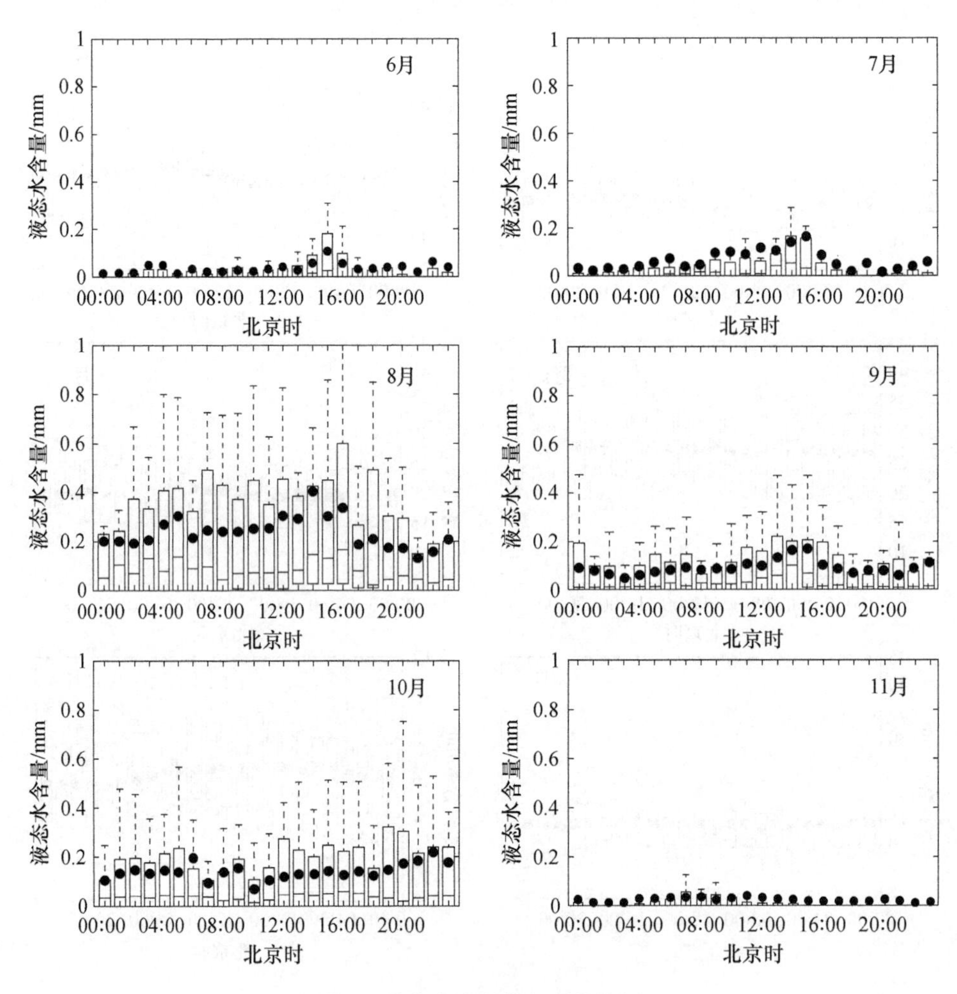

图 6　液态水含量的日变化特征

有明显增长,除 6 月外,主峰值均出现在 0℃层高度层以下;除 6 月和 8 月外,其他各月除主峰值之外,在 0℃层高度层以上存在一个次峰值,但相比主峰值,次峰值时的液态水含量明显较低。

(4)六盘山区夏秋季各月中,6—9 月大气水汽含量高值区均出现在正午到傍晚时段,低值区均出现在日出前后;液态水含量在日出前、午后及傍晚则分别出现峰值,最明显的峰值出现在午后。10 月、11 月大气水汽、液态水日变化特征不太明显。

参考文献

[1] 盛裴轩,毛节泰,李建国,等. 大气物理学[M]. 北京:北京大学出版社,2003:17-19.

[2] 陆桂华,何海. 全球水循环研究进展[J]. 水科学进展,2006,17(3):419-424.

[3] 毕研盟,杨忠东,李元. 应用全球定位系统、太阳光度计和探空仪探测大气水汽总量的对比[J]. 气象学报,2011,693(3):528-533.

[4] 姚俊强,杨青. 近 10a 我国大气水汽研究趋势及进展[J]. 干旱气象,2011,29(2):151-155.

[5] 张强,赵映东,张存杰,等. 西北干旱区水循环与水资源问题[J]. 干旱气象,2008. 26(2):1-8.

[6] 张良,王式功. 中国人工增雨研究进展[J]. 干旱气象,2006,24(4):73-81.

[7] 江芳，魏重，雷恒池，等．机载微波辐射计测云中液态水含量（Ⅱ）：反演方法[J]．高原气象，2004，23(1)：33-39.

[8] Heggli M，et al. Field evaluation of a dule-channel microwave radiometer designed for measurements of integrated water vapor and cloud liquid water in the atmosphere[J]. J Atmos Oceanic Technol，1987，(4)：204-213.

[9] Snider J B. Long-term observations of cloud liquid，water vapor and cloud-base temperature in the North Atlantic Ocean[J]. J Atmos Oceanic Technol，2000，17(7)：928-939.

[10] Han Yong，Westwater E R. Remote sensing of tropospheric water vapor and cloud liquid water by integrated ground-based sensors[J]. J Atmos Oceanic Technol，1995，12(5)：1050-1059.

[11] 王小兰，王建凯，李炬．地基多通道微波辐射计反演大气温、湿廓线的试验研究[J]．气象水文海洋仪器，2012，12(4)：1-6.

[12] 朱磊，卢建平，雷连发，等．地基多通道微波辐射计大气廓线反演方法研究[J]．火控雷达技术，2014，43(4)：21-25.

[13] 鲍艳松，钱程，闵锦忠，等．利用地基微波辐射计资料反演 0～10km 大气温湿廓线试验研究[J]．热带气象学报，2016，32(2)：163-171.

[14] 刘亚亚，毛节泰，刘钧，等．地基微波辐射计遥感大气廓线的 BP 神经网络反演方法研究[J]．高原气象，2010，29(6)：1514-1523.

[15] 李青，胡方超，楚艳丽，等．北京一地基微波辐射计的观测数据一致性分析和订正实验[J]．遥感技术与应用，2014，29(4)：547-556.

[16] 张文刚，徐桂荣，颜国跑，等．微波辐射计与探空仪测值对比分析[J]．气象科技，2014，42(5)：737-741.

[17] 张秋晨，龚佃利，冯俊杰．RPG-HATPRO-G3 地基微波辐射计反演产品评估[J]．海洋气象学报，2017，37(1)：104-110.

[18] 魏重，雷恒池，沈志来，等．地基微波辐射计的雨天探测[J]．应用气象学报，2001，12(3)：65-72.

[19] 雷恒池，魏重，沈志来，等．微波辐射计探测降雨前水汽和云液水[J]．应用气象学报，2001，12(3)：73-79.

[20] 李铁林，刘金华，刘艳华，等．利用双频微波辐射计测空中水汽和云液水含量的个例分析[J]．气象，2007，33()：62-68.

[21] 黄彦彬，德力格尔，王振会．利用地基双通道微波辐射计遥感青藏高原大气云水特征[J]．南京气象学院学报，2001，24(3)：391-397.

[22] 陈添宇，陈乾，丁瑞津．地基微波辐射仪监测的张掖大气水汽含量与雨强的关系[J]．干旱区地理。2007，30(4)：501-506.

[23] 王黎俊，孙安平，刘彩红，等．地基微波辐射计探测在黄河上游人工增雨中的应用[J]．2007，33(11)，28-33.

[24] 田磊，孙艳桥，胡文东，等．银川地区大气水汽、云液态水含量特性的初步分析[J]．高原气象，2013，32(6)：1774-1779.

[25] 刘红燕，王迎春，王京丽，等．由地基微波辐射计测量得到的北京地区水汽特性的初步分析[J]．大气科学，2009，33(2)：389-396.

[26] 黄建平，何敏，阎虹如，等．利用地基微波辐射计反演兰州地区液态云水路径和可降水量的初步研究[J]．大气科学，2010，34(3)：548-558.

[27] 张志红，周毓荃．一次降水过程云液态水和降水演变特征的综合观测分析[J]．气象，2010，36(3)：83-89.

[28] 李军霞，李培仁，晋立军，等．地基微波辐射计在遥测大气水汽特征及降水分析中的应用[J]．干旱气象，2017，35(5)：767-775.

[29] 黄治勇,徐桂荣,王晓芳,等.基于地基微波辐射计资料对咸宁两次冰雹天气的观测分析[J].气象,2014,40(2):216-222.

[30] 张文刚,徐桂荣,万蓉,等.基于地基微波辐射计的大气液态水及水汽特征分析[J].暴雨灾害,2015,34(4):367-374.

[31] 汪小康,徐桂荣,院琨.不同强度降水发生前微波辐射计反演参数的差异分析[J].暴雨灾害,2016,35(3):227-233.

[32] 洪延超,周非非."催化-供给"云降水形成机制的数值模拟研究[J].大气科学,2005,29(6):885-896.

基于微雨雷达的一次六盘山区层状云降水宏微观特征观测分析

曹 宁[1,2] 桑建人[1,2] 常倬林[1,2] 康 煜[3] 罗进云[3] 马兴武[3]

(1. 中国气象局旱区特色农业气象灾害监测预警与风险管理重点实验室，银川 750002；
2. 宁夏气象防灾减灾重点实验室，银川 750002；3. 宁夏回族自治区六盘山气象站，固原 756000)

摘 要 利用宁夏六盘山区 2019 年 8 月 30—31 日的微雨雷达和微波辐射计等探测资料，对比分析了本次层状云降水个例六盘山区山脊和东麓山谷降水云宏微观特征，结果发现：山脊站的微雨雷达有效雷达反射率和下落末速度的值均略大于东麓山谷站，亮带的厚度略厚于山谷站，推断山脊站相对于东麓山谷站降水云内各个高度层有更多水凝物；亮带以下各层雨滴谱符合伽马分布，液滴自亮带下落的过程中，粒子直径为 1～2 mm 液滴的数量基本保持不变，直径大于 2 mm 的粒子的数在增加，直径小于 1 mm 的粒子数在减少，说明液滴在下落并经历碰并、破碎和蒸发等的过程中，碰并过程占主导。−4℃层到 0℃层之间不同高度的水凝物下落末速度稳定在 120～380 cm/s之间，推断固态水凝物主要是霰粒子，相对而言，山脊站在降水过程中固态水凝物粒子经历的淞附程度更大，从而形成了相对密度更大的霰粒子，山脊站的冰相粒子完全融化耗时要比山谷站多，从而使得山脊站层状云降水融化层亮带的厚度比东麓山谷站要大。

关键词 六盘山区 微雨雷达 亮带 雨滴谱 伽马分布

1 引言

雨滴谱是雨滴数浓度随雨滴尺度变化的函数，雨滴谱作为一种最基本的降水微物理特征，是描述降水事件的一个常见但关键的参数。由于大气和气候系统的复杂性，雨滴谱随着时间和空间的变化而变化。在微观层面上，凝结、碰并和破碎可能是控制雨滴谱的主要因素[1]。雨滴谱的形状决定雷达反射率因子与降雨强度的关系，雨滴谱在雷达定量降水估计及验证数值预报模式中的微物理参数化方案等方面具有重要作用[2-4]。我国自 20 世纪 60 年代开始对雨滴谱进行观测和研究[5]。测量地面雨滴谱的方法主要有动力学方法、色斑法、照相法等，也可以利用雨滴谱仪测量[6-8]，测量空中雨滴谱的方法及手段主要借助机载观测设备[9-11]或者依靠地面多普勒测雨雷达与风廓线雷达等进行反演[12-14]。地面雨滴谱仪无法观测到空中雨滴谱，机载探测无法获取固定站点上空长时间、全天候的雨滴谱，因此空中和长时序的雷达探测资料对于研究雨滴谱优势明显。风廓线雷达测量的功率谱中含有湍流信息，即含有垂直气流速度的信息[15]。

20 世纪 90 年代以来，微雨雷达的出现对于雨滴谱、定量降水估计和降水微物理结构特征研究意义重大，微雨雷达是一种垂直指向的调频连续波多普勒雷达，其利用了 Strauch[16]提供的方法反演距离分辨多普勒谱，并利用多普勒频移得到降水粒子的下落速度，根据雨滴直径与下落末速度之间的关系获取垂直方向的雨滴谱。20 世纪 90 年代以来，国外学者对微雨雷达进行了大量的研究[17-19]，近年来国内对微雨雷达的研究也越来越深入，在微雨雷达的测量精度方面,陈勇等[20-21],结合雨量计进行了微雨雷达的误差模拟和校准,使用微雨雷达观测了两次夏季层状云降雨过程的垂直雨滴谱,利用强度顺序滤波方法计算了 Z-R 关系。温龙等[22]表明微雨雷达探测结果在层状云降水过程中优于对流性降水过程。何思远等[15,23]研究了微雨雷达反演雨滴谱剔除垂直气流方法,使用速度谱低端法在微雨雷达反演雨滴谱中的应用,王洪等[24]利用数值模拟的方法,对微雨雷达的探测精度进行了分析,将微雨雷达资料与同步观测的 THIES 雨滴谱仪数据进行比对,表明两种仪器探测的雷达反射率、雨强、对数浓度、中值体积直径在时间序列上都有较好的吻合度,变化趋势和幅度相近。

微雨雷达通过雨滴谱可反演得到雷达反射率因子(Z)、下落末速度(W)等廓线信息,Peters 等[25]和 Kirankumar 等[26]详细介绍了微雨雷达的反演过程。微雨雷达有效雷达反射率和下落末速度也可以直接通过多普勒谱的积分得到[27-28]。利用微雨雷达还可以研究雷达定量测量降水、降水云分类和雷达亮带特征等。对于层状云中的雷达亮带,郭学良等[29]做了定量的解释。雷达亮带以上的主要微物理过程是凝结过程,也就是过冷的水凝结在雪颗粒的表面上,从而产生附有水的霰和枝晶[30-31]。Willis 和 Heymsfield[32]使用机载云物理学设备和雷达以螺旋体面的形式穿越融化层的研究方式证实了雷达亮带的存在。Fabry 等[33]和 Huggel 等[34]研究发现雷达亮带特征与下落粒子的类型有关,雷达亮带可以揭示与降水形成有关的过程。雷达反射率因子和多普勒速度垂直廓线对于雷达亮带的确定具有重要意义[35-36]。Cha 等[37]使用微雨雷达对降水云进行了分类研究,分析了层状云降水的雷达亮带特征和微物理过程。Wang 等[38]使用微雨雷达分析了我国东部的一次层状云降水事件的微物理过程,提出凝结过程且当雪晶接触到过冷水可能是导致各层小滴的下落速度趋于稳定的原因。

本文利用宁夏六盘山区微雨雷达和微波辐射计温度廓线资料,针对典型层状云降水对比分析了山脊和山谷站的宏微观特征,对揭示微雨雷达在六盘山地形云的宏微观特征研究中的可用性,对探索六盘山区地形云的发生发展规律和降水形成发展机理有积极意义。

2　站点、仪器及方法

2.1　站点

六盘山区地处青藏高原与黄土高原的交汇地带的中纬度地区,是近南北走向的狭长山地,山脊海拔高度超过 2500 m(最高 2942 m)。为方便对比六盘山地形云在山脊和山谷的云微物理特征的差异,本文选择该区域的六盘山气象站(以下简称六盘山,35.67°N,106.20°E,海拔高度 2842 m)作为山脊站,选择大湾人工影响天气作业点(以下简称大湾,35.7°N,106.26°E,海拔高度 2053 m,在六盘山的东北侧约 9 km 处)为东麓山谷站,在六盘山和大湾分别布设了 1 部 MRR-2 型微雨雷达。隆德气象站(以下简称隆德,35.62°N,106.12°E,海拔高度 2078 m,在六盘山的西南侧约 10 km 处)布设了 1 部 RPG-HATPRO-G4 型微波辐射计,六盘山与大湾海拔高差为 789 m,六盘山和隆德海拔高度差为 764 m。

2.2　仪器及数据

本文使用了 2019 年 8 月 30—31 日六盘山和大湾的 MRR-2 观测数据,垂直分辨率为 150 m,时间分辨率为 1 min,最大测量高度为 4650 m(相对仪器安装地点);MRR-2 的廓线产品已经进行了噪声剔除、衰减订正、米散射订正、空气密度订正等[40]。本文还使用了隆德微波辐射计分钟温、相对湿度垂直廓线数据。MRR-2 的主要技术参数见表 1。

表 1　MRR-2 的主要技术参数

项目	技术参数	项目	技术参数
频率	24.23 GHz	时间分辨率	10 s,60 s
波长	1.238 cm	测高范围	600～6000 m
功率	50 mW	距离门数	31
频率调制	FM-CW	光谱速度分辨率	0.1905 m/s
空间分辨率	10～200 m	波束宽度	2°

2.3　亮带识别方法

近年来使用微雨雷达识别雷达亮带的方法可以分为 2 种:一是将微雨雷达的有效雷达反射率因子正和负梯度的最大值对应的高度确定为亮带顶高和底高[33,37]。二是分别将有效雷达反射率因子梯度的最大值对应的高度和下落末速度梯度的最大值对应的高度分别确定为亮带顶高和亮带底高[36,38]。下落的冰相粒子通过 0℃等温线融化的过程中速度增加,当其完全融化为雨滴后速度达到最大值[39],因此,本文在识别雷达亮带时使用上面提到的第二种方法,用有效雷达反射率因子梯度的最大值对应的高度确定为亮带顶高,用下落末速度梯度的最大值对应的高度确定为亮带底高,亮带的厚度为亮带顶高和亮带底高之差。

3　结果分析

2019 年 8 月 30 日 08 时,500 hPa 高空环流形势为“两槽一脊”,巴湖附近和东北地区分别为一冷槽,新疆—内蒙古一带受高压脊控制,从巴湖冷槽底部不断有冷空气穿脊东移,沿脊形成多个短波槽,六盘山区处于副高 588(dagpm)线和 584(dagpm)线之间;700 hPa,六盘山区南部到甘肃南部存在一暖湿切变,六盘山区位于一横槽尾部。受 500 hPa 短波槽、700 hPa 横槽及切变、副高外围西南气流共同影响,2019 年 8 月 30—31 日六盘山区出现了明显降水过程。

3.1　宏观特征分析

图 1 为六盘山区 2019 年 10 月 30—31 日六盘山区山脊和东麓山谷站层状云降水 MRR-2 参量随时间和高度的变化特征,图 2 分别为六盘山区 2019 年 8 月 30—31 日降水个例山脊和东麓山谷 MRR-2 降水参数平均值垂直变化的箱式图,可见山脊站的亮带顶高、底高及厚度分别为 4200 m、3300 m 和 900 m,东麓山谷站的亮带顶高、底高及厚度分别为 4200 m、3450 m 和 750 m,0℃等温线的高度为 4880 m(图 3),山脊站亮带的底高略高于山谷站,亮带的厚度略厚于山谷站。

由图 3 可知,本次降水过程亮带以下山脊站的有效雷达反射率因子值为 30.04～34.39 dBZ,均值为 32.49 dBZ,*W* 值为 5.48～6.02 m/s,均值为 5.78 m/s。大湾的有效雷达反射率因子为 25.45～31.28 dBZ,平均值为 27.96 dBZ,*W* 为 5.39～5.97 m/s,均值为 5.67 m/s。在亮带以下除了雷达反射率,山脊站的 MRR-2 有效雷达反射率的和液滴下落末速度的值均略大于东麓山谷站,亮带以上各层也呈现同样的特征。推断在六盘山本次降水过程中,山脊站相对于东麓山谷站,降水云内各个高度层均有更多水凝物。

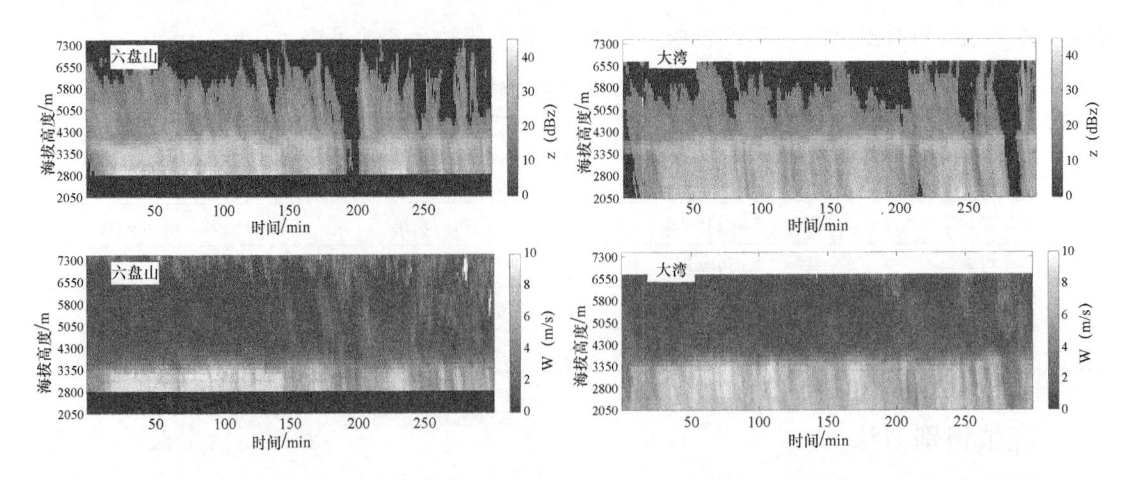

图 1　六盘山区 MRR-2 降水宏观参量随时间和高度变化(上为雷达反射率因子,下为下落末速度)

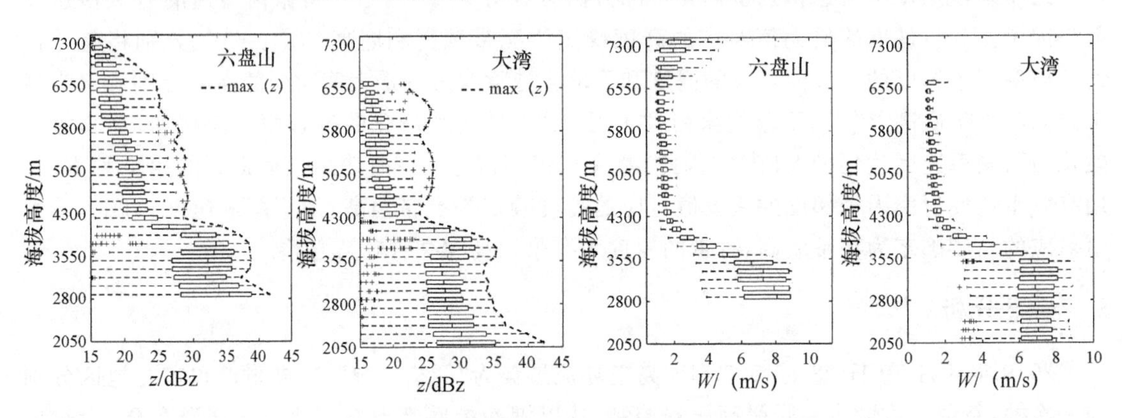

图 2　六盘山区 MRR-2 降水宏观参量均值箱式图

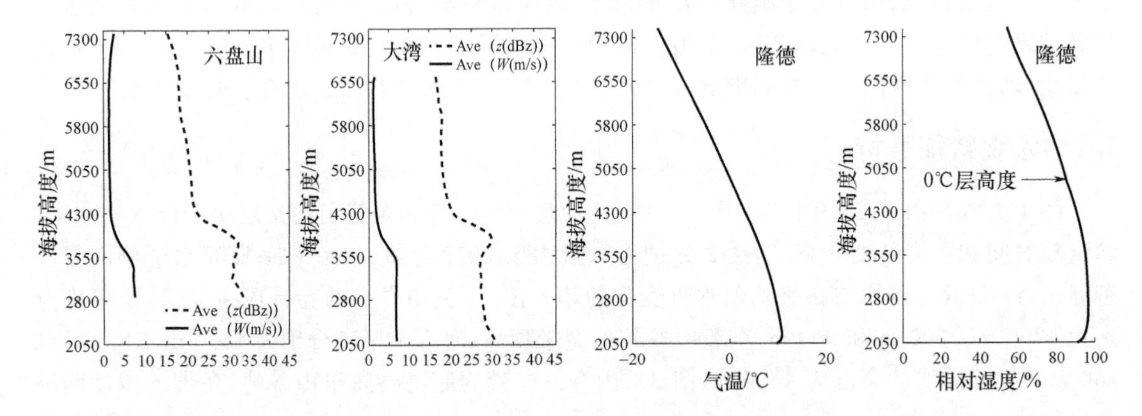

图 3　六盘山区 MRR-2 降水宏观参量平均值垂直变化

3.2　微观特征分析

3.2.1　雨滴谱分析

雷达亮带下面各层的雨滴谱符合伽马分布[24,43]。图 4 为六盘山和大湾亮带以下各层的雨滴谱谱形,六盘山和大湾亮带以下分别为 4 和 10 层。雨滴谱谱形在各层大致相同,可见雷达亮带下面各层的雨滴谱适用于伽马分布。伽马分布用如下公式表示[41]：

$$N(D)=N_0D^{\mu}(-\lambda D) \tag{1}$$

式中，N_0为截距参数，λ为分布斜率，μ为形状因子。

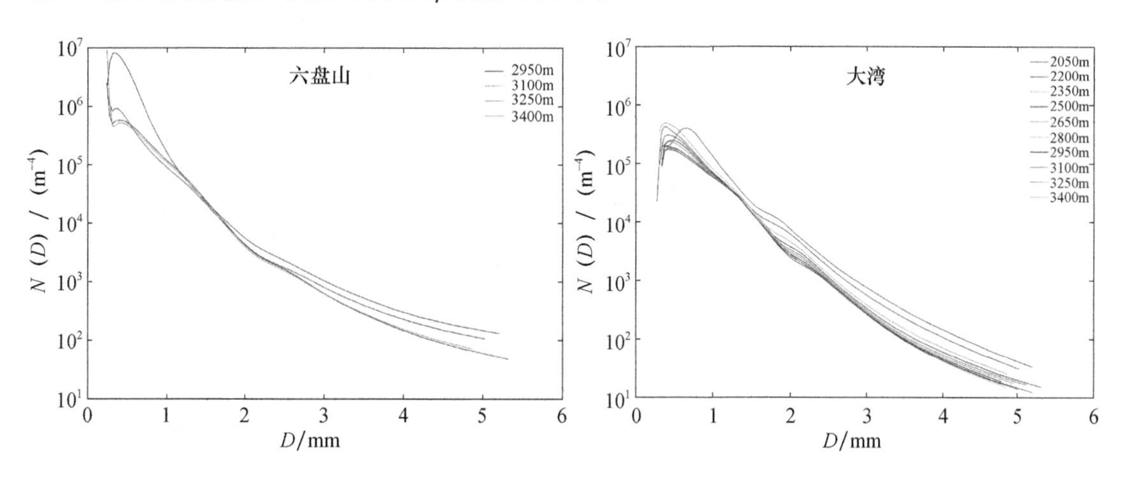

图 4　亮带以下雨滴谱平均谱形

由图 4 和表 2 可知，本次降水个例中液滴自亮带下落的过程中，粒子直径为 1～2 mm 液滴的数量基本保持不变，直径大于 2 mm 的液滴数在增加，直径小于 1 mm 的液滴数在减少，从图 3 可以看出，亮带以下各层的相对湿度在 94%以上，说明液滴在下落并经历碰并、破碎和蒸发等的过程中，碰并过程占主导，Wang 等[38]在分析液滴从亮带底下降到近地面时，指出小颗粒的数量急剧减少，而大颗粒的数目却增加了，较小的液滴数的减少与相应的大液滴的增加，意味着碰撞-聚结的存在。值得注意的是，山脊站的近地层的雨滴谱谱形显示，即从 450 m 开始，在下落过程中直径相对大的液滴数量在增加的同时直径较小的液滴数量也在增加，推断此现象是由六盘山较大的底层上升气流所致。

表 2　近地面 4 层高度对应气温、相对湿度及差值(六盘山-大湾)

项目	L1			L2			L3			L4		
	六盘山	大湾	六盘山-大湾	六盘山	大湾	六盘山-大湾	六盘山	大湾	六盘山-大湾	六盘山	大湾	六盘山-大湾
海拔高度(m)	2950	2050	—	3100	2200	—	3250	2350	—	3400	2500	—
气温(℃)	9.2	10.0	−0.8	8.7	10.9	−2.2	8.4	10.6	−2.2	7.8	10.2	−2.4
相对湿度(%)	96.1	91.9	4.2	96.0	94.6	1.4	95.9	95.7	0.2	95.6	96.3	−0.7

3.2.2　水凝物分类

Wang 等[38]尝试用微雨雷达的下落末速度识别了雷达亮带以上水凝物的类型，指出在层状云降水过程中－4℃到 0℃等温线高度范围液滴下落速度变化很大。Nakaya 和 Terada Jr[42]通过实验给出了固态降水粒子尺寸与速度之间的关系：针状、平面枝晶、枝晶和粉末雪的落速均不大于 80 cm/s,雪颗粒的下落速度为 80～120 cm/s,霰(雪丸)的下降速度范围为 120～460 cm/s。

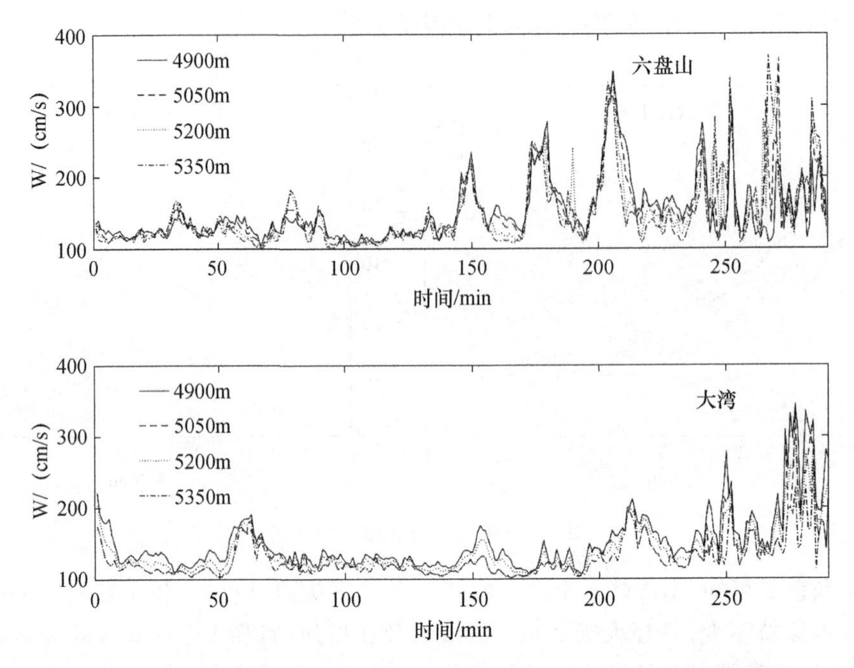

图 5　水凝物粒子在 -4～0℃等温线的高度层下落末速度随时间的变化

图 5 为以上时间山脊站和山谷站 -4℃层到 0℃层之间的 5 层粒子的下落速度曲线,可以看到随着降水云的发展,本次降水个例中 -4℃层到 0℃层之间不同高度的水凝物下落末速度稳定在 120～380 cm/s 之间,可以推断固态水凝物主要是霰粒子。-4℃层到 0℃层山脊站的各层平均下落末速度为 149 cm/s,山谷站为 142 cm/s,山脊站略大于东麓山谷站。相对而言,山脊站在降水过程中 -4℃到 0℃温度窗水凝物粒子经历的附淞程度更大,从而形成了相对更大密度的霰粒子,这也就意味着冰相粒子在融化的过程中,山脊站的冰相粒子完全融化耗时要比山谷站多,从而使得山脊站层状云降水融化层亮带的厚度比东麓山谷站要大。

4　结论

本文主要利用六盘山区山脊和山谷的微雨雷达资料,对比分析了六盘山区一次典型层状云降水过程中山脊和东麓山谷站的微雨雷达的宏微观微物理参量的演变特征,得出以下结论:

(1)在六盘山本次降水过程中,山脊站的 MRR-2 有效雷达反射率的有效雷达反射率因子和液滴下落末速度的值均略大于东麓山谷站,亮带的厚度略厚于山谷站,推断山脊站相对于东麓山谷站,降水云内各个高度层均有更多水凝物粒子;

(2)六盘山区亮带以下各层雨滴谱符合伽马分布,液滴通过亮带下落的过程中,粒子直径为 1～2 mm 液滴的数量基本保持不变,直径大于 2 mm 的液滴数在增加,直径小于 1 mm 的液滴数在减少,说明液滴在下落并经历碰并、破碎和蒸发等的过程中,碰并过程占主导;

(3)-4℃层到 0℃层之间不同高度的水凝物下落末速度稳定在 120～380 cm/s 之间,可以推断固态水凝物主要是霰粒子,相对而言,山脊站在降水过程中 -4℃到 0℃温度窗水凝物粒子经历的淞附程度更大从而形成了相对更大密度的霰粒子,这也就意味着冰相粒子下落在融化的过程中，山脊站的冰相粒子完全融化耗时要比山谷站多，从而使得山脊站层状云降水融化层亮带的厚度比东麓山谷站要略大。

参考文献

[1] Srivastava R C. Size distribution of raindrops generated by their breakup and coalescence[J]. J Atmos Sci, 1971,28:410-415.

[2] Atlas D,Srivastava R C,Sekhon R S. Doppler radar characteristics of precipitation at vertical incidence[J]. Rev Geophys,1973,11:1-35.

[3] Doelling I G,Joss J,Riedl J. Systematic variations of Z -R-relationships from drop size distributions measured in northern Germany during seven years[J]. Atmospheric Research,1998,47-48:635-649.

[4] Brandes E A,Zhang G F,Vivekanandan J. Drop size distribution retrieval with polarimetric radar:Model and application[J]. J Appl Meteor,2004,43:461-475.

[5] 刘红燕,雷恒池．基于地面雨滴谱资料分析层状云和对流云降水的特征[J]. 大气科学,2006,30(4):693-702.

[6] 濮江平,张伟,姜爱军,等．利用激光降水粒子谱仪研究雨滴谱分布特性[J]. 气象科学,2010,30(5):701-707.

[7] 谢媛,陈钟荣,戴建华,等．上海地区几类强降水雨滴谱特征分析[J]. 气象科学,2015,35(3):353-361.

[8] 杨俊梅,陈宝君,韩永翔,等．山西省不同地区雨滴谱的统计特征[J]. 气象科学,2016,36(1):88-95

[9] 宫福久,何友江,王吉宏,等．东北冷涡天气系统的雨滴谱特征[J]. 气象科学,2007(4):365-373.

[10] 郑娇恒,陈宝君．雨滴谱分布函数的选择:M-P 和 Gamma 分布的对比研究[J]. 气象科学,2007(1):17-25.

[11] 贾星灿,牛生杰．空中、地面雨滴谱特征的观测分析[J]. 南京气象学院学报,2008,31(6):865-870.

[12] 黄兴友,何雨芩,刘俊．风廓线雷达资料反演雨滴谱和水汽通量的研究[J]. 气象科学,2015,35(6):751-759.

[13] 王晓蕾,阮征,葛润生,等．风廓线雷达探测降水云体中雨滴谱的试验研究．高原气象,2010,29(2):498-505.

[14] 何越,何平,林晓萌．基于双高斯拟合的风廓线雷达反演雨滴谱[J]. 应用气象学报,2014,25(5):570-580.

[15] 何思远,刘晓阳,孙大利．测雨雷达反演雨滴谱剔除垂直气流方法的研究[J]. 气象科技进展,2015a,5(4):45-52.

[16] Strauch R G. Theory and application of the FM-CW Doppler radar[D]. University of Colorado, 1976:97pp.

[17] Konwar M,Maheskumar R S,Das S K,et al. Nature of light rain during presence and absence of bright band[J]. Journal of Earth System Science,2012,121(4):947-961.

[18] Kowalewski S,Peters G. Analysis of Z-R relations based on LDR signatures within the melting layer[J]. Journal of Atmospheric & Oceanic Technology,2010,27(9):1555-1561.

[19] Adirosi E,Baldini L,Roberto N,et al. Improvement of vertical profiles of raindrop size distribution from micro rain radar using 2D video disdrometer measurements[J]. Atmospheric Research, 2016, 169: 404-415.

[20] 陈勇,刘辉志,安俊岭,等．垂直指向测雨雷达的误差模拟及相互校准[J]. 大气科学,2010,34(6):1114-1126.

[21] CHEN Y,AN J L,LIU H Z,et al. An observational study on vertical rain drop size distributions during

stratiform rain in asemiaridplateau climate zone [J]. Atmospheric and Oceanic Science Letters,2016,9(3):178-184.

[22] 温龙,刘溯,赵坤,等. 两次降水过程的微降雨雷达探测精度分析[J]. 气象,2015,41 (5):577-587.

[23] 何思远,刘晓阳,孙大利,等. 速度谱低端法在MRR反演雨滴谱中的应用研究[J]. 北京大学学报(自然科学版),2015b,51(3):427-436.

[24] 王洪,雷恒池,杨洁帆. 微降水雷达测量精度分析[J]. 气候与环境研究,2017,22 (4):392-404.

[25] Peters G,Fischer B,Andersson T. Rain observations with a vertically looking Micro Rain Radar (MRR) [J]. Boreal Environment Research,2002,7:353-362.

[26] Kirankumar N V P,Kunhikrishnan P K,Evaluation of performance of Micro Rain Radar over the tropical coastal station Thumba[J]. Atmospheric Research,2013,134:56-63.

[27] Kneifel S,Maahn M,Peters G,Simmer C. Observation of snowfall with a low-power FM-CW K-band radar (Micro Rain Radar) [J]. Meteorol Atmos Phys,2011,113:75-87.

[28] Maahn M,Kollias P,Improved Micro Rain Radar snow measurements using Doppler spectra post-processing[J]. Atmospheric Measurement Techniques,2012,5:2661-2673.

[29] 郭学良. 大气物理与人工影响天气[M]. 北京:气象出版社,2010:175-176.

[30] Zawadzki I,Szyrmer W,Bell C,Fabry F. Modeling of the melting layer. Part III:The density effect[J]. J Atmos Sci,2005,62:3705-3723.

[31] Ulbrich C W. Natural variations in the analytical form of the raindrop size distribution[J]. J Climate Appl Meteor,1983,22:1764-1775.

[32] Willis T W,Heymsfield A J. Strucutre of the melting layer in mesoscale convection system stratiform precipitation[J]. J Atmos Sci,1989,46:2008-2025.

[33] Fabry F,Zawadzki I. Long-term radar observations of the melting layer of precipitation and their interpretation[J]. J Atmos Sci,1995,52:838-851.

[34] Huggel A,Schmidt W,Waldvogel A. Raindrop size distributions and the radar band[J]. J Appl Meteor,1996,35:1688-1701.

[35] Maahn M,Kollias P. Improved Micro Rain Radar snow measurements using Doppler spectra post-processing[J]. Atmospheric Measurement Techniques,2012,5:2661-2673.

[36] Klaassen W. Radar observations and simulations of the melting layer of precipitation[J]. J Atmos Sci,1988,45:3741 - 3753.

[37] Cha J W,Chang K H,Yum S S,Choi Y J. Comparison of the bright band characteristics measured by microrain radar (MRR) at a mountain and a coastal site in South Korea[J]. Adv Atmos Sci,2009,26:211-221.

[38] WANG H,LEI H C,YANG J F. Microphysical Processes of a Stratiform Precipitation Event over Eastern China:Analysis Using Micro Rain Radar data[J]. Adv Atmos Sci,2017,34(12):1472-1482.

[39] White AB,Gottas D J,Strem E T,Ralph F M,Neiman P J. An automated bright band height detection algorithm for use with Doppler radar spectral moments[J]. J Atmos Oceanic Technol,2002,19:687-697.

[40] Peters G,Fischer B,Clemens M. Rain attenuation of radar echoes considering finite-range resolution and using drop size distributions[J]. J Atmos Oceanic Technol,2010,27:829-842.

[41] Marshall J S,Palmer W M. The distribution of raindrops with size[J]. J Meteor,1948,5:165-166.

[42] Nakaya U,Terada T Jr. Simultaneous observations of the mass,falling velocity and form of individual snow crystals[J]. Journal of the Faculty of Science, Hokkaido Imperial University. Series 2,Physics,1935,1(7):191-200.

宁夏六盘山区夜间一次冰雹天气过程微物理量特征的观测研究

陶　涛[1,2]　张立新[1]　桑建人[2]　吕晶晶[3,4]　聂晶鑫[2]

（1. 南京信息工程大学大气科学学院，南京 210044；2. 中国气象局旱区特色农业气象灾害监测预警与风险管理重点实验室，银川 750002；3. 中国气象局气溶胶与云降水重点开放研究室，南京 210044；4. 南京信息工程大学大气物理学院，南京 210044）

摘　要　利用 DSG5 型激光雨滴谱仪、多普勒雷达等观测资料，对 2017 年 7 月 14 日夜间发生在六盘山区的一次强对流天气降水过程中降雨和降雹过程进行了分析。结果表明：降雹时，粒子各项微物理量特征明显增大，其中数浓度和平均动能通量增幅较为明显，分别增长了 6.3 倍和 13 倍。降雹初期，粒径较大的冰雹粒子增长较快，随着能量的释放，对流减弱，粒径较小的冰雹粒子增加较快。Gamma 分布能够较好的拟合降雹过程的粒子谱。利用粒子下落末速度公式 $V=aD^b$ 拟合此次降雹过程中的粒子速度效果很好，相关系数超过 0.98，a 的变化范围为 4.55～5.02，b 的变化范围为 0.53～0.59。

关键词　六盘山　地形云　冰雹粒子谱　微物理特征

1　引言

冰雹是较为典型的气象灾害之一，具有较强的随机性、突发性和局地性，常给宁夏当地的工农业生产和人民生命财产带来严重的危害。宁夏的冰雹天气多发生于春末至盛夏，占全年总数的 69.45%，冰雹的形成受地形影响明显[1-2]，宁夏有 2 个频发中心，即宁夏南部的六盘山区和北部的贺兰山区，有“山地多、平川少、南北多、中部少”的地域分布特征[3]。国内气象工作者利用多种观测资料对冰雹的发生、发展进行了大量的研究。唐仁茂等[4]利用地基微波辐射计对湖北咸宁的一次冰雹过程进行了分析，计算了四个不稳定指数，认为这些指数对强对流天气有一定的临近预警潜力。黄治勇等[5]利用微波辐射计、风廓线雷达分析了湖北咸宁的一次冰雹天气中三种相态粒子的动态变换过程，验证了过冷云系统中混合相态的贝吉隆过程理论。李聪等[6]利用地基微波辐射计、风廓线雷达和雨滴谱仪等新型观测设备对南京一次冰雹天气进行了分析，得出不同观测仪器下，水汽、风场、雨滴谱的变化，为强对流天气的短临预报提供了一些参考依据。

宁夏地区研究冰雹多集中在环流形势和时空分布特征方面[7-8]，牛生杰等[9]利用地面雹谱资料，计算了冰雹落地动能通量，建立了 Z_e-E 关系，为开展防雹效果评估等工作打下了基础。徐阳春[10]对六盘山区 151 个冰雹个例进行了统计分析，找出了六盘山区雷达识别冰雹云的定量综合指标。利用观测资料对六盘山区冰雹灾害性天气发生发展以及微物理量特征的研究工作仍不多见，因此，本文利用地面及高空探测资料、DSG5 型激光雨滴谱仪、多普勒雷达等资料，对 2017 年 7 月 14 日六盘山区夜间强对流天气降雨和降雹过程发生前后的粒子谱和微物理量特征等方面进行分析。探讨 DSG5 型激光雨滴谱仪在冰雹微物理特性研究方面的应用，以及该资料在六盘山区冰雹天气研究中的运用,加深对该地区冰雹发生机制的认识,为今后此类天气的监测预警及人工防雹提供参考。

2 观测地点、仪器和方法

2.1 六盘山地形云试验基地

本文所使用的观测资料由六盘山地形云试验基地所提供,六盘山地形云试验基地是宁夏人工影响天气中心自 2017 年初开始建设,该基地以六盘山气象站为圆心,建设半径约为 10 km的同心圆核心试验区,在六盘山脉西南侧的隆德站(海拔 2079 m)、六盘山顶的六盘山站(海拔 2842 m)以及山脉东西侧的同心圆附近选取六个标准化作业点布设雨滴谱仪等人影探测设备,加上六盘山站原有的多普勒雷达,基本构成了六盘山地形云试验基地。本文所使用的资料主要有冰雹发生当日高空与地面天气资料,六盘山站雨滴谱资料及多普勒雷达资料,以及距离六盘山站水平距离 50 km 的崆峒站探空资料。图 1 为雨滴谱仪及多普勒雷达的地理分布。

图 1 雨滴谱仪及多普勒雷达地理分布图

2.2 观测仪器和数据处理

2.2.1 观测仪器

DSG5 型激光雨滴谱仪是以激光测量为基础的光学粒子测量仪器,共有 32 个尺度通道和 32 个速度通道,其中粒子尺度测量数据范围为 0.2～25 mm,粒子速度测量范围为 0.2～20 m/s,采样间隔为 1 min。根据各种观测参数的综合信息,DSG5 型激光雨滴谱仪能反演计算出瞬时降水强度、降水粒子总数、累计降水量、降水时的能见度和雷达反射率因子等[11]。

2.2.2 数据处理

本文所涉及的降水粒子微物理量主要包括粒子数浓度(N:m^{-3}),质量浓度(Q:g/m^3)、降水强度(I:mm/h)、雷达反射率因子(Z:$mm^{-6}\cdot m^{-3}$)、平均动能通量(K_E:$J\cdot m^{-2}\cdot s^{-1}$)、平均直径($d_{ave}$:mm)、谱宽($d_{max}$:mm)、粒子末速度 V_t(m/s),其中公式中 $n(r)$ 为单个尺度通道粒子个数累加后除以面积再除以间隔直径,然后除以对应雨滴的下落末速度理论值,再乘以采样时间得到的空间谱,计算公式如下:

$$N(D_i)=\sum_{j=1}^{32}\frac{n_{ij}}{A\Delta tV_j\Delta D_i} \tag{1}$$

$$Q=\frac{\pi\rho}{6}\sum_{i=3}^{32}D_i^3N(D_i)\Delta D_i \tag{2}$$

$$I=\frac{\pi}{6}\sum_{i=3}^{32}\sum_{j=1}^{32}D_i^3V_jN(D_i)\Delta D_i \tag{3}$$

$$Z=\sum_{i=3}^{32}D_i^6N(D_i)\Delta D_i \tag{4}$$

$$K_E=\frac{\pi\rho}{12}\sum_{i=3}^{32}\sum_{j=1}^{32}D_i^3V_j^3N(D_i)\Delta D_i \tag{5}$$

3 结果和讨论

3.1 天气实况及环流背景

2017 年 7 月 14 日 14—23 时宁夏中卫市沙坡头区、同心县,中卫市中宁县,固原市隆德县等多地先后出现冰雹天气,给当地农业生产带来了较大的经济损失。其中,固原市隆德县六盘山气象站新布设的激光降水粒子谱仪观测到 1 次强对流天气过程产生降雨降雹。将此次降水过程分为三个阶段,分别为降雹前的降雨过程(22:49—22:56),即持续 8 min 的降雨过程;降雹时段(22:57—23:01),即持续 5min 的降雹过程;降雹后(23:02—23:03),即持续 1 min 的降雨过程(表 1)。

表 1 2017 年 7 月 14 日六盘山区降雹实况

	降雹前	降雹时	降雹后
过程时间	22:49—22:56	22:57—23:01	23:02—23:03

从 14 日 08 时 500 hPa 高空图来看(图略),中国大陆中西部为发展的高压脊,东北地区被高空冷涡控制,其中心(560 hPa,−12℃)位于黑龙江东部(51°N,126°E),冷涡西侧有一横槽维持,白天不断有冷空气沿西北气流渗透,影响华北平原到四川东部,副热带高压 588(dagpm)线控制华南地区,在华北平原存在着渗透冷空气带来的北风和副高西北侧的西南风形成的风向切变辐合;宁夏南部受北风控制,700 hPa 上的风向切变辐合位置较 500 hPa 偏南,高原上有低值系统,其中心 308 hPa,位于青海西部,宁夏南部受其外围的东南风控制,500 hPa 与 700 hPa 的风向切变显著。700 hPa 西北地区东部在暖脊内,地面受暖低压控制,回暖明显,六盘山当天最高气温超过 22℃,高层干冷空气叠加在低层暖湿空气上,大气层结处于不稳定状态,为降雹提供了有利的热力条件。20 时,500 hPa 暖脊发展,冷涡维持,不断有冷空气下滑渗透影响华北地区,$\Delta T_{700\text{-}500}$ 达 21℃。分析表明,此次夜间降雹天气发生在低层大尺度暖脊之中,对流层中高层东北冷涡后部冷空气下滑渗透等天气系统的合理配置为触发突发性冰雹提供了有利的天气尺度背景条件。

20时崆峒站探空曲线表明(图2),CAPE值为248.7 J·kg^{-1},SI指数为-1.72,存在层结不稳定。0℃层在550 hPa,LFC在0℃层附近,EL在364 hPa,冰雹发生在14日23时左右。利用逐时地面资料,对20时崆峒站探空图进行订正,得到23时崆峒站订正探空图。可知此时六盘山站的气压722.6 hPa,气温14.2℃,露点温度11.9℃。用实况数据订正了探空图后,LFC高度略降低,使得气块更容易到达自由对流高度,EL高度升高至250 hPa,对流有效位能增大,为冰雹发生提供能量条件。

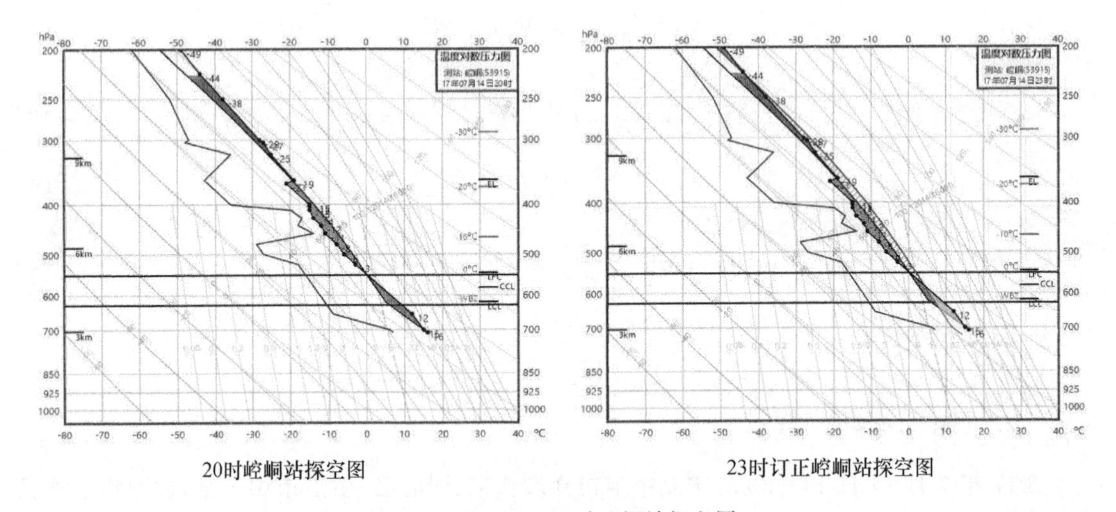

图2　7月14日20时崆峒站探空图

3.2　雷达监测特征

利用六盘山多普勒雷达(图3)分析这次降雹过程可以发现,从22:50开始,顺着六盘山山脊原地生成一条南北走向的条状对流回波,与山势走向基本重合,回波中心强度达到50 dBZ,沿着山势维持50分钟后,在原地逐渐消散,这是一次典型的地形云过程。图4是冰雹发生时沿蓝线处的剖面图,可以看到,40 dBZ强回波延伸高度为3 km,回波顶高5~6 km,且垂直高度上呈倾斜状。对应的径向速度最大为10 m/s,处于5 km左右高度。

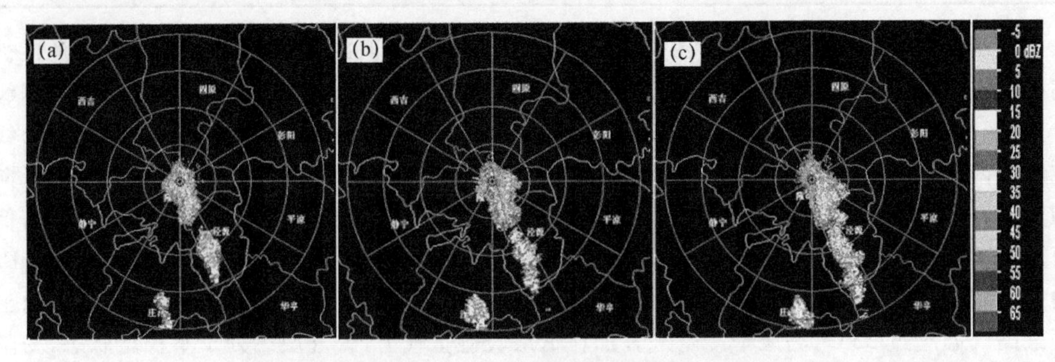

图3　2017年7月14日六盘山1.5°仰角基本反射率因子

(a)22:50;(b)23:00;(c)23:10

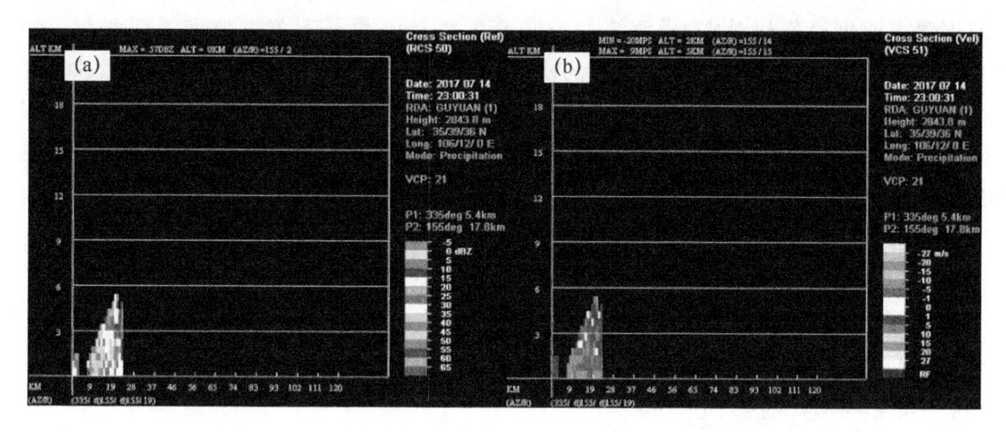

图 4　沿图 3b 蓝线处作的反射率因子垂直剖面(a)和速度径向垂直剖面(b)

因观测地点与多普勒雷达所处位置相同,其上空雷达图由于天气雷达体扫的缺陷而未能观测到,且此次冰雹过程在回波强度、回波顶高及径向速度方面的数值都不是很大,表明此次冰雹过程较为弱小。分析产生此次冰雹的原因,一方面具备有利于触发突发性冰雹的天气尺度背景条件;另一方面此次强对流系统与六盘山山脊的位置基本相同且走向基本一致,分析可能是由于地形原因导致的短时对流过程。宁夏南部的六盘山是冰雹源地[12],山地对气流的强迫抬升作用,再加上地形的热力作用,造成局地辐合上升运动加强,使得山区上空大气处于不稳定状态,为强对流性天气的发生发展提供了有利的条件。

3.3　微物理特征

图 5 给出了强对流天气降水(包括降雨和降雹)过程中数浓度(N)、平均直径(d_{ave})、液水含量(Q)、平均下落末速度(V_t)、降水强度(I)、雷达反射率因子(Z)、平均动能通量(K_E)、最大直径(d_{max})的时序变化。此次过程数浓度变化显著,降雹前的降雨过程的雨滴粒子数浓度从 0.8 个/m^{3}迅速增大到 270 个/m^3,平均粒子数浓度为 130 个/m^3;开始降雹时平均粒子数浓度陡增到 817 个/m^3,是降雹前降雨粒子数浓度的 6.3 倍,在 22:59 达到极大值 1193 个/m^3,维持 2 分钟后又迅速减少,与其雨强、液水含量变化趋势相一致(图 5a)。粒子平均直径变化相对平稳,降雹时的粒子平均直径为 0.89 mm,降水开始时粒子平均直径从 0.63 mm 突变为 1.33 mm,增加 1 倍多,然后持续减少,直到过程结束(图 5a)。粒子最大直径在过程开始和结束过程中呈现多峰型结构,从过程开始时的 3.25 mm,经历两次峰谷变化,达到最大值11 mm,降雹时粒子平均最大直径为 8.6 mm(图 5d);结合雷达回波,使用敏视达软件进行分析(图略),计算出分辨率为 0.25 km 的回波格点数,从而得出不同强度回波的面积,从表 3 可以看出,22:50 两项指标(大于 45 dBZ、60 dBZ 回波强度)突然增大,在 23:00(降雹时)大于 45 dBZ 回波基本保持不变,但 60 dBZ 回波强度有所减小,表明冰雹云由盛而衰;23:10 后雷达回波迅速减弱。对雷达回波做垂直剖面,分析速度径向垂直剖面(图略),发现低层(2 km 以下)辐合明显。综合分析表明云中强烈的垂直运动,在降雹前的降雨过程中,粒子不断发生碰并和破碎过程,随着过程的持续,雹胚形成,由于湿增长和干增长交替进行,最终形成冰雹。在整个过程中粒子最大直径和粒子数浓度变化剧烈。液水含量、降水强度和雷达反射率因子三者的变化趋势基本相同,均是随着过程不断增加,在降雹结束后,迅速回落(图 5b,c)。降雹时,粒子动能通量平均为 0.069 J·m^{-2}·s^{-1},较降雹前增长了约 13 倍,它有两个峰值,第一个峰值与粒

子平均下落末速度峰值相对应,说明第一个峰值主要是由粒子下落末速度主要贡献。第二个峰值与粒子最大直径峰值和粒子数浓度的次值相对应,即谱分布中直径的最大段,这与牛生杰等[3]在固原利用测雹板进行观测的结果稍有差异,较大直径的冰雹配合较大的数浓度,易出现危害性较大的雹灾,故雹灾灾情应由雹谱的平均直径配合粒子数浓度来反映,这为冰雹致灾程度的预测提供一些参考。

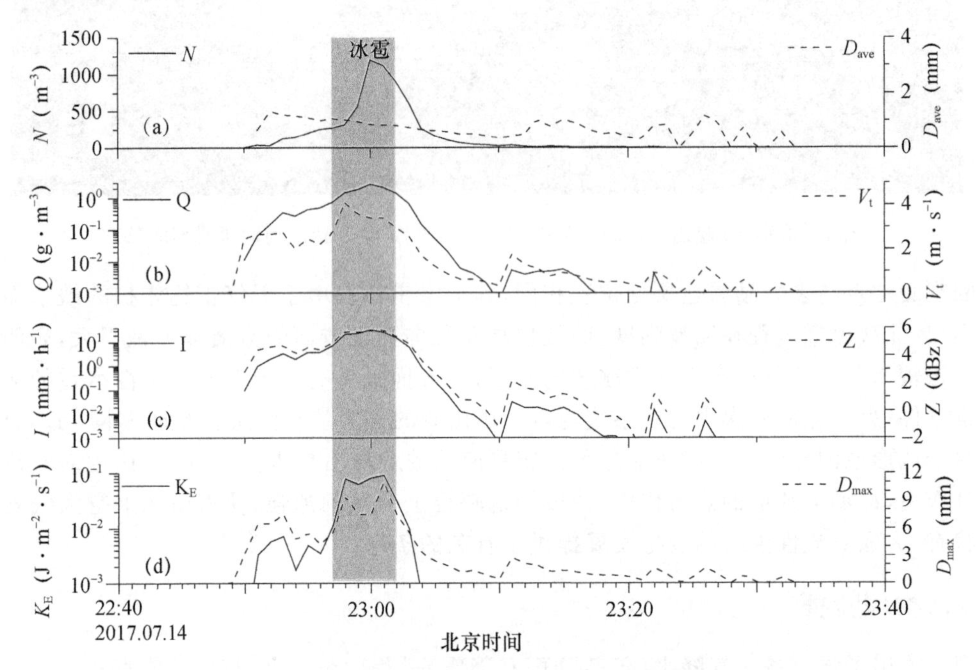

图5 2017年7月14日冰雹过程中降水粒子微物理量演变特征

(a)N:数浓度,d_{ave}:平均直径;(b)Q:质量浓度、V_t:末速度;

(c)I:降水强度,Z:雷达反射率因子;(d)K_E:平均动能通量,d_{max}:谱宽

从降雹期间雨滴谱各参量的变化来看,在降雹过程中,降雹初期,粒子数浓度的增长速度和平均粒径减小速度基本不变,但最大直径及下落速度均急剧增长,表明此阶段粒径较大的冰雹粒子增加的较快;此后粒子数浓度的急剧增大和平均粒径减小速度基本不变,但最大直径及下落速度均开始下降,表明此阶段粒径较小的冰雹粒子增加的较快;最后,随着对流能量的释放冰雹粒子数开始减少。

表2显示六盘山站降雹时间为22:57—23:01,降雹前有8分钟的降水过程,降雹结束后整个过程基本结束。国内利用雨滴谱仪对冰雹谱进行观测分析的文章较少,较多是在20世纪80—90年代利用测雹板或拍摄技术对冰雹谱进行观测研究。如牛生杰等在固原地区进行观测,石安英等[13]在张家口地区进行观测,郭恩铭[14]在西藏地区进行观测。故本文利用降雹前的对流性降水雨滴谱微物理特征与山东一次混合云降水过程的雨滴谱微物理特征进行比较。周黎明等[15]给出的山东地区2009年8月29日混合云降水微物理特征参数:瞬时雨强峰值为6.5 mm/h,雨滴浓度为5~251个/m³,最大雨滴直径一般为1.5~3.5 mm。可以看出,瞬时雨强峰值较本文偏小,雨滴浓度与本文相当,最大雨滴直径较本文低出一倍以上。

表 2　降雹过程雷达回波格点数及回波面积

时间	回波强度(dBZ)		分辨率(R)	格点数(N)	回波面积(S)(km^2)
22:40	冰雹指标	>45	0.25	0	0
	最大回波	40		2	0.125
22:50	冰雹指标	>45		946	59.125
	最大回波	60		55	3.4375
23:00	冰雹指标	>45		945	59.0625
	最大回波	60		23	1.4375
23:10	冰雹指标	>45		547	34.1875
	最大回波	60		30	1.875
23:20	冰雹指标	>45		388	24.25
	最大回波	50		12	0.75
23:30	冰雹指标	>45		97	6.0625
	最大回波	50		24	1.5
23:40	冰雹指标	>45		59	3.6875
	最大回波	50		2	0.125
23:50	冰雹指标	>45		0	0
	最大回波	40		1	0.0625

3.4　冰雹粒子谱分布

将本次过程按照降雹前、降雹时、降雹后及整个过程平均，分析平均雨滴谱、速度谱分布特征(图 6)。从图 6a 看到，降雹时，雨滴谱最宽，数浓度较降雹前和降雹后明显增大，1 mm 以内的小粒子数浓度超过 100 $m^{-3} \cdot mm^{-1}$，随着粒子直径的增大，数浓度明显减少，但是粒子直径在 2～6.5 mm 之间时，粒子数浓度随直径的变化趋势较其他阶段偏缓，说明在降雹时段，处于中段(2～6.5 mm)的冰雹粒子数浓度最多。降雹前雨滴谱和数浓度较降雹后宽和大。从谱型来看，降雹时和降雹前呈指数型分布，降雹后谱型呈多峰型结构，其中降雹后雨滴谱线下降趋势最剧烈。在 2～2.4 mm 和 3.8～4.3 mm 直径段粒子数浓度有一个小的峰值，说明在降雹后大气还处于微弱的不稳定状态。图 6b 平均速度谱表明整个降水阶段速度谱起伏变化趋势基本一致，降雹后粒子下落平均速度最小，各谱线上粒子浓度在 1～3 m/s 均存在两个峰值，峰值明显程度略有差异。在大于 3 m/s 降雹时和降雹前均呈指数型下降，而降雹后呈多峰型起伏变化。

谱分布对雨滴谱研究来说非常重要，它可以为雷达、卫星反演降水以及云的参数化提供经验关系。1948 年 Marshall 和 Palmer[16] 最早提出雨滴谱的分布为指数形式，而 Ulbrich[17] 则认为使用三种参数的 Gamma 型分布更能描述实际的雨滴谱分布。本文采用上述两种分布来对此次过程进行模拟。图 7 给出了本次过程各阶段降水粒子 M-P 分布和 Gamma 分布，其拟合参数如表 3 所示。降雹前 M-P 分布和 Gamma 分布拟合度基本重合，对于粒子的拟合效果也比较好，但在小于 2.5 mm 粒径范围内两种分布均存在部分拟合误差(图 7b)。在降雹时，粒子滴谱 Gamma 分布比 M-P 分布拟合优度高，M-P 分布在小粒子范围内(1～4 mm)存在较大拟合误差(图 7c)。降雹后，整个过程基本结束，两种分布对粒子滴谱的分布拟合优度高。

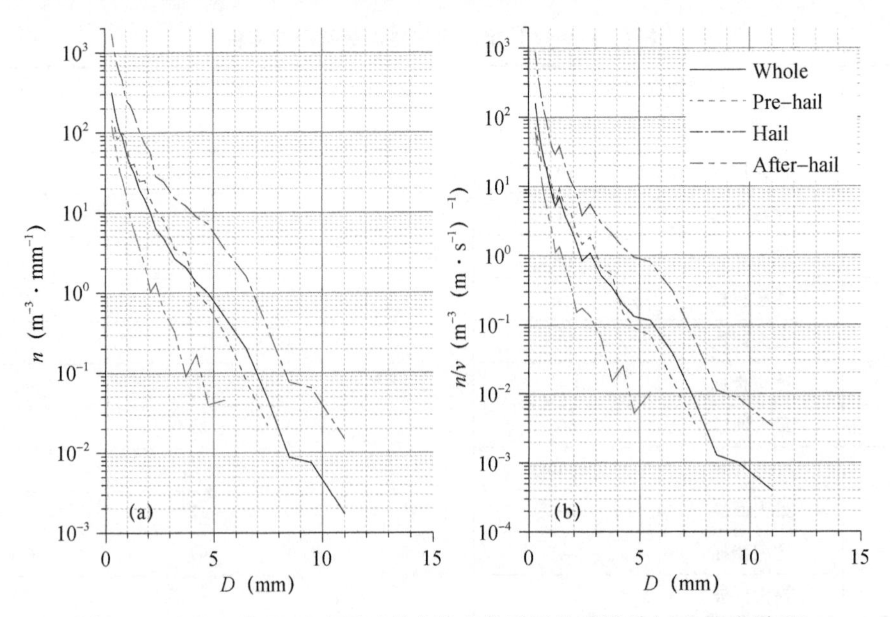

图 6　2017 年 7 月 14 日冰雹过程中降水粒子平均雨滴谱(a)和速度谱(b)

结果表明，Gamma 分布更适合描述降雹前后的粒子谱，M-P 分布在对起伏变化较大降水，在小滴段的拟合误差较大。这与我国气象工作者的研究基本相同[18-21]。

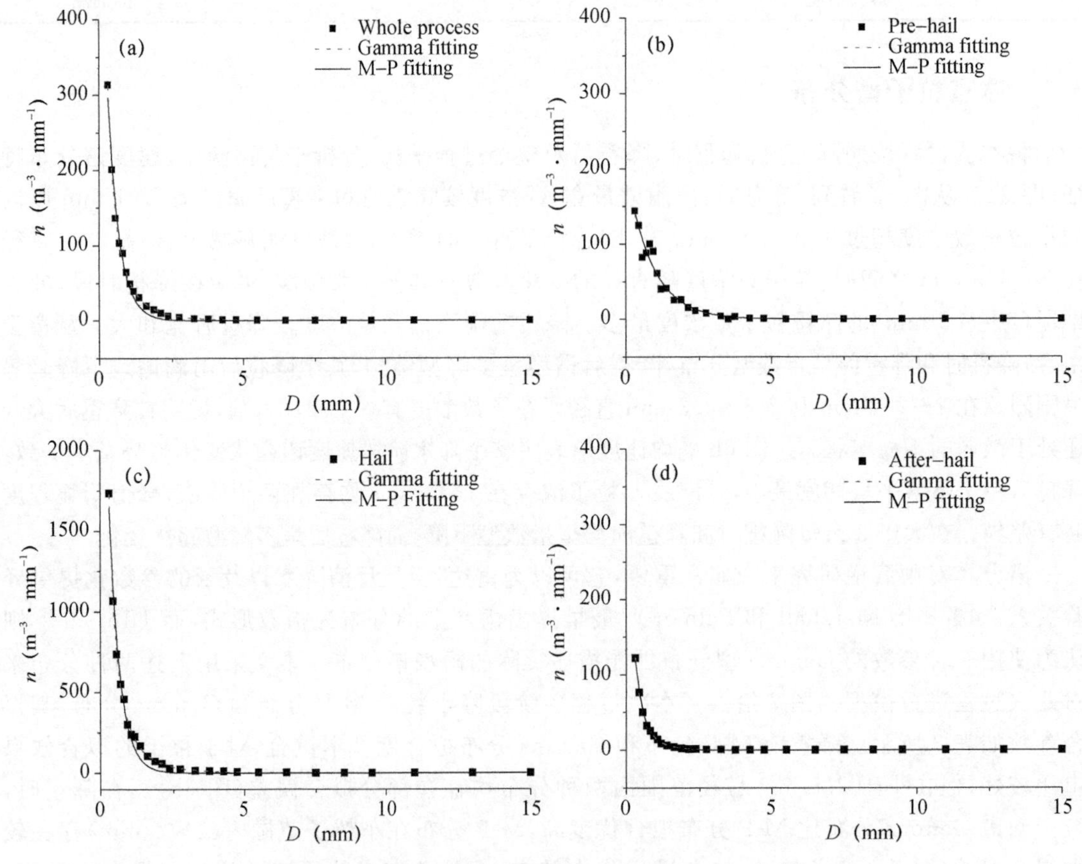

图 7　不同阶段降水粒子 M-P 分布及 Gamma 分布

表 3　不同阶段 M-P 分布和 Gamma 分布参数计算

阶段类型	M-P			Gamma				分布函数 M-P	分布函数 Gamma
	N_0	λ	R^2	N_0	μ	λ	R^2		
降雹前	666	2.6	0.99	120	−1.02	0.8	1	$N(D)=666\exp(-2.6D)$	$N(D)=120D^{-1.02}\exp(-0.8D)$
降雹时	201	1.1	0.97	227	0.09	1.3	0.97	$N(D)=201\exp(-1.1D)$	$N(D)=227D^{0.09}\exp(-1.3D)$
降雹后	3879	2.8	0.99	562	−1.14	0.7	1	$N(D)=3879\exp(-2.8D)$	$N(D)=562D^{-1.14}\exp(-0.7D)$
整个过程	327	3.2	1	82	−0.79	1.7	1	$N(D)=327\exp(-3.2D)$	$N(D)=82D^{-0.79}\exp(-1.7D)$

3.5　平均动能通量

冰雹落地动能的大小直接关系着冰雹造成灾害的程度。因此，在研究冰雹的过程中，对冰雹的落地末速度和冰雹的落地动能尤为关注。本文以 $V=aD^b$ 为计算公式，将观测到的不同粒径对应的速度代入其中，通过最小二乘法来拟合，得到冰雹过程中粒子速度拟合图（图 8），从图中可以看出，相关系数 R 达到 0.98～0.99，拟合效果非常好，其中（图 8c）即降雹最强时段的拟合公式 $V=5D^{0.53}$ 与徐家骝[22]的 $V=5D^{0.5}$ 基本一致。在降雹过程中 a 的范围为 4.55～5.02，平均值为 4.85；b 的范围为 0.53～0.59，平均值为 0.56。这为今后模式的拟合计算提供了一些参考依据。

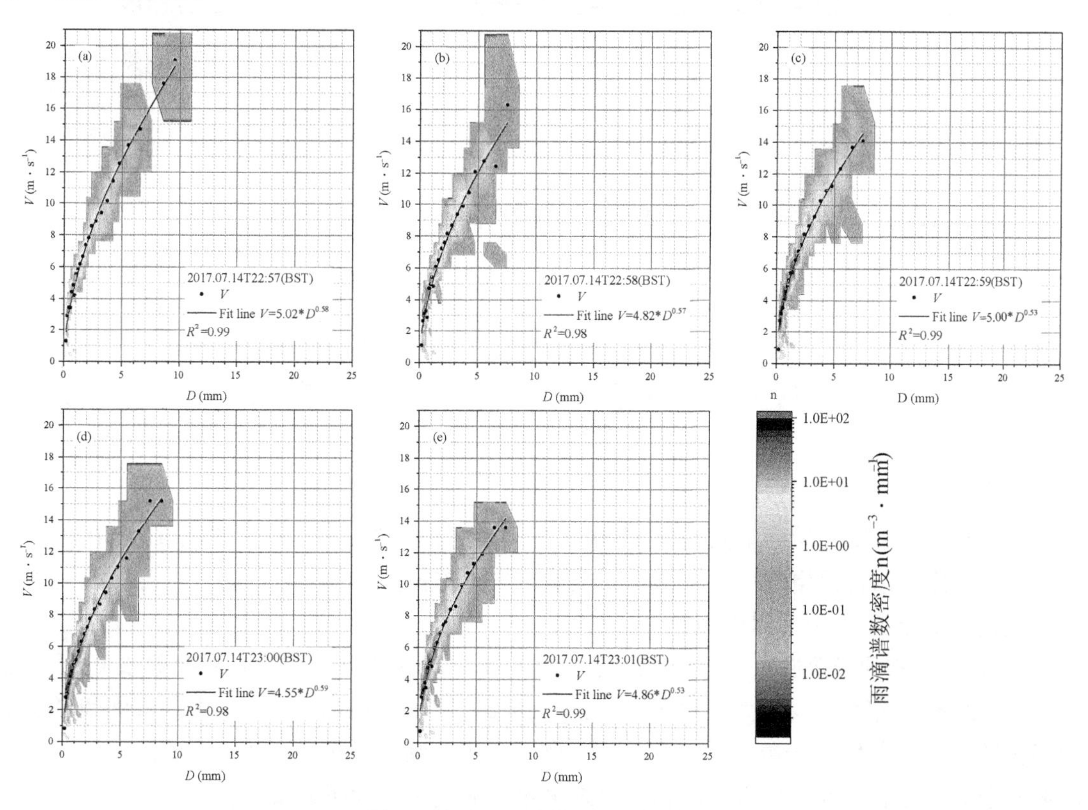

图 8　冰雹过程中粒子速度拟合图

图 9 是冰雹过程中降水粒子平均动能谱（a）、降水强度谱（b）和雷达反射率因子（c）随时间的变化图。可以看出，三张图的图形走势基本相同，22:56—23:04 降水粒子平均动能、降水强

度和雷达反射率因子明显增强,但同一粒子直径下,大值区的范围按照平均动能、降水强度和雷达反射率因子的顺序由大到小排列。直径最大的降水粒子对平均动能贡献率最大,主要大值区在粒子直径 3~9 mm 范围内。对于降水强度的贡献,反而是中段直径的粒子贡献最大,这是因为降水强度与粒子直径和粒子数浓度成正比。根据牛生杰等[9]对 711 雷达反射率因子与动能通量的分析,其相关系数大于 0.96,显著性水平小于 0.01,表明雷达反射率因子与平均动能关系明显,从图上也可以看出,平均动能与雷达反射率因子各色标图形走势基本相同,具有明显的相关性。

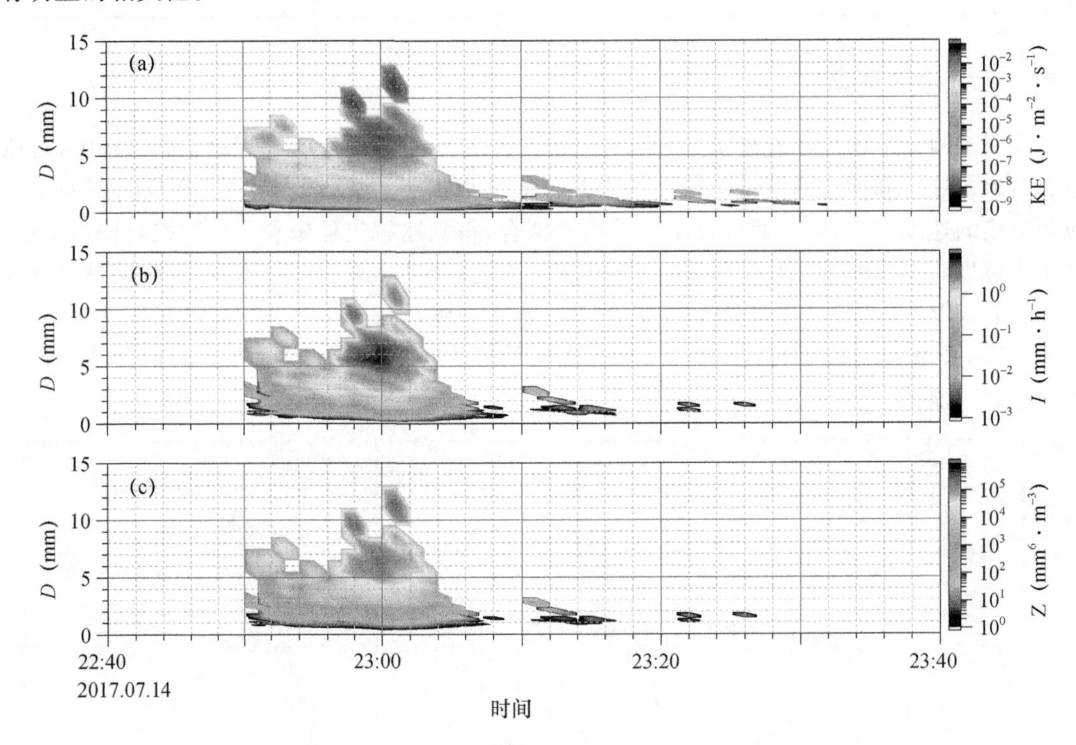

图 9 2017 年 7 月 14 日冰雹过程中降水粒子平均动能谱(a)、降水强度谱(b)和雷达反射率因子(c)随时间等值线图

4 结论

本文利用 DSG5 型激光雨滴谱仪、多普勒雷达等观测资料,对 2017 年 7 月 14 日在对流层中高层东北冷涡后部冷空气下滑渗透等天气系统,及特殊地形影响下六盘山夜间出现的强对流天气进行了分析,主要有以下结论:

(1)与降雹前的降雨过程相比,出现冰雹后除粒子平均直径缓慢下降外,粒子数浓度、质量浓度、末速度、降水强度、雷达反射率因子、平均动能通量及谱宽均明显增大,其中数浓度和平均动能通量增幅明显较大,粒子数浓度平均为 817 个/m^3,平均动能通量平均为 0.069 $J\cdot m^{-2}\cdot s^{-1}$,较降雹前分别增长了 6.3 倍和 13 倍,云内降水粒子的生长速度明显较快。

(2)在降雹过程中,降雹初期,粒子数浓度的增长速度和平均粒径减小速度基本不变,但最大直径及下落速度均急剧增长,表明此阶段粒径较大的冰雹粒子增加的较快;此后粒子数浓度的急剧增大和平均粒径减小速度基本不变,但最大直径及下落速度均开始下降,表明此阶段粒径较小的冰雹粒子增加的较快；最后，随着对流能量的释放冰雹粒子数开始减少。

（3）强对流天气在降雹之前会产生少量降雨，且降雨粒子的谱宽比较窄，雨滴粒子数浓度、尺度和下落速度都不大；相比降雹前，降雹时粒子谱变宽，各粒径档粒子的数浓度和下落速度均明显增大。相比 M-P 分布，用 Gamma 分布拟合此次降雹过程的粒子谱效果会更好。

（4）经过模拟计算，以粒子下落末速度公式 $V=aD^b$ 拟合此次降雹过程中的粒子速度效果很好，相关系数超过 0.98，a 的平均取值为 4.85，变化范围为 4.55～5.02；b 的平均取值为 0.56，变化范围为 0.53～0.59。

（5）相比降雹前，粒子平均动能、降水强度及雷达反射率因子都比较小，降雹开始后，降水强度增大了 3 倍、粒子平均动能与雷达反射率因子均增大了 7 倍，变化比率基本相同精确到小数点后四位。

参考文献

[1] 孙继松，石增云，王令．地形对夏季冰雹事件时空分布的影响研究[J]．气候与环境研究，2006，11(1)：76-84.

[2] 孙旭映，渠永兴，王坚．地理因子对冰雹形成的影响[J]．干旱区研究，2008，25(3)：452-456.

[3] 纪晓玲，陈晓光，贾宏元，等．宁夏冰雹的分布特征[J]．灾害学，2006，21(4)：14-17.

[4] 唐仁茂，李德俊，向玉春，等．地基微波辐射计对咸宁一次冰雹天气过程的监测分析[J]．气象学报，2012，70(4)：806-813.

[5] 黄治勇，周志敏，徐桂荣，等．风廓线雷达和地基微波辐射计在冰雹天气监测中的应用[J]．高原气象，2015，34(1)：269-278.

[6] 李聪，姜有山，姜迪，等．一次冰雹天气过程的多源资料观测分析[J]．气象，2017，43(9)：1084-1094.

[7] 纪晓玲，马筛艳，丁永红，等．宁夏 40 年灾害性冰雹天气分析[J]．自然灾害学报，2007，16(3)：24-28.

[8] 杨侃，桑建人，李艳春，等．宁夏 50a 冰雹气候特征[J]．干旱气象，2012，30(4)：609-614.

[9] 牛生杰，马磊，翟涛．冰雹谱分布及 Ze-E 关系的初步分析[J]．气象学报，1999，57(2)：217-225.

[10] 徐阳春．雷达判别宁南山区冰雹云的综合指标[J]．高原气象，1991，10(4)：420-425.

[11] 濮江平，赵国强，蔡定军，等．Parsivel(R)激光降水粒子谱仪及其在气象领域的应用[J]．气象与环境科学，2007，30(2)：3-8.

[12] 李栋梁，刘德祥．甘肃气候[M]．北京：气象出版社，2000：255-256.

[13] 石安英，孙玉稳．冰雹谱分布特征的探讨[J]．高原气象，1989，8(3)：279-283.

[14] 郭恩铭．西藏冰雹的观测[J]．气象学报，1984，42(1)：110-113.

[15] 周黎明，张洪生，王俊，等．一次典型积层混合云降水过程雨滴谱特征[J]．气象科技，2010，38(Z1)：73-77.

[16] Marshall J S. The distribution of rain drops with size[J]. Journal of Meteorological Sciences，1948，5(4)：165-166.

[17] Ulbrich C W. Natural variations in the analytical form of the rain drop size distribution[J]. J climate Appl meteor，1983，22(10)：1764-1775.

[18] 郑娇恒，陈宝君．雨滴谱分布函数的选择：M-P 和 Gamma 分布的对比研究[J]．气象科学，2007，27(1)：17-25.

[19] 陈万奎，严采蘩．雨滴谱及其特征值水平分布的个例分析[J]．气象，1988，14(1)：8-11.

[20] 石爱丽，郑国光，黄庚，等．2002 年秋季河南省层状云降水的雨滴谱特征[J]．气象，2004，30(8)：12-17.

[21] 陈德林，谷淑芳．大暴雨雨滴平均谱的研究[J]．气象学报，1989，47(1)：124-127.

[22] 徐家骝．冰雹微物理与成雹机制[M]．北京：农业出版社，1979：110.

基于卫星资料分析北疆暴雪中的云宏微观特征

王智敏　史莲梅　徐文霞

(新疆维吾尔自治区人工影响天气办公室,乌鲁木齐 830002)

摘　要　本文基于CloudSat卫星资料2B-CLDCLASS和2B-CWC-RVOD数据集,分析了2010年12月2—4日北疆地区一次大范围的暴雪过程中云的宏微观物理属性的垂直及空间分布情况。结果表明,云层分布在9.7 km以下,降雪过程中主要以大范围高层云、层云和雨层云等为主,其中冰粒子等效半径主要分布在2.8~9.7 km,云层厚度约为6.9 km,冰粒子等效半径数值随高度的增加而减小,且高值集中分布在云层底部,低值则基本分布在云顶。冰粒子等效半径最小值为21.2 μm,出现在云层9.5 km处,最大值为231.9 μm,出现在云层底部3.2 km处。冰粒子数浓度主要分布在2.6~9.7 km高度层上,高值大致分布在云层中部4.8~8.6 km处,经纬度范围为40°—46°N、82.3°—84.5°E,低值则分布在云底部。最小值为13.2L^{-1},出现在云顶9.7 km处,最大值为326.6 L^{-1},出现在云层7.2 km处。冰水含量主要分布在9.5 km以下,随高度的增加数值先增大后逐渐减小,且高值集中分布在云中部,低值则基本分布在云层顶部。最小值为5 mg/m^3,出现在云层顶部9.4 km处,最大值为301.75 mg/m^3,出现在云层中部4.9 km处。

关键词　CloudSat　微物理属性　垂直分布　空间分布

1　引言

新疆以天山山脉为界分为南北疆,其中北疆是我国主要农牧区,干旱半干旱气候使得生态环境脆弱,灾害性天气较多。而暴雪是其主要的自然灾害之一,对农牧业、交通运输、人们的生命财产安全等造成严重影响。近年来,国内外有些学者利用高空间分辨率的CloudSat等卫星资料进行了一些研究,如Luo等[1]利用CloudSat资料对比分析了东亚地区的云垂直结构及其季节变化特征。Wu等[2]通过CloudSat数据集,分析了全球冰云的物理量参数分布情况。本文对发生在北疆地区暴雪云中微物理属性的时空变化规律进行研究,对更好地认识暴雪的物理机制具有重要意义。

2　结果与分析

2.1　暴雪过程概况

2010年12月2—4日新疆北部出现了暴雪灾害天气,12月2日开始此次寒潮带来了强降温和降雪天气,2日傍晚开始,塔城盆地普遍出现强的雨夹雪天气过程,3日傍晚阿勒泰部分地区出现暴雪天气,形成13~41 cm的积雪。本文选取了2010年12月2—4日北疆范围(40°—50°N,84.5°—80.78°E)的数据。

2.2 云分类及微物理属性的垂直分布特征

2.2.1 云分类及分布

本文利用 2B-CLDCLASS 云分类算法，将云分成高云(high)、高层云(As)、高积云(Ac)、层云(St)、层积云(Sc)、积云(Cu)、雨层云(Ns)和深对流云(deep)8 类。此次降雪过程中出现的云类有高层云、层云、层积云、积云、雨层云和深对流云这 6 种，主要以大范围高层云、层云和雨层云等为主(图 1，图 2)。

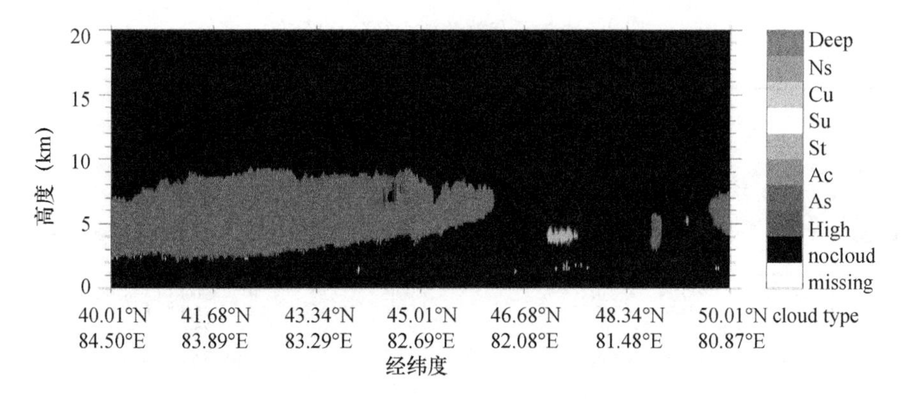

图 1　12 月 3 日云分类产品

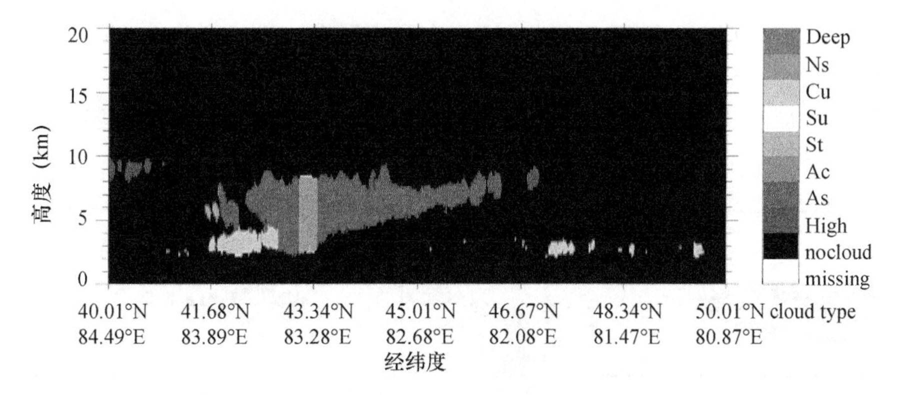

图 2　12 月 4 日云分类产品

2.2.2 云微物理属性垂直分布

利用 2B-CWC-RVOD 数据集，对云中冰粒子等效半径、冰粒子数浓度及冰水含量的垂直剖面图和垂直分布进行了分析。图 3 给出了 12 月 3 日和 4 日的冰粒子等效半径分布，从图 3a 和图 3b 中可以得出数值主要分布在 9.7 km 以下，数值随高度的增加而减小，且高值集中分布在云层底部，经纬度大致范围为 40°—46°N、82.3°—84.5°E，低值则基本分布在云顶。最小值为 21.2 μm，出现在云层 9.5 km 处，最大值为 231.9 μm，出现在云层底部 3.2 km 处。

从冰粒子数浓度的垂直剖面图(图 4)来看，冰粒子数浓度主要分布在 2.6～9.7 km 高度层上，高值大致分布在云层中部 4.8～8.6 km 处，经纬度范围为 40°—46°N、82.3°—84.5°E，低值则分布在云底部。最小值为 13.2L^{-1}，出现在云顶 9.7 km 处，最大值为 326.6L^{-1}，出现在云层 7.2 km 处。

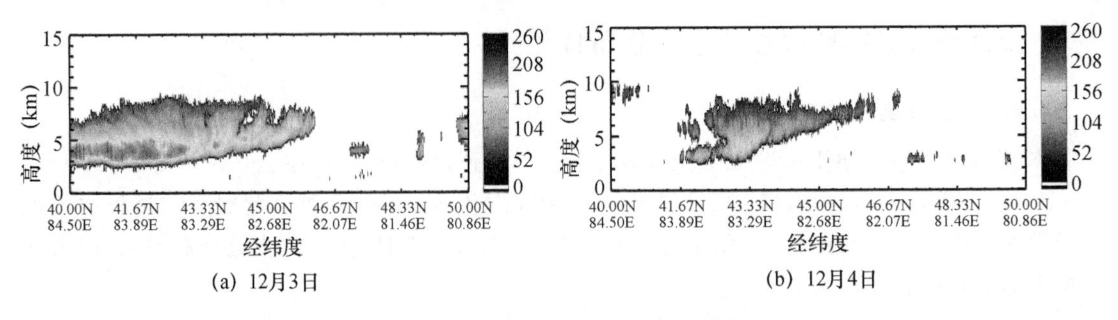

(a) 12月3日　　(b) 12月4日

图 3　冰粒子有效粒子半径(μm)分布

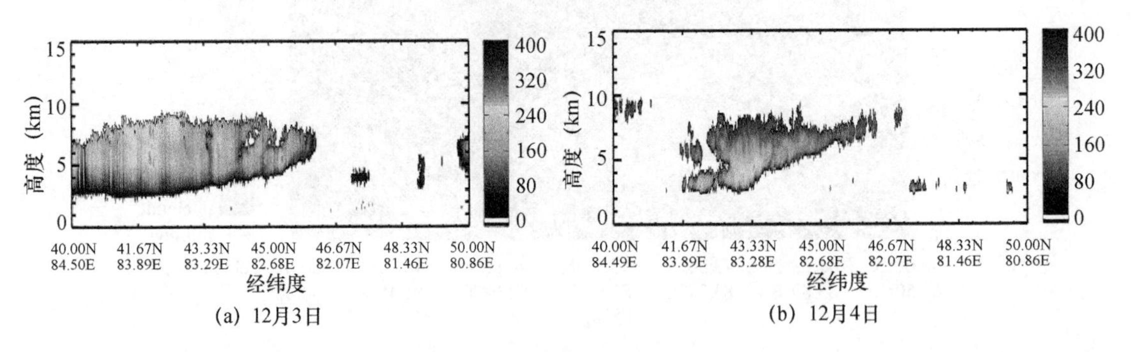

(a) 12月3日　　(b) 12月4日

图 4　冰粒子数浓度(L^{-1})分布

从冰水含量的垂直剖面图(图 5)可知,冰水含量主要分布在 9.7 km 以下,随高度的增加数值先增大后逐渐减小,且高值集中分布在云中部,经纬度范围为 40°—45.6°N、82.3°—84.5°E,低值则基本分布在云层顶部。冰水含量的最小值为 5 mg/m^3,出现在云层顶部9.4 km处,最大值为 301.75 mg/m^3,出现在云层中部 4.9 km 处。

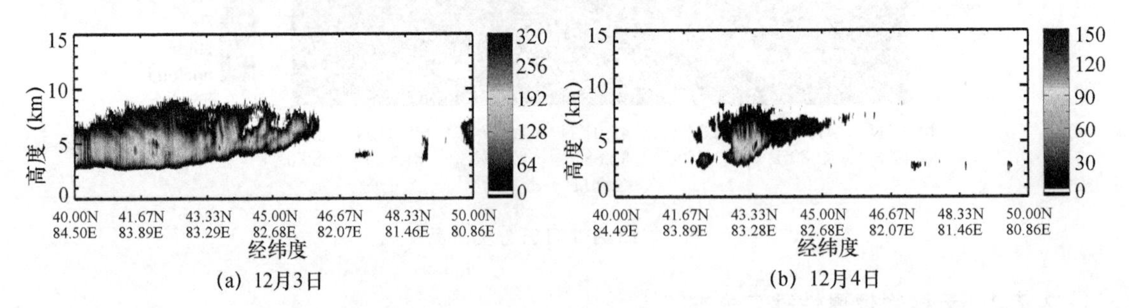

(a) 12月3日　　(b) 12月4日

图 5　冰水含量(mg/m^3)分布

3　结论

本文针对北疆地区一次暴雪过程,利用 CloudSat 卫星的相关数据集,分析了云的类型分布、冰粒子等效半径等微观物理属性的空间分布情况。此次暴雪发展过程中出现的云类主要以大范围高层云、层云和雨层云等为主,其中冰粒子等效半径主要分布在 2.8～9.7 km 值之间,冰粒子等效半径数值范围为 21.2～231.9 μm,冰粒子数浓度数值范围为 13.2～326.6 L^{-1},冰水含量数值范围为 5～301.75 mg/m^3。

参考文献

[1] Luo Y L, Zhang R H, Wang H. Comparing occurrences and vertical structures of hydrometeors between eastern China and the Indian monsoon region using CloudSat CALIPSO data [J]. J Climate, 2009, 22: 1052-1064.

[2] Wu D L, Jonathan H J, William G R, et al. Validation of the Aura MLS cloud ice water content measurements[J]. J Geophys Res, 2008, 113: D15S10, doi: 10.1029/2007JD008931.

2017年8月29日阿克苏地区西部强对流天气过程分析

热孜亚·克比尔

(阿克苏地区人工影响天气办公室,阿克苏 843000)

摘　要　利用双偏振雷达,常规气象资料,探空资料,对于2017年8月29日发生在阿克苏地区一次强对流天气过程进行雷达回波分析,对这次强对流天气并产生降雹的主要原因,强对流天气的监测,雷达回波分析和防雹指挥作业进行了细致的分析。

关键词　双偏振雷达　雷达回波分析

1　引言

阿克苏地区处于天山南坡,塔里木盆地的北缘,西临帕米尔高原,由于山区多,戈壁与绿地并存的复杂地形特征,冰雹,暴雨,大风等灾害性天气频发,重发,给以农业为基础的阿克苏经济造成非常严重的损失和危害。2017年8月29日阿克苏地区出现了一次强对流天气过程,利用对这次强对流天气过程进行初步的分析,了解强对流天气背景,冰雹云结构的雷达回波特征,为今后开展人工防雹指挥作业,冰雹预警提供参考,以期减轻减少冰雹灾害。

双偏振雷达是一种新型的,新一代X波段双偏振全相参脉冲多普勒天气雷达。雷达通过交替发射和接受水平/垂直的线偏振波,实现除了能探测云、降水的反射率因子、平均径向速度和速度谱宽以外,还能够测差分率反射率因子、差分传播相移、共极化相关系数等信息,独特的气象专家系统,根据雷达回波强度,速度,谱宽等信息,分析双偏振目标参数,达到对目标的自动识别,跟踪,分析,对灾害性天气进行监测和报警等[1-3]。

2　天气过程分析及指挥作业过程

受北方冷空气和南方暖湿气流的共同影响下,8月29日午后出现强对流天气。当日08:00的0℃高度为3304 m,−6℃高度为4056 m。

8月29日15:00—22:00阿克苏雷达站利用双偏振雷达对云体演变情况进行了连续跟踪监测(图1)。15:06观测发现,乌什县西南方向出现回波单体后及时发布预警,共派遣乌什县11辆流动火箭车赶赴前沿流动作业点,指挥人员提前向空域管制部门申请空域,做好了防雹作业准备工作。15:41,乌什县西南出现初始回波面积比较小,但是有发展趋势,经过一个小时跟踪观测后云体开始发展,进入成熟阶段,其后方不断地生成新生对流单体回波。回波PPI显示呈块状结构,回波移速比较快,持续时间比较长,单体水平尺度达30 km以上,RHI回波单体呈柱状结构。因回波单体水平尺度比较大,所以持续时间比较长达到4个小时。回波发展过程中,回波顶上升速度比较快,云的回波强度36 dBZ,最强达50 dBZ以上,经连续作业141枚火箭弹后,作业点普遍下大雨和暴雨。17:01对流云向东北方向移动并加强,17:15,云体强度发展到45 dBZ,强中心高度9 km,云顶高度达11 km,指挥人员立即指挥实施防雹作业,

17:11—19:05 温宿县 8 个固定、流动点实施了连续作业，共发射 197 发高炮弹和 65 枚火箭弹，作业后普降中到大雨。

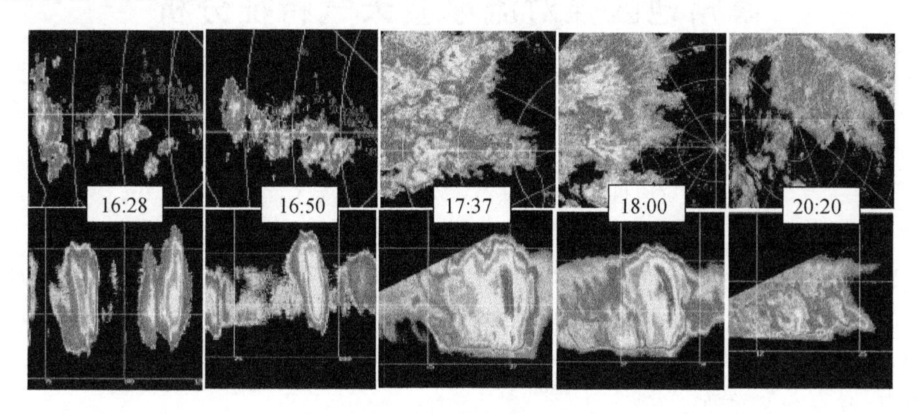

图 1　雷达回波图

3　小结

(1)阿克苏地区西部对流性天气比较频繁，尤其是局地对流性天气，所以提前发现、提前预警非常重要，通过这次天气过程及时准确指挥，按时作业对阻止雹云发展，降低降雹概率有很大作用。雷达站和县级人影办紧密配合也很重要，温宿和乌什县联防作业效果很明显。

(2)作业点必须沿冰雹路径向前沿推进，补充弹药不及时会影响作业的效果和连续性。

(3)空域批复率底，导致没有办法及时作业，出现冰雹灾害。

参考文献

[1] 王遵娅，丁一汇，何金海，等. 近 50 年来中国气候变化特征的再分析[J]. 气象学报，2004，62(2):228-236.

[2] 殷水清，高歌，李维京，等. 1961—2004 年海河流域夏季逐时降水变化趋势[J]. 中国科学:地球科学，2012，42(2):256-266.

[3] 原韦华，宇如聪，傅云飞. 中国东部夏季持续性降水日变化在淮河南北的差异分析[J]. 地球物理学报，2014，57(3):752-759.

博州地区强对流冰雹天气特征分析

柴战山

(博州人工影响天气办公室,博乐 833400)

摘　要　对博州地区强对流冰雹天气雷达资料进行了统计分析,初步掌握了博州地区强对流冰雹天气的气候特征,对雹云发生源地、移动路径及时空分布有了进一步了解,对人工防雹作业点的布局和人工消雹科学作业提供了依据。

关键词　冰雹天气　特征　分析

1　引言

博尔塔拉蒙古自治州(简称博州)位于准噶尔盆地西南端,北、西、南三面有阿拉套山、别珍套山、科古尔琴山环绕,东面为艾比湖盆地,从而形成北、西、南三面环山,地势西高东低,博尔塔拉河自西向东贯穿博州,形成自西向东逐渐开阔的喇叭口地形。

由于这种三面环山形成的谷地易于吸收太阳辐射,使地面及贴近地面的空气增温快,极易产生对流天气。

博州年均降水量 200 mm 左右,年均雷暴日数 55 d,最多达 69 d,平均 30%雷暴云最终形成冰雹云,年均强对流天气 20 d 左右,博州开展人工防雹工作已有 40 历史,人工防雹工作已成为农牧业生产防灾减灾的重要举措之一[1-3]。

2　资料来源

根据博州地区 2000—2016 年连续 17 年数字化雷达回波资料,选取了其中 160 次达到人工消雹作业指标的雷达回波资料,结合作业后的实况资料分析了博州地区冰雹云的生成源地,移动路径,移动速度、雹云回波特征及时空分布。

3　强对流冰雹天气气候特征分析

在此所说的强对流冰雹天气,是指在雷达观测中,回波强中心≥35 dBZ,0 dBZ 回波顶高≥8 km,且 35 dBZ 中心高度≥6 km,回波直径≥5 km 的强对流云。

3.1　冰雹云生成源地

通过对雷达回波资料统计分析,发现博州地区冰雹云生成地主要在河谷、湖区及地形复杂的山区,博州地区冰雹云生成源地主要有 5 处:

第 1 处在博乐市西北偏北方的哈拉吐鲁克山区;

第 2 处在博乐市西北方的米尔其克山区;

第 3 处在博尔塔拉河中上游山区;

第 4 处在博乐市西南偏西方向的鄂克托赛尔河中上游山区；

第 5 处在博乐市西南方向的赛里木湖到三台林场山区。

3.2 冰雹云移动路径

冰雹移动主要有五条路径：

第一条路径(北路)，从哈拉吐鲁克山区形成东南下经过博乐市小营盘镇北部 241 和 242 炮点、84 团、青德里乡北部、有时可到 89 团。

第二条路径(西北路)，从米尔其克及西北山区形成东南下，查干屯格乡的 246 炮点和 301 炮点，哈日布呼镇 243 炮点，塔秀乡 244 炮点、87 团、阿热勒托海牧场 240 炮点，小营盘 242 和 241 炮点、84 团移出。

第三条路径(中路)，雹云在博河和鄂河中上游形成，经扎勒木特乡、88 团、安格里格乡、呼和托哈种畜场、阿热勒托海牧场、小营盘、84 团，89 团东移，

第四条路径(西南路)，形成于赛里木湖区，东移影响阿合奇农场 334 和大河沿子镇 335 炮点、83 团、八家户、芒丁乡。

第五条路径(南路)，形成于赛里木湖到三台林场，沿南山东移，影响托托乡和 91 团。冰雹云源地及移动路径如图 1 所示。

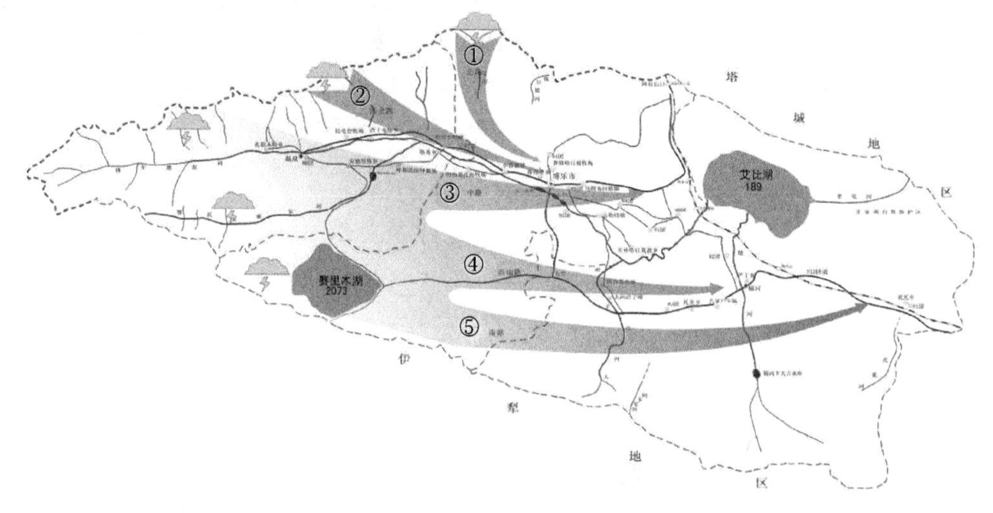

图 1 博州地区冰雹云源地及移动路径

3.3 冰雹云类型

博州地区冰雹云主要有三类：即，复合单体(多单体)冰雹云、超级单体冰雹云和对称单体(弱单体)冰雹云。其中，复合单体冰雹云占 73%左右，对称单体占 15%左右，超级单体占 12%左右，见表 1。

表 1 冰雹云类型

雹云类型	复合单体	超级单体	对称单体	合计
发生次数	118	19	23	160
占百分比	73%	12%	15%	100%

博州绝大多数冰雹灾害产生是由复合单体冰雹云造成,复合单体冰雹云强度大,维持时间长,常常在特殊区域多个单体合并加强,发展旺盛时云顶高度可伸展到 12 km 以上,回波强度可达到 60 dBZ 以上,回波宽度有时可达 30 km 以上,如图 2 所示。

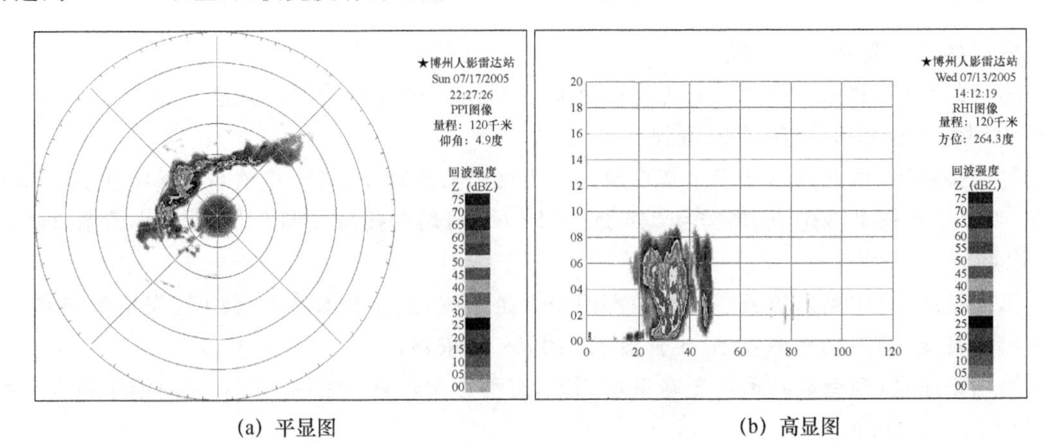

(a) 平显图　　(b) 高显图

图 2　复合单体冰雹云回波图

超级单体冰雹云出现的频率较低,但一旦形成极易造成冰雹灾害,超级单体内只含一个单体,云体高耸稳定,云体的垂直高度数倍于云体的水平宽度。同时,超级单体冰雹云有以下明显特征:(1)云体移动前方存在一支有上升气流区(弱回波区),(2)在弱回波区前方有悬垂回波,(3)在回波的中后部有一强回波区,称为回波墙,这里是强降雹区。如图 3 所示。

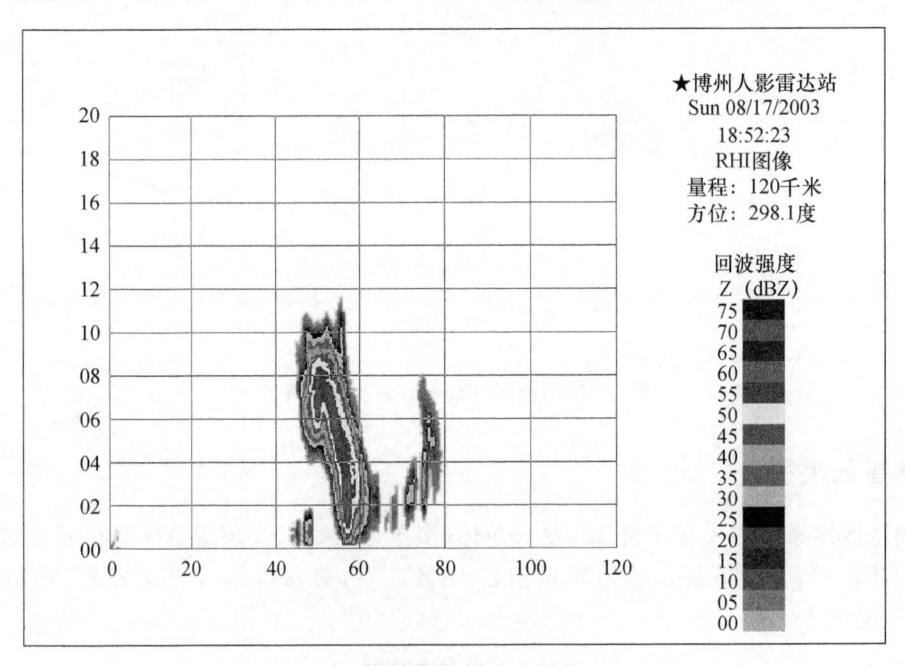

图 3　超级单体冰雹云回波图(高显图)

对称单体(弱单体)冰雹云只有一个孤立的体单,单体强度尺度均较小,一般不会造成大的冰雹灾害。

3.4 冰雹云移动速度

冰雹云移速与下垫面植被情况、地形及天气系统有关，掌握不同类型冰雹云的移动速度对人工防雹作业方案设计及人工防雹作业指挥有重要意义，通过对雷达回波资料（160 次强对流云）统计分析，博州地区强对流冰雹云移速大多为 25～55 km/h，见表 2。

表 2　冰雹云移动速度统计

移速(km/h)	10～25	25～40	40～55	55～70	合计
次数	12	80	60	8	160
百分比(%)	7.5	50	37.5	5	100

从表 2 可看出：移速在 25～40 km/h 的冰雹云占 50%，移速在 40～55 km/h 的冰雹云占 37.5%，移速在 25～55 km/h 的冰雹云占 87.5%，移速≥60 km/h 的冰雹云所占比例只有 5%。统计发现冰雹云在山区移动慢，移出山区进入平原及谷地移速明显加快。

3.5 冰雹云作业指标

冰雹云指标是经过长期雷达观测资料的积累和实践检验后确定的，冰雹云指标在不同地区、不同季节、不同气候背景都可能有所不同，确定冰雹云指标对人工防雹作业指挥具有重要意义，博州地区冰雹云指标如表 3 所示。

表 3　博州地区冰雹云早期识别作业指标

类型	弱雹云	中等雹云	强雹云	备注
0dBZ 高度(km)	≥8	≥10	≥12	不同季节略有差异，并伴有雷暴、闪电特征
中心强度(dBZ)	≥35	≥40	≥45	
中心高度(km)	≥5	≥6	≥8	
35dBZ 宽度(km)	≥3	≥5	≥10	
负温区/正温区	≥1.2	≥1.5	≥2.0	
RHI 回波特征	柱状结构	柱状结构	回波墙，回波穹窿	
PPI 回波特征	片状块状	V 形缺口，钩状、指状	V 形缺口，钩状，指状	

4 强对流冰雹云发生时空分布

4.1 日分布

通过对 160 次强对流冰雹云统计分析，各时段发生次数见表 4。

表 4　强对流冰雹云发生时间统计

时间	14 时前	14—20 时	20 时后	合计
次数	22	119	19	160
百分比(%)	13.8	74.3	11.9	100

从表 4 可看出 74.3%的冰雹云发生在 14—20 时，14 时前和 20 时后所占比例只有 20%左右。

4.2 月分布

博州地区强对流冰雹云主要集中在6—8月,冰雹云最早出现在4月,最晚出现在10月,通过博州地区160次强对流冰雹云统计,强冰雹云各月发生次数见表5所示。

表5 强对流冰雹云各月发生次数

时间	5月	6月	7月	8月	9月	合计
次数	19	49	54	29	9	160
百分比(%)	12	32	33	18	6	100

从表5可看出:6—7月是博州地区强对流冰雹云发生最集中的时段,6—7月强对流冰雹云发生次数占全年的65%,进入8月后强对流天气逐渐减少。

4.3 地域分布

从统计分析得出:博州地区冰雹天气西部多于东部,山区多于平原,70%以上冰雹天气发生在地处西部山区的温泉县,地处中部的博乐市次之,地处东部的精河县冰雹天气相对较少。

4.4 有利于强对流冰雹发生的天气条件

强对流冰雹天气大多发生于前期连续多日晴好天气,气温较高,当有系统天气入侵时。

有利于博州产生强对流天气的影响系统主要是巴尔喀什湖低槽(涡)和中亚低槽(涡)。在系统性天气入境的前1~2天,500 hPa高空图上里咸海地区为高压脊区,巴尔喀什湖一带为低压槽区,博州位于槽前西南气流中,位于巴尔喀什湖的低槽不断分裂短波东移经常造成博州强对流冰雹天气。

当天08时,对流层下层850—700 hPa有增温(暖平流),对流层中上层500 hPa有降温(冷平流)活动,500 hPa图上博州上空有>15 m/s的急流带,易产生对流冰雹天气。

5 小结

(1)由于博州地区特殊的地理环境,冰雹云移动路线相对比较有规律性,掌握其规律性对提前防范冰雹天气及炮点的合理布局是有利的。

(2)雷达观测中发现,从不同源地、不同路径的冰雹云东移到哈日布呼镇到阿热勒托海牧场一带经常会合并加强,因此,这一带也常常是冰雹和洪水的多发区。

(3)同一源地的冰雹云有两种以上不同移动路径,这可能与当天的高空引导气流有关。

(4)博州西部的赛里木湖海拔高度2073 m,东部的艾比湖海拔高度189 m,两湖相距只有120 km,西高东低落差悬殊,自西方的冷湿空气在东移过程中下沉,迫使地面热空气上升,有利于对流加强。

参考文献

[1] 施文全,等. 新疆昭苏地区冰雹云若干问题的研究[M]. 北京:气象出版社,1989.
[2] 高子毅,等. 新疆云物理及人工影响天气文集[M]. 北京:气象出版社,1999.
[3] 张家宝,等. 新疆短期天气预报指导手册[M]. 乌鲁木齐:新疆人民出版社,1986.

2017年夏季六盘山地区一次强对流天气过程云降水宏微观特征分析

李　伟[1,2]　穆建华[1,2]　张成军[1,2,3]　马思敏[1,2]　林　彤[1,2]

（1. 中国气象局旱区特色农业气象灾害监测预警与风险管理重点实验室，银川 750002；
2. 宁夏回族自治区气象灾害防御技术中心，银川 750002；3. 宁夏回族自治区气象台，银川 750002）

摘　要　利用常规气象观测资料、Grapes_CAMS模式产品以及卫星雷达遥感资料，对2017年8月11日宁夏六盘山地区强对流天气过程成因、云降水宏微观特征进行综合分析，结果表明：此次局地小尺度强对流天气过程出现在高纬“两槽一脊”环流背景下，主要影响系统为蒙古冷涡、低层切变线、地面风场辐合线；云反演产品与降水云团的发展演变一致性较好，短时强降水初期云顶高度为5～7 km，云顶温度低于－30 ℃，过冷层厚度在4 km左右，黑体亮温低于－30℃；雷达回波表现为典型的强对流回波特征，强对流天气期间各地组合反射率均大于50 dBZ，最强达61 dBZ，回波顶高普遍在8 km左右，对流旺盛时期45 dBZ以上的强回波高度达到7 km左右，4 km高度附近有55 dBZ以上的强回波中心。当对流云团向六盘山山体移动时，回波有明显的加强趋势；Grapes_CAMS模式较好地模拟了此次强对流过程，模式产品显示此次降水云系为冷暖混合云，0～－5℃层之间有一定的过冷水存在，在－5～－20℃之间，冰晶数浓度1个/L，含量较少。

关键词　六盘山地区　强对流　Grapes_CAMS模式　云宏微观特征

1　引言

近年来，不少专家学者对六盘山地区的夏季对流性强降水进行了分析研究，瞿章指出[1]六盘山脉对天气发展强度的影响非常明显，六盘山东西两侧区域有利于系统发展，山脊区则抑制系统发展，在同一纬度，系统过境时，东西相距不到100 km范围内，山脊区比山脊东坡及谷地迟，六盘山西侧地区也比山脊区早，两侧降水早于山脊区最大可差2个小时以上；胡文东[2]等针对宁夏局地强降水指出涡旋内中小尺度冷空气活动与中、低空暖湿急流、谷底产生的水汽辐合，造成不同时间、不同地点、不同地域的短时强降水；纪晓玲[3]指出宁夏雷暴多发生在3—10月，集中出现在夏季，尤其以7月突出，其中15时前后为雷暴高发时段；范小明[4]等利用固原市新一代天气雷达观测到的2006年12次强降水的反射率因子和雨强关系表明，对流性和稳定性降水的回波强度有差异；曹宁[5]等通过微雨雷达和微波辐射计对六盘山地区地形云降水宏、微观特征观测分析，得出六盘山对流性降水山脊的反射率及反射率衰减程度均高于山谷，表明地形强迫使得山脊对流云降水过程的物理和动力过程较山谷更剧烈。

2　天气实况

2017年8月11日14—18时，宁夏回族自治区固原市原州区、彭阳等地出现强对流天气，15:30—16:15，张易镇闫关村、陈沟、红庄村出现冰雹，直径0.5 mm左右。什字、陈靳、兴隆和头营等多个乡镇出现 17 mm 以上短时强降水,最大雨强 19.9 mm,17 时出现在什字乡什字村。

3 环流背景分析

8 月 11 日 08 时,500 hPa、700 hPa 天气图上(图 1),欧亚中高纬度为两槽一脊,宁夏处于蒙古冷涡西南侧西北气流中,沿冷涡后部的西北气流里不断有冷空气扩散南下,宁夏南部存在冷式风切变且移动速度较快。11 日 14 时地面天气图(图略)显示,固原市有明显的风向辐合,随着冷空气侵入配合暖湿气流以及六盘山脉的共同作用影响,2017 年 8 月 11 日下午,六盘山区出现了强对流天气过程。

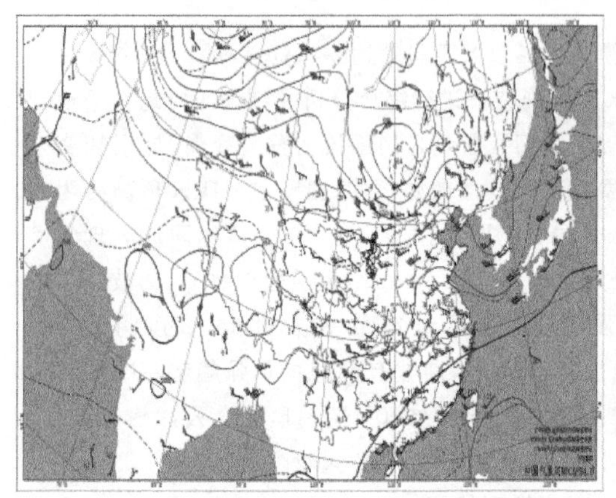
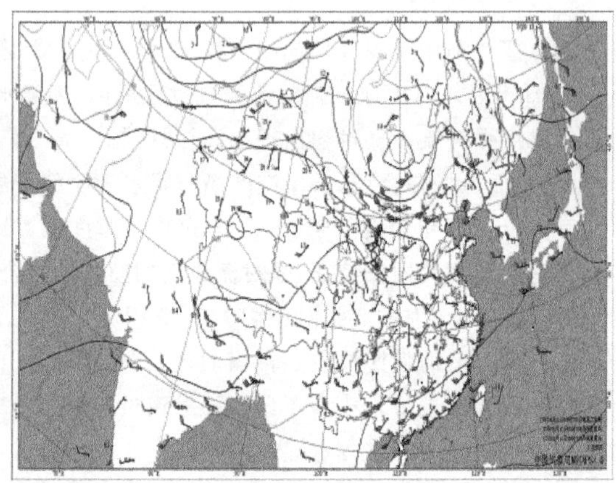

图 1　2017 年 8 月 11 日 08 时 500 hPa(左)、700 hPa(右)高空图

4 FY-2G 卫星云图特征分析

风云 2 号卫星的时空分辨率较高,能够较好地反应出行星尺度到雷暴尺度天气系统的云系和云型特征,本文利用中国气象局人工影响天气中心 FY-2G 卫星反演产品对此次过程特征进行分析。利用 FY-2G(irl 红外 10 μm)对关键区云团的云顶亮温进行取值,根据这些云团参数的变化,可以分析其与降水的关系[6]。根据对流出现的时间和地点,选取西吉县硝河乡、偏城乡,隆德县城关区、陈靳新兴镇,固原市开城乡、头营镇,彭阳县彭阳乡、红河村 8 个站点云顶高度(z_{top})、云顶温度(t_{top})、过冷层厚度(h_{sc})、黑体亮温(TBB)4 个云反演产品对对流云团特征进行分析,结果表明:区域内各云反演产品与降水云团的发展演变一致性较好,降水初期(图 2a—d),云顶高度在 5~7 km,云顶温度低于 −30℃,过冷层厚度在 4 km 左右,黑体亮温低于 −30℃。

依次选取天气现象显著的六盘山东西两侧的三个气象站隆德县陈靳新兴(Y3241)、西吉县偏城(Y3104)、固原市原州区头营(Y3007)各站逐时降水及对应空间的云顶亮温逐 30 分钟变化进行分析(图 2e,f),结果表明:云顶亮温随时间的发展演变与降水实况一致性较好,即随着云顶高度的发展,对流发展旺盛,云顶温度逐渐降低,而此时也正是对流降雨强度最大的时刻,18 时固原头营单站降雨量就达到了 17.4 mm,隆德县陈靳新兴(Y3241)与西吉县偏城(Y3104)降水云系的发展演变与降水实况基本吻合,陈靳新兴站点降水起始时间早,15 时降雨量已达到 17.2 mm,能量得到释放,对流减弱,云顶高度逐渐降低,降水呈现一个由强变弱,能量衰减释放过程，折线图基本反映了这个趋势。云顶亮温基本上是伴随着降水量的增大而降低，尤其是在对流性强降水中衰减表现得更为明显。

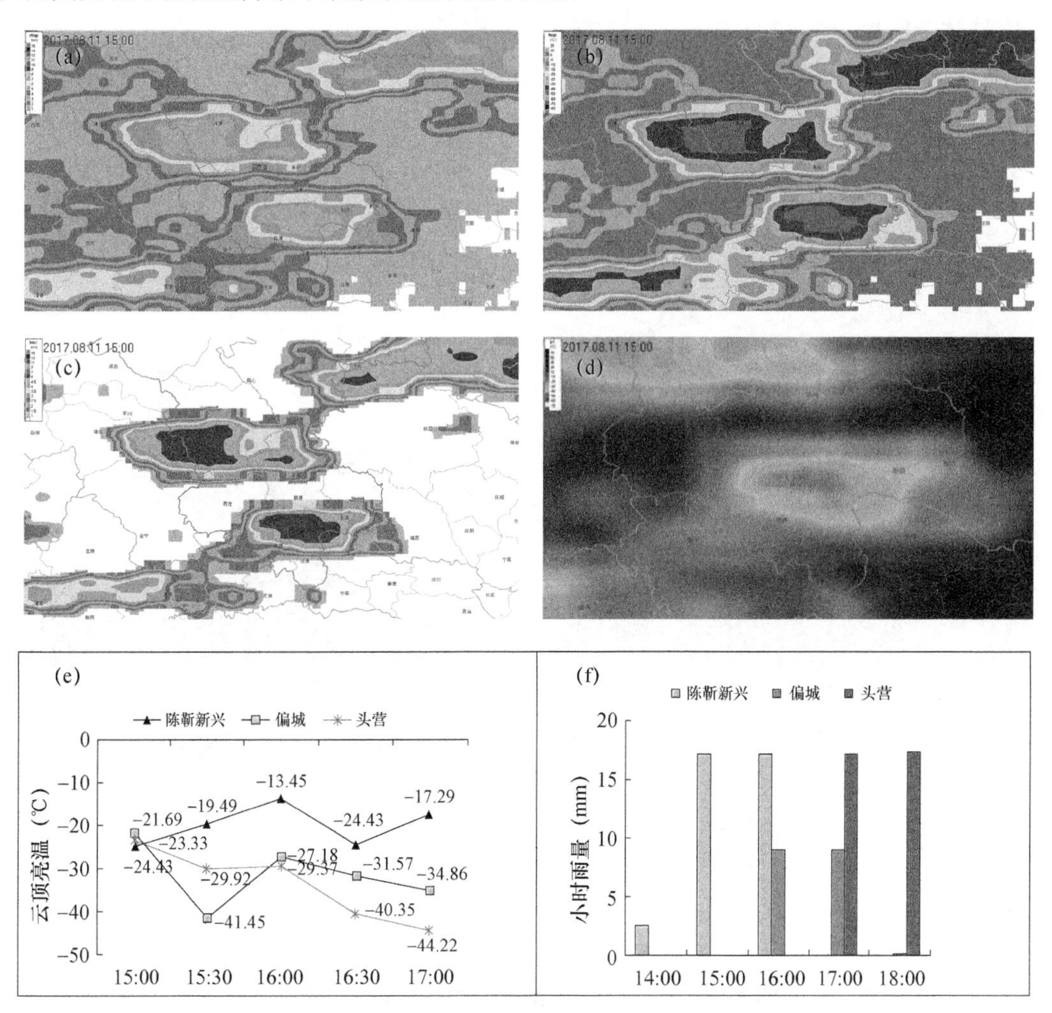

图 2　2017 年 8 月 11 日卫星反演产品及自动站逐时雨量

（a：云顶高度；b：云顶温度；c：过冷层厚度；d：黑体亮温；e：云顶亮温；f：自动站雨量）

5　雷达回波特征分析

六盘山气象站 C 波段多普勒雷达回波特征分析表明：8 月 11 日 15：01 固原市出现了三块较明显的雷达回波，回波顶高均在 7～8 km，其中，西吉偏城乡 50 dBZ，张易乡为 61 dBZ，隆德城关镇 35 dBZ。位于固原张易乡、大庄乡、大湾乡区域内为带状回波向西移动过程中分裂（图 3a），15：34 西吉的下堡乡、偏城乡、马莲乡、什子乡及隆德的大庄乡回波前端西侧形成一圆弧状，其中什字乡最强，回波为 61 dBZ，偏城乡雷达回波为 54 dBZ，此时段冰雹出现。15：45 偏城乡与马莲乡之间的对流云团合并向西快速移至硝河乡（图 3b），中心强度为 54 dBZ，强对流天气产生。16：01 位于西吉一带的对流云团消散，而位于什子乡附近的回波加强并缓慢向西南方向移动，受山体抬升后得到发展，中心强度为 58 dBZ（图 3c）。根据雷达连续观测记录，16 时原州区头营及西吉什字乡出现强降雨回波，持续时间较长，头营附近雷达回波中心最强时达 60 dBZ,什字乡附近回波最强中心达 51 dBZ,随后分裂为两块,一块向西移至兴隆附近强度达 52 dBZ,黑色箭头所指位置(图 3d)。17 时六盘山什字乡什字村小时降水量 19.9 mm,兴隆、头营、陈靳新兴均为 17.2 mm。

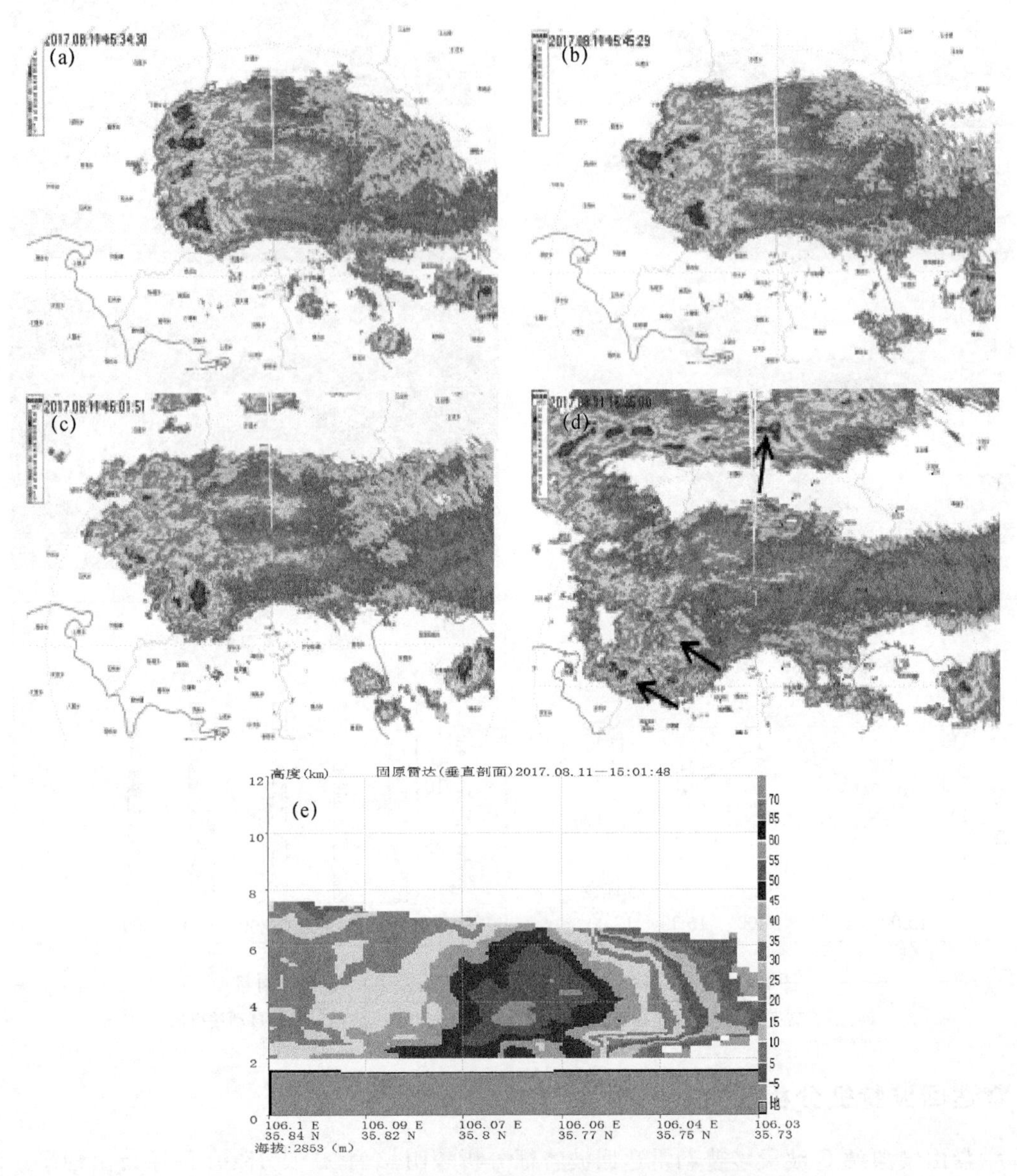

图 3　2017 年 8 月 11 日六盘山气象站 C 波段多普勒雷达
15:34—16:35 雷达组合反射率(a,b,c,d)及 15:01 雷达回波剖面图(e)

对固原张易乡至西吉什字乡一带雷达回波剖面显示:15:01 回波中心最强达 60 dBZ 以上,云顶伸展高度达 7~8 km,为浓积云发展的鼎盛时期。强反射率区对应着云中含水量集中区域,只有含水量累积区位于云中过冷区中时才利于冰雹的生长[7],此时段该区域出现冰雹。16:01 固原市张易乡至西吉什字乡(沿东北—西南向)雷达剖面显示:对流云团核心强度整体衰减,高度降低。雷达回波中心强度在 55 dBZ 左右,高度维持在 4 km 左右,上升气流减弱,此时段该区域以短时强降水为主。

6 Grapes_CAMS 模式模拟分析

利用中国气象局人工影响天气中心 Grapes_CAMS 模式 2017 年 8 月 10 日 08 时起报的云宏观、微观预报产品对此次强对流天气过程云宏微观特征进行了模拟分析，Grapes_CAMS 模式使用的是中国气象科学研究院(CAMS)复杂微物理方案。

Grapes_CAMS 模式 8 月 11 日 17 时云带预报产品显示，海原县及固原市大部云带分布数值为 0.01～0.5 mm(图 4a)，云带所在位置与卫星云图云系位置基本一致，表明模式对此次过程具备一定的模拟能力。8 月 11 日 17 时模式预报产品显示，海原南部到固原市中北部有云带侵入，数值为 0.01～0.5 mm，云顶高度 5～9 km，垂直累积过冷水含量小。模式剖面(图 4c,d，剖线自宁夏北部到南部)显示六盘山区上空 0℃层高度为 5.3 km，云水混合比含量为 0.001～0.01 g/kg，云水主要集中在 0℃层上下，0～－5℃之间有一定的过冷水存在，在－5～－20℃之间，冰晶数浓度 1 个/L，含量较少，雪霰混合比含量为 0.001～0.01 g/kg。

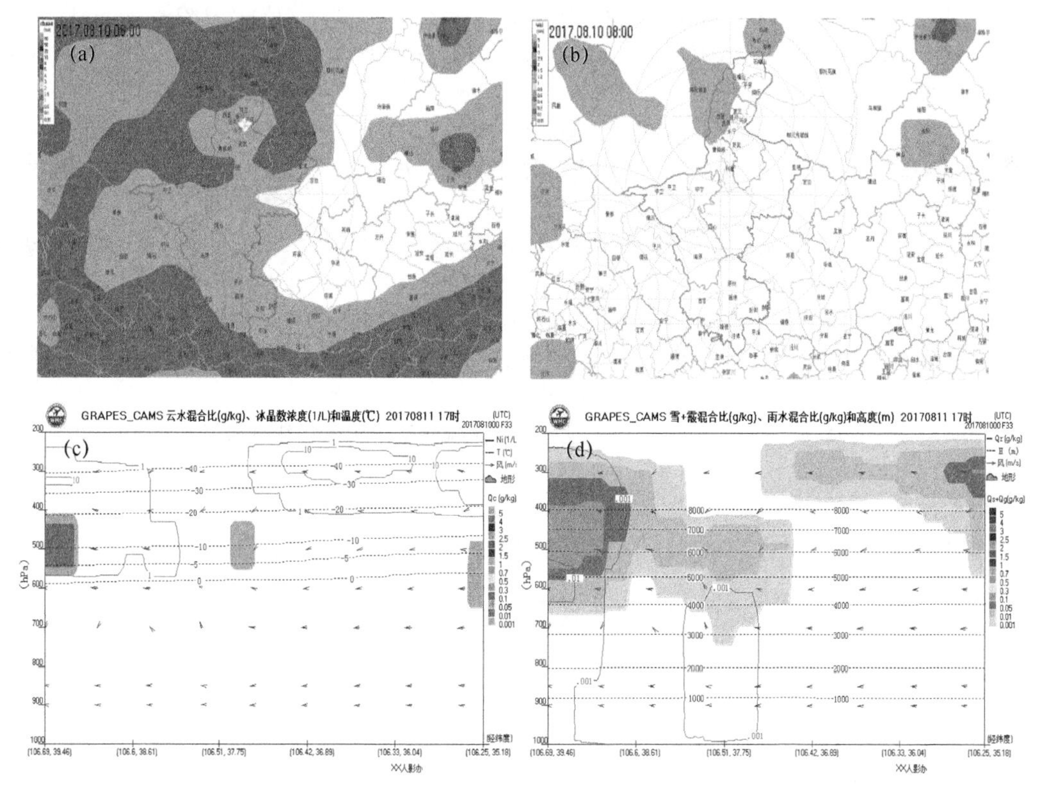

图 4　Grapes_CAMS 模式 2017 年 8 月 11 日 17 时云宏观、微观预报产品

(a:云带；b:垂直累积过冷水；c:模式剖面 1(云水、冰晶、温度)；d:模式剖面 2(雪＋霰、雨水混合比、高度)

7 结论

(1)六盘山区此次小尺度强对流天气过程出现在欧亚范围两槽一脊的环流背景下，主要影响系统为蒙古冷涡、低层切变线、地面风场辐合。

(2)区域内各云反演产品与降水云团的发展演变一致性较好，降水初期云顶高度在 5～7 km，云顶温度低于－30℃，过冷层厚度为 4 km，黑体亮温低于－30 ℃，云顶亮温基本上是伴随着降水量的增大而降低,尤其是在对流性强降水中衰减表现得更为明显。

(3)雷达回波表现为典型的强对流回波特征,多个回波单体的发展移动造成六盘山区各地的强对流天气,强对流天气期间各地组合反射率均大于 50 dBZ,最强达 61 dBZ,回波顶高普遍在 8 km 左右,对流旺盛时期大于 45 dBZ 强回波高度达到 7 km 左右,4 km 高度附近有大于 55 dBZ 的强回波中心。当对流云团向山体移动时,回波有明显的加强趋势,表明六盘山地形抬升作用利于回波发展。

(4)Grapes_CAMS 模式较好地模拟了此次强对流过程,模式模拟显示此次降水云系为冷暖混合云,云水混合比含量为 0.001～0.01 g/kg,云水主要集中在 0℃层上下,0～-5℃层之间有一定的过冷水存在,在-5～-20℃之间,冰晶数浓度 1 个/L,含量较少,雪霰混合比含量为 0.001～0.01 g/kg。

参考文献

[1] 瞿章. 从一次降雹过程看六盘山脉的一种地形影响[J]. 大气科学,1982,6(2):203-210.

[2] 胡文东,丁建军,刘建军,等. 宁夏一次局部强降水中尺度时空特征合成分析[J]. 宁夏工程技术,2004,3(3):225-230.

[3] 纪晓玲. 宁夏雷暴天气气候和环流特征及典型过程分析[D]. 兰州:兰州大学,2009.

[4] 范小明,张成军,丁国荣. 固原市强降水的多普勒雷达 *Z-R* 关系分析[J]. 宁夏农林科技,2011,52(4):40-41.

[5] 曹宁,桑建人,马宁,等. 基于微雨雷达的六盘山区地形云降水宏微观特征观测分析[J]. 宁夏气象,2018,40(2):29-37.

[6] 徐欢,柳宏英,刘春风. 风云 2C 红外云图的数值化应用[J]. 现代农业科技,2009(23):299-300.

[7] 渠永兴,孙旭映,冀兰芝,等. 甘肃省永登地区一次强单体冰雹过程分析[J]. 干旱气象,2005,23(3):34-38.

[8] 赵俊荣,郭金强,杨景辉,等. 一次致灾冰雹的超级单体风暴雷达回波特征分析[J]. 高原气象,2011,30(6):1681-1690.

[9] 王雪芹,黄勇,官莉. 基于卫星红外窗亮温探测上冲云顶[J]. 气象科学,2013,33(1):71-76.

[10] 刘黎平,钱永甫. 平凉地区云的雷达回波和降水的气候特征[J]. 高原气象,1997,16(3):265-273.

新疆石河子地区 2018 年 7 月 13 日强对流天气过程分析

刘　辉

（新疆石河子气象局，石河子 832000）

摘　要　通过对 2018 年 7 月 13 日石河子地区一次冰雹天气环流背景、冰雹云的发生发展及人工作业联防的总结分析发现，此次天气过程由于对对流性天气跟踪及时，联防作业提前，减少了对农业生产影响，说明此次人影作业效果较为显著。

关键词　强对流　人工联防作业　联防经验总结

1　环流背景分析

2018 年 7 月 13 日 08 时 500 hPa 形势图上乌拉尔山至里咸海为北脊南涡的阻塞形势，咸海至巴湖为低涡底部的低值活动区，新疆位于短波槽前的西南气流控制下，巴尔喀什湖到北疆为冷平流区，并且强度底层高于高层，这为产生强对流天气提供了有利的动力条件。850～700 hPa图上北疆地区有一辐合切变区，700 hPa 图上从巴尔喀什湖到北疆存在大湿区，850 hPa图上湿度表现较差，这种上湿下干，为不稳定能量集聚创造了条件，有利于局地对流性天气的发生。

2　地理位置及天气实况

新疆石河子下野地垦区和莫索湾垦区位于天山北麓，古尔班通古特沙漠南缘，地处准噶尔盆地底部西南部，是全国主要优质棉生产基地，农业是当地的主要经济支柱，因地处沙漠与绿洲的交界地带，历年是冰雹必经之地，对当地的农业经济造成很大损失[1]。2018 年 7 月 13 日 16:43—21:43，石河子垦区莫索湾及六师、新湖农场出现了强对流天气。此强对流天气为多单体，在向东南方向移动过程中，时而加强，时而减弱。强对流单体所经之处各团都进行了联防作业，作业后各地普降降雨，个别连队出现了降雨加软雹。石河子莫索湾气象站观测此过程降水为 6.1 mm。

3　冰雹云的演变过程

图 1a—h 是此次强对流天气过程的多普勒天气雷达资料。

目前，其最重要的应用是强对流天气的探测和预警[2]。通过多普勒天气雷达资料，可以发现和观察中小尺度天气系统的发生、发展、移动和衰减规律，从而有助于提高暴雨、冰雹、大风、龙卷等灾害性天气的临近预报及短时预报的准确性[3]。实际业务中使用最多的就是单站的多普勒雷达观测资料[4]。因此本文主要采用石河子气象局多普勒雷达资料。19:02，在 150 团境内生成一强度为 35 dBZ 的弱单体，该单体沿着东偏南方向向 149 团移动并且逐渐加强，19:13 该对流单体强中心高度已达 9000 m、中心强度 60 dBZ、云顶高度 15000 m。19:39 对流单体移出

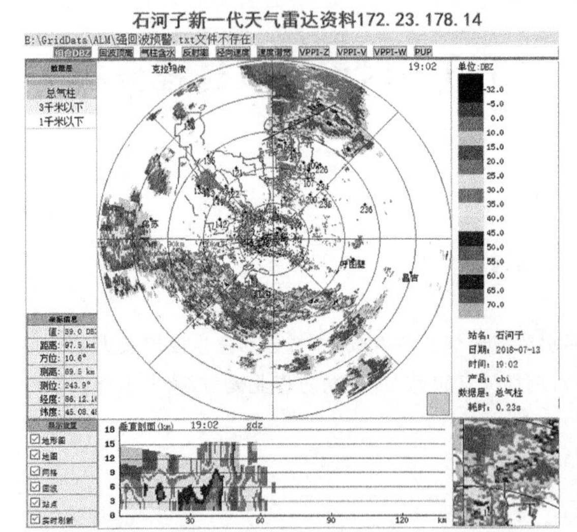
石河子新一代天气雷达资料172.23.178.14
B:\GridData\ALM\强回波预警.txt文件不存在!
19:02

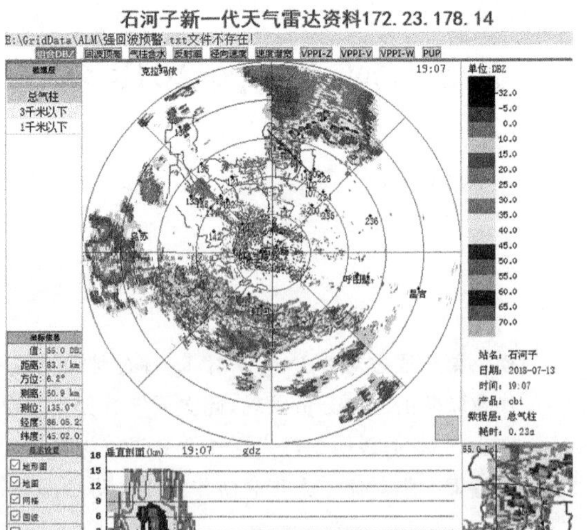
石河子新一代天气雷达资料172.23.178.14
B:\GridData\ALM\强回波预警.txt文件不存在!
19:07

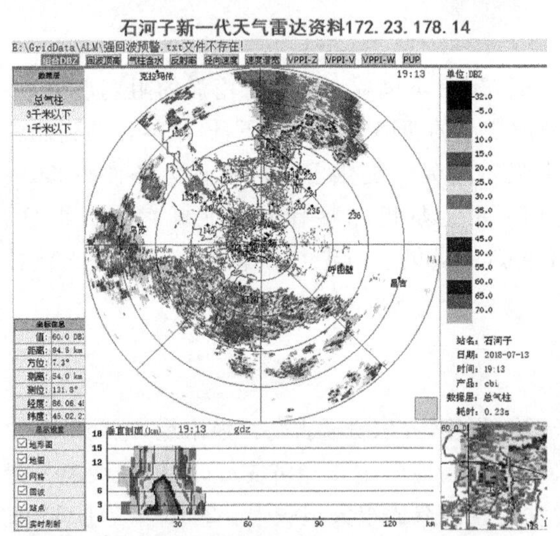
石河子新一代天气雷达资料172.23.178.14
B:\GridData\ALM\强回波预警.txt文件不存在!
19:13

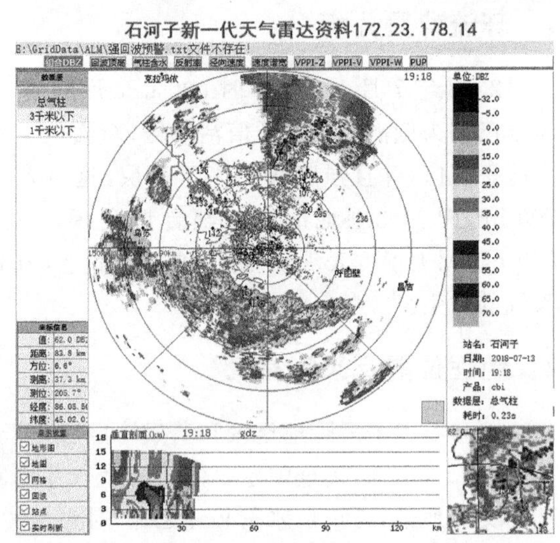
石河子新一代天气雷达资料172.23.178.14
B:\GridData\ALM\强回波预警.txt文件不存在!
19:18

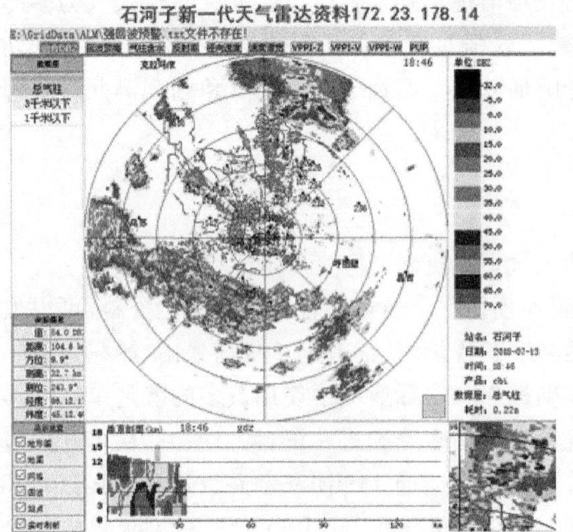
石河子新一代天气雷达资料172.23.178.14
B:\GridData\ALM\强回波预警.txt文件不存在!
18:46

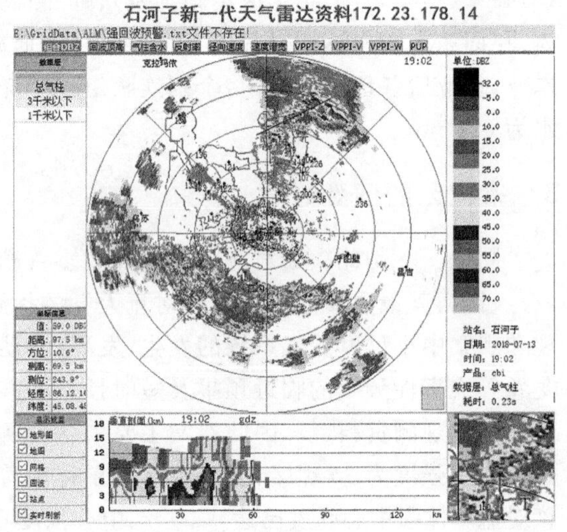
石河子新一代天气雷达资料172.23.178.14
B:\GridData\ALM\强回波预警.txt文件不存在!
19:02

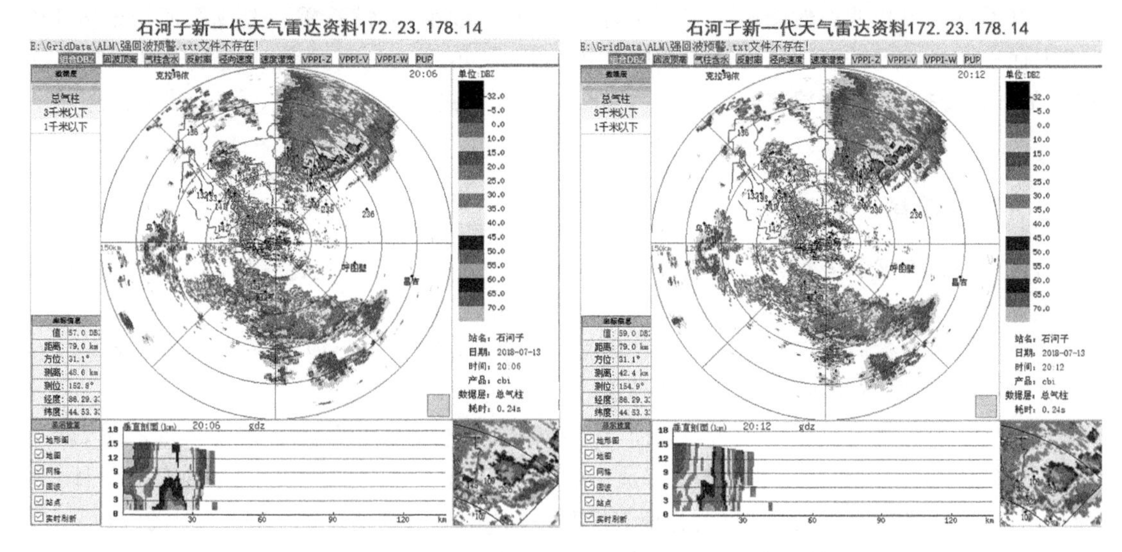

图 1　2018 年 7 月 13 日 16:43—21:43 强对流天气过程多普勒天气雷达回波图

150 团，向 149 北部移动，该单体在沙漠地带移动过程中继续发展加强，19:45，中心强度已达 58 dBZ、云顶高度 15000 m、50 dBZ 高度 15000 m，此后该单体继续维持较强并东移。各团场进行了及时的作业，作业后部分农田还是出现了软雹灾情。20:33 后该单体减弱移出莫索湾防区。

4　指挥及联防作业情况

对于此次天气过程，石河子人影办进行了实时跟踪观测。在 16:43 在莫索湾北部沙漠发现对流单体，而当天的 0℃层高度为 4254 m，加之大气层结不稳定，对流发展旺盛，具备了雹云生成及发展的条件。就及时向此单体可能影响到的 150 团、149 团及 148 团等人影办发布冰雹预警，各团场人影办接到预警后，第一时间做好人影防雹的各项准备，将流动作业火箭车开赴前沿作业区域，准备作业。18:35—21:40，150 团共作业了 114 枚火箭弹，18:08—19:30，149 团共作业了 91 枚，19:20—20:20，148 团作业了 38 枚，此次共发射人影火箭弹 243 枚，有效地遏制了强对流单体发展，使强对流单体的能量和水汽得到了有效的释放，20:28 对流单体移出 148 团。通过提前和联防作业，普降降雨，但 150 团良繁 2 连、4 连、5 连及 149 团 18 连有雨夹软雹，对农业生产影响较小，说明此次人影作业效果较为显著。

具体作业情况见表 1。

表 1　2018 年 7 月 13 日作业情况

作业团场	作业时间	作业火箭弹(枚)
150 团	18:35—21:40	114
149 团	18:08—19:30	91
148 团	19:20—20:20	38

5　灾情调查

对流天气过后，石河子人影办及时向各团场了解作业情况及受灾情况。通过调查，此次强对流天气通过人影作业虽然降雨夹带软雹,但受灾面积较小,灾情不重。造成石河子地区149团成灾面积3000余亩,石河子地区150团成灾面积6000余亩。受灾症状为部分棉田侧茎秆打断,部分花蕾打掉,部分棉花叶片打烂。并在灾后及时进行了田间施肥、滴灌,使灾害降到了最低。

6 联防经验总结

(1)近年来,石河子人影办逐步做好人影基地、流动作业点的规范化管理,加强了人影基地设备维修及养护,定期不定期组织人影培训,提高业务能力,保障人影作业安全。随着石河子垦区的自生对流单体降雹天气的频率逐渐增多,石河子人影办对此种对流天气的关注度逐渐增强,才能在此次防雹作业中,取得比较好作业效果。

(2)提前作业,具体操作分为两个方面:①在防区内,在对流单体刚发展起来的时候,就开始作业,将单体的水汽和能量进行提前释放。②在防区外,一旦发现相对较强的对流单体,到前沿防区外20～30 km的地方,提前作业,使对流单体的能量在防区前,进行一定的释放。

(3)联防作业,上游地区和下游地区进行联防作业。2018年7月13日是这次石河子地区人影作业,150团就在境内前沿深入沙漠提前准备好并及时作业,149团人影防雹车辆进入150团境内提前做好准备并及时作业,取得了良好的作业效果。

(4)利用师市联合防雹专项基金,对前沿团场实行联防弹药补贴,增强联防作业的主动性。

参考文献

[1] 魏勇,雷微,王存亮,等. 石河子地区三次冰雹天气过程的综合分析[J]. 沙漠与绿洲气象,2013(2):21-27.

[2] 王锡稳,陶健红,刘治国,等."5·26"甘肃局地强对流天气过程综合分析[J]. 高原气象,2004,23(6):815-820.

[3] 俞小鼎,王迎春,陈明轩,等. 新一代天气雷达与强对流天气预警[J]. 高原气象,2005,24(3):456-464.

[4] 赵坤,周仲岛,潘玉洁,等. 台湾海峡中气旋结构特征的单多普勒雷达分析[J]. 气象学报,2008,66(4):637-651.

新疆石河子垦区沙漠边缘地带冰雹天气的特征分析

魏　勇

（新疆石河子气象局，石河子 832000）

摘　要　本文利用新疆石河子垦区沙漠边缘地带2005—2015年冰雹天气的MICAPS常规资料、探空资料、地面资料等资料，对2005—2015年发生在石河子垦区沙漠边缘地带25次冰雹天气的天气背景、物理场参数进行统计分析，得出：(1)石河子垦区沙漠边缘地带冰雹天气的天气背景主要有：①乌拉尔山东部低槽型，②横槽型，③前倾槽型，④过境槽型；(2)冰雹天气的物理量参数特征为：$\theta_{se(850-500)}\geqslant1.2$℃；$T_{850-500}\geqslant30$℃；$K\geqslant26$℃；$SI\leqslant1.2$℃；低层(850 hPa)到高层(200 hPa)垂直风切变值≥1.3(m/s)/km；春季－0℃层高度为2700 m，－20℃层高度为5390 m；夏季－0℃层高度为3700 m，－20℃层高度为6596 m；为石河子垦区沙漠边缘地带冰雹天气的预警提供了依据。

关键词　沙漠边缘地带　冰雹　天气背景　物理量参数　特征

1　新疆石河子垦区沙漠边缘地带冰雹天气的天气特征

冰雹天气是中、小尺度天气系统的产物，但它常常在大尺度天气背景下发生和发展。利用常规气象资料、NCAR/GFS的再分析资料对2005—2015年新疆石河子垦区沙漠边缘地带25次冰雹天气发生前的500hPa环流形势分析，归纳了石河子垦区沙漠边缘地带冰雹天气主要4种天气形势：①乌拉尔山东部低槽型，②横槽型，③前倾槽型，④过境槽型。

1.1　乌拉尔山东部低槽型

乌拉尔山东部低槽型通常分为两类：冷涡型（图1）和冷槽型（图2）在500 hPa环流形势表现为：欧洲大陆受高压脊控制，乌拉尔山东部一带为低槽或低涡（45°—60°N，60°—80°E），乌拉尔山低槽或低涡发展东移至西西伯利亚至巴尔喀什湖一线，有时低槽南伸到帕米尔高原，随着乌拉尔山东部低槽或低涡的东移南下，逐渐影响新疆北部，形成冰雹天气。乌拉尔山东部低槽型天气形势在石河子垦区沙漠边缘地带形成冰雹天气一般在午后至傍晚期间，出现的频率较高，约占53%左右，且造成的冰雹灾害较重。如2006年4月23日午后的一次强冰雹天气就造成了石河子沙漠边缘莫索湾垦区148团、149团和150团的6290 hm^2农作物遭受雹灾，其中重度雹灾是5290 hm^2。

1.2　横槽型

横槽型在500 hPa环流形势场表现为（图3）：乌拉尔山附近受强盛的高压脊控制，巴尔喀什湖至贝加尔湖附近为一横槽（45°—60°N，70°—110°E），随着横槽不断的南压东进，在新疆北部形成冰雹天气，此类冰雹天气出现的频率较少，约占12%左右，一般在傍晚前后出现，但形成的冰雹灾害较为严重。如2005年的5月28日傍晚的一次强冰雹天气就造成了石河子沙漠边缘炮台垦区的136团、150团、149团、150团共计5866 hm^2的农作物遭受雹灾，其中重度雹灾是1780 hm^2。

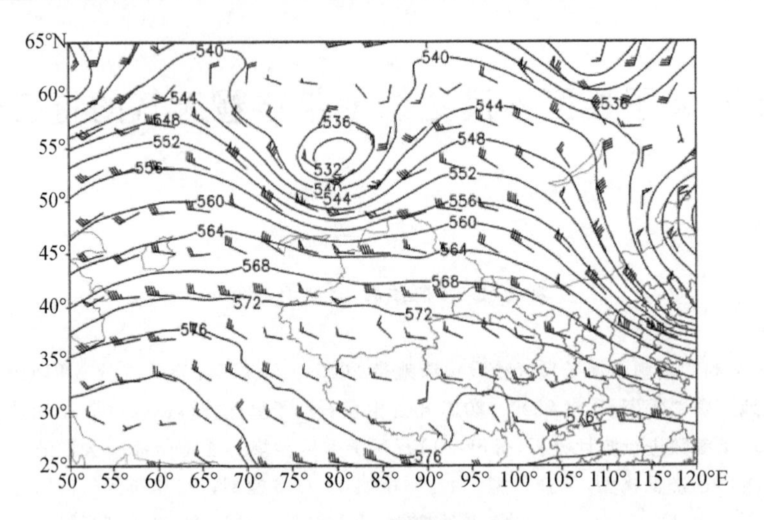

图 1　乌拉尔山东部低涡型

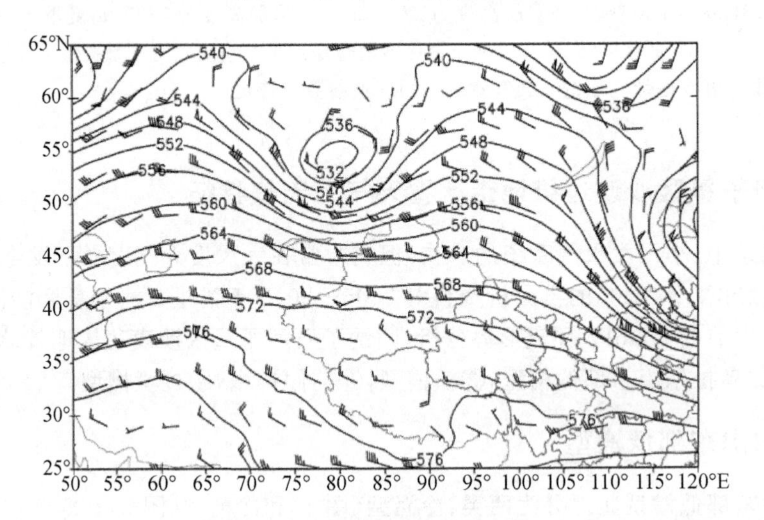

图 2　乌拉尔山东部低槽型

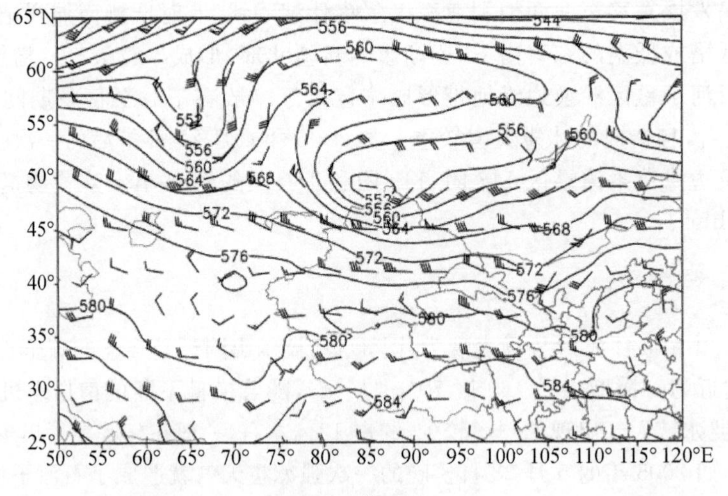

图 3　横槽型

1.3 前倾槽型

前倾槽型在 500 hPa 环流形势场表现为(图 4):槽线随高度的升高不断向前进方向倾斜,高空槽线位于低空槽线或地面锋之前。前倾槽在移动过程中,风向有明显的垂直切变,槽后的干冷空气叠置于低层槽前的暖湿空气之上,增加了气柱的对流不稳定度,从而形成了随高度增加向前倾的辐合区,从形成冰雹天气,出现的频率约占 28%左右。

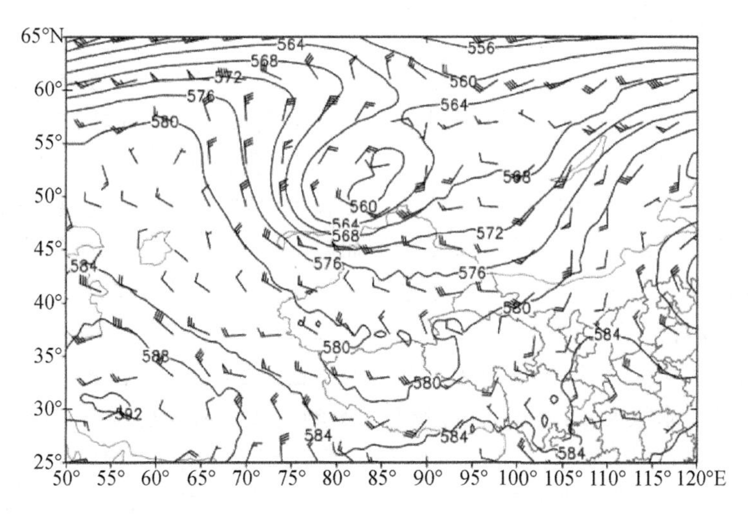

图 4 前倾槽

1.4 过境槽型

过境槽型为数也较少,有两例,在 500 hPa 形势场(图 5)上表现为西伯利亚东部至北疆一带是较为深厚的低槽区(45°—55°N,80°—100°E)。在 700 hPa、850 hPa 上的温度槽与500 hPa低槽位置大致相当。在 700 hPa、850 hPa 上南疆盆地一带为明显的暖区。一般过境槽型降雹发生的地区在冷锋后部,通常在新疆境外西北部,也有一锋面,与前者形成阶梯型,且有先兆性降水的出现,造成的灾害较小。

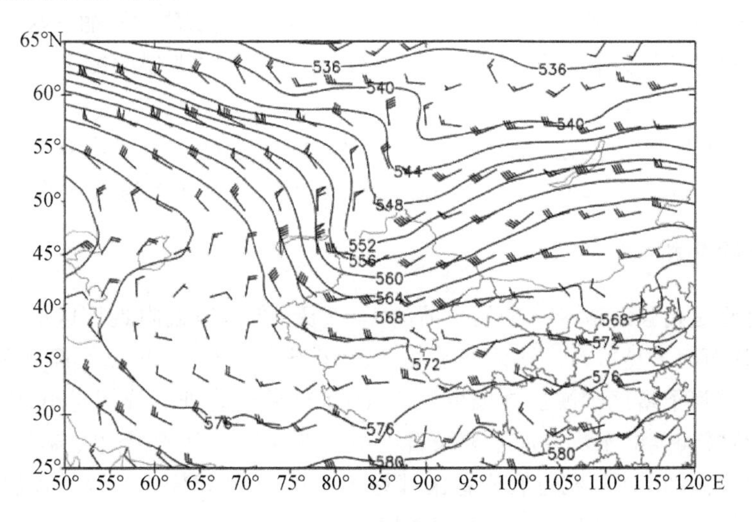

图 5 过境槽型

2 强对流天气的物理量场特征

雹暴发生的基本物理条件是:位势不稳定、触发机制、水汽、0℃层和-20℃层高度和强的风切变[1]。由于石河子气象局没有探空站,位于石河子垦上游的克拉玛依探空站的资料对于研究石河子垦区沙漠边缘地区的冰雹天气发生前期物理条件有着非常重要的参考价值。

2.1 大气稳定度条件

冰雹天气形成前在雹区的低层一般都有不稳定能量的累积过程,在具备充分的外力条件下,大气中的累积不稳定能量就会爆发产生冰雹等强对流天气。通过对25次冰雹天气发生前期的石河子垦区沙漠边缘地带上游的克拉玛依站的探空资料分析,可以得出以下结论:

(1)假相当位温θ_{se}的垂直分布可以很好地反映大气的对流不稳定性,如果$\theta_{se(850-500)}>0$℃,$\theta_{se}/Z<0$,可以说明假相当位温随高度增加而减小,大气层的不稳定度增加,大气处于对流不稳定状态,有利于产生冰雹天气。通过对石河子垦区沙漠边缘地带25场冰雹天气的$\theta_{se(850-500)}$进行统计对比分析得出:10.17℃$\geq\theta_{se(850-500)}\geq-6.59$℃,平均在1.2℃左右,同时得出$\theta_{se(850-500)}>0$℃,$\theta_{se}/Z<0$的冰雹天气产生的冰雹灾害较大,冰雹的直径较大。例如:(1)2010年8月16日的冰雹天气,从16日傍晚开始影响新疆石河子垦区,一直到17日的凌晨才结束,并在局地产生4次冰雹过程,造成的冰雹灾害达5000 hm^2。(2)2010年6月28日傍晚的冰雹天气,在石河子沙漠边缘地带产生了直径为35 mm的大冰雹,造成了十分严重的冰雹灾害。而$\theta_{se(850-500)}<0$℃,$\theta_{se}/Z>0$的冰雹天气由于大气的不稳定度较弱,所以产生的冰雹灾害较小,冰雹的直径较小。

(2)冰雹天气的产生还与当时大气环境垂直温度分布有关。通过对25次冰雹天气的850 hPa和500 hPa温度差统计分析得出:850 hPa和500 hPa温度差$T_{850-500}$为28~36℃,平均在30℃左右,可以说明上游地区低层有很强的暖湿空气的平流,中高层有较强的冷空气侵入,"上干冷下暖湿"的对流潜势,有利冰雹天气的产生和发展。

(3)K指数和沙氏指数SI是表示局地大气层结稳定度的重要参数,对25次冰雹天气的K指数和沙氏指数SI统计分析得出:25次冰雹天气前期36℃$\geq K\geq$18℃,平均在26℃;5.62℃$\geq SI\geq-2.63$℃,平均在1.2℃。同时对$K>30$℃,且$SI<0$℃的5次冰雹天气和另外的20次冰雹天气进行了对比分析得出:$K>30$℃,且$SI<0$℃类型的冰雹天气产生的冰雹灾害强度和影响范围相对较大。

通过对石河子垦区沙漠边缘地带25场冰雹天气的大气稳定度条件统计分析得出:$\theta_{se(850-500)}\geq1.2$℃,$T_{850-500}\geq30$℃,$K\geq26$℃,$SI\leq1.2$℃,有利于冰雹天气的产生。

2.2 水汽条件分析

(1)先兆过程是指强对流天气的发生前的1~2天,在当地或附近地区已经出现的弱对流降水过程。统计石河子垦区沙漠边缘地带25次冰雹天气过程,90%以上都伴有先兆过程。

(2)通过对石河子垦区沙漠边缘地带的25次冰雹天气的进行分析得出:①石河子垦区沙漠边缘地带的冰雹天气的水汽供应主要来自上游的塔城托里山区、奎屯、乌苏山区。②雹区中高层干冷、低层暖湿,25次降雹过程降雹区都处于700~850 hPa之间湿舌控制、700 hPa水汽通量$>40\times10^{-1}$g·cm^{-1}·hPa^{-1}·s^{-1}、850 hPa水汽通量$>20\times10^{-1}$g·cm^{-1}·hPa^{-1}·s^{-1},

且两个高度水汽通量散度<0g · kg^{-1} · s^{-1}。

2.3 垂直风切变

垂直风切变是指水平风(包括大小和方向)随高度的变化。一般来说,一定的热力不稳定条件件下,垂直风切变的增强将导致风暴的进一步加强和发展[2]。通过对 25 次冰雹天气发生前期克拉玛依站高空资料的分析,得出低层(850 hPa)到高层(200 hPa)切变值都≥1.3(m/s)/km,其中 11 次冰雹天气的前期都有较强的风垂直切变,另外 14 次风垂直切变较弱,强的风垂直切变有利于增加低空的水汽和启动抬升机制,促使强对流的发生,为对流风暴的产生和维持提供了有利条件。

2.4 特征层高度分析

根据观测分析最有利于降雹的 0℃层高度约在 3.0～4.5 km(在 700～600 hPa 附近),−20℃层高度约在 5.5～6.9 km(在 500～400 hPa 附近)[3]。在充沛的水汽条件下,适宜的 0℃层高度和 20℃层高度对冰雹的形成和雹粒增长有着重要的作用。分别对石河子垦区沙漠边缘地带春季的 9 次冰雹天气和夏季的 16 次冰雹天气进行统计分析得出:春季发生冰雹天气发生前期 0℃层高度平均在 2700 m,而−20℃层高度平均在 5390 m,由于局地的气象条件的不同,春季石河子垦区沙漠边缘地带特征层高度相对较低;夏季发生冰雹天气前期 0℃层高度平均在 3700 m,而−20℃层高度在 6596 m,夏季石河子垦区沙漠边缘地带特征层高度更加有利于冰雹的产生。

3 结论

(1)新疆石河子垦区沙漠边缘地带的冰雹天气环流形势主要有以下四种:①乌拉尔山东部低槽型,②横槽型,③前倾槽型,④过境槽型。

(2)新疆石河子垦区沙漠边缘地带冰雹天气的大气稳定度条件为:$\theta_{se(850-500)} \geq 1.2$℃,$T_{850-500} \geq 30$℃,$K \geq 26$℃,$SI \leq 1.2$℃

(3)新疆石河子垦区沙漠边缘地带冰雹天气出现前有先兆性降水的出现,主要的水汽供应来自于上游的塔城托里山区、奎屯、乌苏山区,且低层均有较好的水汽供应和辐合。

(4)新疆石河子垦区沙漠边缘地带的冰雹天气的低层(850 hPa)到高层(200 hPa)垂直风切变值≥1.3(m/s)/km。

(5)新疆石河子垦区沙漠边缘地带的冰雹天气春季−0℃层高度为 2700 m,−20℃层高度为 5390 m;夏季−0℃层高度为 3700 m,−20℃层高度为 6596 m。

参考文献

[1] 河北省气象局. 河北省天气预报手册[M]. 北京:气象出版社,1987:148-150.
[2] 俞小鼎,姚秀萍,熊廷南,等. 多普勒天气雷达原理与业务应用[M]. 北京:气象出版社,2006:93-96.
[3] 彭安仁. 天气学(下册)[M]. 北京:气象出版社,1981:201-202.

第二部分　人工增雨、防雹技术研究

三维风速仪在人工影响天气应用中的问题分析

周积强[1,4]　黄艳红[2,4]　桑建人[1,4]　柳佳俊[1,4]　杨　勇[1,4]　李进玉[3,4]

（1. 宁夏回族自治区气象灾害防御技术中心，银川 750002；2. 宁夏回族自治区气象信息中心，银川 750002；
3. 泾源县气象局，固原 75600；4. 宁夏回族自治区气象防灾减灾重点实验室，银川 750002）

摘　要　近地层大气运动对人工影响天气地面烟炉催化剂扩散能力具有决定作用。为使三维风速仪在人工影响天气中更好地发挥作用，本文分析了三维风速仪安装环境和风速统计时距要求，并结合一次降水日地面气象观测实例，对风速与风向散点分布、概率分布、与地面气象观测参数相关性进行了分析。得出结论：三维风速仪安装应考虑观测环境和目的，尽量选择干扰少的位置布设。风速统计结果随着时距的延长，风速极值大小向中间靠拢。风的变化与近地层气象观测结果密切相关。

关键词　近地层　三维风　人工影响天气

1　引言

人工影响天气是用人为手段使天气现象朝着人们预定的方向转化。现代人工影响天气主要是通过飞机、火箭、高炮、地面烟炉[1]等手段向云中播撒碘化银、干冰等催化剂，对局部区域内云中的微物理过程施加影响，从而达到增（消）雨（雪）、防雹、消雾、防霜等目的。其中地面烟炉（碘化银地面发生器）具有作业成本低，指挥环节少，不受空域限制等特点，位置一般设置在高山迎风坡。地面烟炉增雨（雪）作业关键技术是在作业时段中作业点位置是否处于上升气流区，这样才能保证一定量的有效粒子进入云内[2]。何媛等在分析地面烟炉选址和作业时，表明使用地面烟炉开展人工增雨作业的关键环节是作业点附近的上升气流[3]。周万福等研究祁连山地形云的形成与垂直风速关系时指出上升气流与云的形成存在一定的关系[4]。同时近地层大气湍流扩散对催化剂的影响范围和高度也具有重要的作用[5]，因此研究近地层大气三维流场对人工影响天气地面烟炉作业和地形云[6-7]形成具有重要的作用。

三维风速仪能够实时观测水平、垂直风速及风向，广泛应用于测量大桥、大楼、风场、气象、湍流等风的观测和研究中。较一般气象观测台站观测风，最大特点是能够观测垂直方向的风速，基于这一特点其能够满足人工影响天气地面烟炉作业条件识别和初步判断催化剂作用时间、范围等。还可以对地面烟炉合理布设选址提供科学依据。随着人工影响天气作业手段多元化发展和能力的提高，地面烟炉在全国范围也逐步广泛开始应用。因此研究三维风速仪在人工影响天气工作的应用问题具有重要意义。本文对三维风速仪安装位置和环境要求进行了详细分析，对比分析了不同时距三维风统计量变化。使用一次降水日地面气象观测资料和三维风速日观测记录，从风速风向散点分布、概率分布、与近地层地面气象观测物理量（温度、湿度、气压、降水量）相关性进行了分析，以期为人工影响天气地面烟炉作业和选址提供实时监测技术支撑。

2　安装位置与环境

潘乃先等在研究不同下垫面表面层的湍流度时，将三维风速仪安装在气象观测站内 10 m

杆的顶端,在非气象站环境下将仪器安装在孤立或最高的位置[8]。苏红兵等在北京城郊开展近地层湍流实验观测时,将其安装在气象观测塔(325 m)的 47 m 和 120 m 处[9]。吴艳标等在广东西部地区开展湍流强度及大气扩散参数研究时,将其安装在楼顶(25 m)的 6 m 高的支架上[10]。许丽人等在开展不同下垫面上近地层湍流的多尺度属性研究时,将其安装在农村开阔地形的 8 m 和 16 m 处,并进行梯度观测[11]。沈铁元等在三峡坛子岭进行单点地面风分析时,将仪器位置选择在地形高、周边无遮挡的位置,架设高度为 4.5 m[12]。杜云松等对一次降水过程进行湍流特征分析时,将仪器安装在空旷环境,安装高度为 2 m[13]。综上所述三维风速仪在人工影响天气领域应用并不是很多,综合考虑在气象观测场三维风速仪一般安装在风塔(风杆)顶端,在非气象观测台站一般选择空旷环境、位置最高点或者梯度观测塔上。

三维风速仪安装要求建议如图 1 所示。世界气象组织(WMO)建议将其安装在开阔平坦的水平地面上 10 m 高度处,其与任何障碍物之间的距离至少是障碍物高度的 10 倍,空旷环境要求如图 1(a)所示,其中 A 点为三维风速仪安装位置,B 点为障碍物位置,L_1 为 A 点到 B 点距离,H_1 表示障碍物高度,那么要求 $L_1 \geqslant 10H_1$。图 1(b)表示三维风速仪安装在塔、桅杆等装置的吊杆处,其中 R_1 表示塔、杆的直径或者对角线长度。L_2 表示横臂的长度,那么要求 $L_2 \geqslant 2R_1$。图 1(c)表示安装在杆的顶端,其中 L_3 表示相邻两根杆 D、E 之间的距离,R_2 表示杆的直径,那么要求 $L_3 \geqslant 10R_2$。图 1(d)为安装在建筑物上,其中 H_2 表示三维风速仪安装高度,H_3 表示建筑物垂直高度,那么要求 $H_2 \geqslant 1.5H_3$。

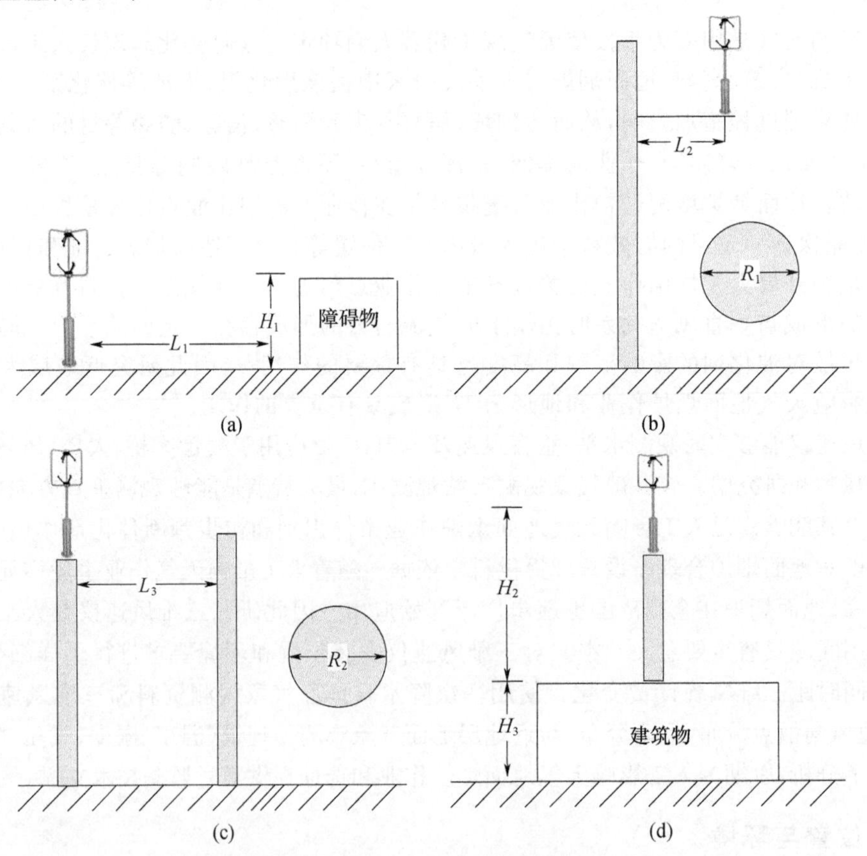

图 1　三维风速仪安装环境和高度要求

结合当前三维风速仪安装使用现状，选址安装时应尽可能选择周边空旷的环境安装，并且具有一定的架设高度，以避免周边的建筑物、地形、障碍物等引起气流运动对风速测量产生的影响，如树木、杆和建(构)筑物等。当安装在气象观测站 10 m 风塔顶端时，若顶端已安装水平风速风向装置，需考虑其相互影响的作用，为了降低相互影响，一般两者应保持一定的距离。还要考虑电磁兼容方面的要求，安装时要确保不受当地其他电子设备的影响，如无线电、雷达、发电机等设备，需保持一定的隔离距离，隔离距离一般 5 m 以上即可。实际应用中地面烟炉选址一般都在山的迎风坡，三维风速仪安装很难满足周边空旷的环境要求，因此选址时应尽可能选择周边障碍物少的地点，尽量安装在比较高的位置，在数据使用时应考虑周边障碍物带来的风速干扰等问题。若考虑与其他地面气象站观测保持风观测的一致性，建议安装高度为 10 m。

3 数据来源和处理方法

3.1 数据来源

本文所用三维风速仪为英国 Gill 公司生产的一种超声波风速风向仪，能够实时输出三维风测量数据，输出数据频率 1 Hz，输出风速范围为 0～45 m/s(精度为 0.01 m/s)，输出风向为 0—359°。将三维风速仪安装在宁夏固原市隆德县陈靳人工影响天气标准化作业点处 10 m 高铁杆的顶端。三维风观测资料时间为 2018 年 5 月 9 日 20:00 到 10 日 20:00。地面观测资料使用隆德国家气象站相同时间段地面降水、温度、湿度、气压观测数据。隆德站海拔高度 2079 m，陈靳作业点海拔高度 2244 m，陈靳作业点位于隆德气象站东南方位，两者直线距离 6 km左右，均位于宁夏六盘山的西侧。

3.2 野点筛选

三维风速仪数据使用前应进行粗大误差剔除处理，也就是野点筛选[14]以剔除粗大误差对风速统计的影响。通常野点筛选有四种常用准则，分别是拉伊达准则，格拉布斯准则、肖维勒准则和狄克逊准则。其中拉伊达准则是以三倍测量数据的标准偏差为极限取舍标准，该准则适用于测量次数 $n>10$[15]。三维风速仪观测风速是每秒输出一次风速数据，因此适用拉伊达准则进行野点筛选。公式(1)为拉伊达准则判断方法。X_i 为观测值，$\overline{X}$ 为算数平均值，σ 为标准差。筛选出的野点值采用滑动窗口平均法计算后进行插补，也就是将出现野点值前后 1 s 的风速值进行平均。

$$\begin{aligned}&\text{若}\,|X_i-\overline{X}|>3\sigma,\text{则}\ X\ \text{为野点值}\\&\text{若}\,|X_i-\overline{X}|\leqslant 3\sigma,\text{则}\ X\ \text{为正常值}\end{aligned}\tag{1}$$

4 不同风速平均时距对比分析

为了表达风速大小，通常采用一定时间间隔内的平均风速值来表示。《地面气象观测规范》中测量的风是两维矢量(水平风)，用风速和风向表示。风的平均量是指在规定时间段的平均值，有 3 s、2 min 和 10 min 的平均值。而三维风速仪测量风是三维矢量，有水平风和垂直风，同样需分析不同时距下风速数学统计结果变化情况。杨克用使用马耳他和浙江镇海县气象站风的观测资料,对比分析了 2 min、10 min、1 h 三种时距对风速统计大小的影响,得出不同时距对平均风速之间并不存在因时距的加长而使平均风速必然减少的趋势[16]。周万福等[6]在研究祁连山地形云与垂直风关系时,因使用降水量和云量观测数据为 1 h 资料,为了与之相对应三维风速时距确定为 1 h。沈铁元等[12]在三峡坛子岭进行单点地面三维风分析时,三维风速仪每次观测时间为 9 min,因此时距确定为 9 min。苏红兵等[9]在开展北京城郊近地层湍流实验观测时,在综合国外观测研究的基础上,考虑资料平均和处理的方便,选择时距为 84 min。孙爱东等为了得到不同时间尺度与不同时段谱的特征,分别选取了 1 s、5 s、10 s、10 min、1 h 等 5 种不同时距[17]。

综上三维风平均时距确定应考虑研究对象特点、观测设备性能、数据处理要求等。人工影响天气的主要目的之一是增加降水,若使用地面气象观测站降水资料为逐小时累计降水量,因此建议三维风速平均时距选择为 1 h。若为了研究地面烟炉催化剂扩散等,平均时距可根据实际情况进行确定。通常定义大气上升为正方向,气流下沉为负方向。为了与地面风的观测相匹配,本文从平均时距分别为逐 s、3 s、2 min、10 min、30 min 和 1 h 对水平风速和垂直风速的平均值、标准差、最小值(水平风为最小风速,垂直风为下沉气流最大风速)、中位数、最大值在不同时距下进行了对比分析。

4.1 水平风对比分析

表 1 为不同时距下水平平均风速日、最小风速、中位数风速和最大风速。不同时距对日水平风速平均值没有影响。最小风速随着时距的延长逐渐增大。风速中位数保持相对稳定。风速最大值随着时距延长逐渐减小。

表 1 不同平均时距下水平风速(m/s)统计特征

时间步长	最小值	中位数	最大值
逐秒	0.00	2.76	10.58
3 s 平均	0.01	2.76	10.21
2 min 平均	0.23	2.78	8.23
10 min 平均	0.51	2.86	7.37
30 min 平均	0.54	2.72	6.34
1 h 平均	0.76	2.76	6.03

4.2 垂直风对比分析

表 2 为不同时距下垂直平均风速日、最小风速、中位数风速和最大风速。不同时距对整体垂直风速平均值没有影响。最小风速随着时距的延长逐渐增大,在时距 30 min 以上时统计结果显示从下沉运动变为上升运动。风速中位数保持相对稳定。风速最大值随着时距延长逐渐减小。

表 2　不同平均时距下垂直风速(m/s)统计特征

时间步长	最小值	中位数	最大值
逐秒	−1.39	0.42	3.71
3 s 平均	−1.12	0.42	3.12
2 min 平均	−0.26	0.41	2.02
10 min 平均	−0.02	0.42	1.37
30 min 平均	0.07	0.45	1.14
1 h 平均	0.09	0.42	1.00

5　近地层物理量观测分析

近地层大气运动和地面大气气象观测温度、湿度、气压、降水具有密切关系。大气运动变化特征对人工影响天气作业指标和催化剂扩散能力密切相关。本文从风速风向散点分布和概率分布及三维风与温度、湿度、气压、降水相关性进行详细分析，以为人工影响天气地面烟炉催化作业条件确定和选址提供技术支撑。

5.1　三维风散点分布

图 2 为三维风速仪风速风向 24 小时散点分布。其中图 2(a)为水平风速与风向散点，水平风速主要分布 10.58 m/s 以下，风向集中在 135°～200°和 330°～360°之间，表现为东南和西南风、西北风。图 2(b)为垂直风速与风向散点，垂直风速主要分布在−1.39～−3.71 m/s 之

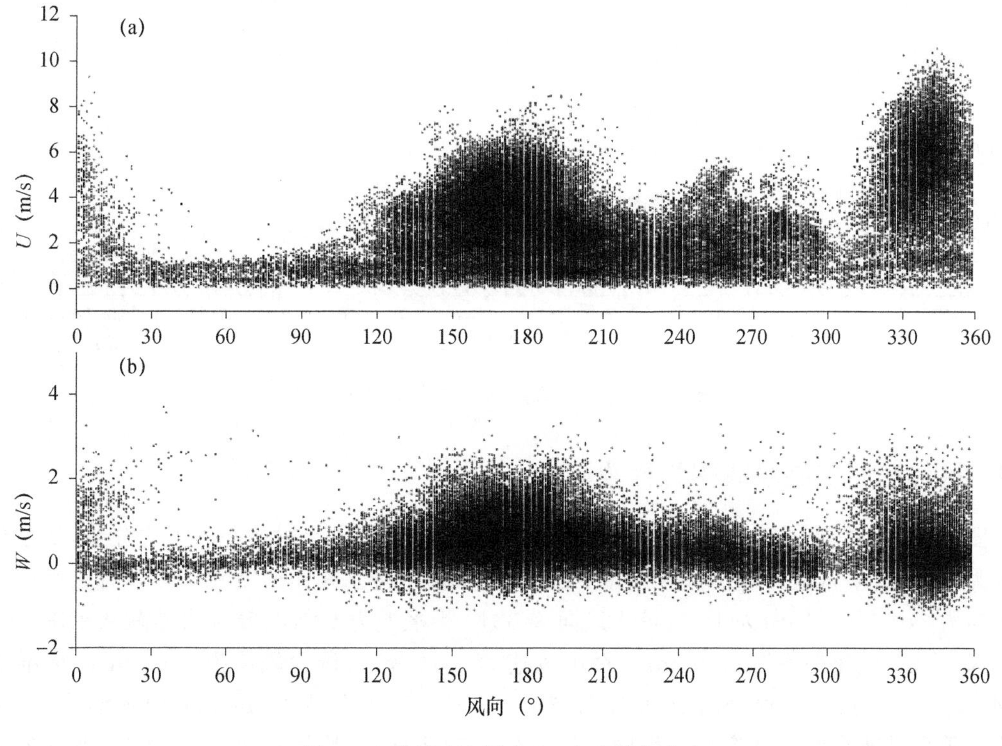

图 2　三维风速和风向 24 小时散点分布

间,风向集中在 135°～210°和 330°～360°之间,表现为东南和西南风、西北风。水平风速大的时候垂直风速也比较大,水平风由山地地形的强迫抬升导致垂直风速同步增大。

5.2 三维风概率分布

如图 3 为近地层风速风向概率统计分布,其中图 3(a)为垂直风速概率分布,图 3(b)为水平风速概率分布,图 3(c)为风向概率分布。可以看出,垂直气流做下沉运动概率占 30%,上升运动概率占 70%。垂直气流上升运动风速主要在 0～1 m/s 区间,占总风速概率的 53%。垂直风速出现概率最大为 0.3 m/s,累计次数为 15209 次,占比达 18%,在 0.1 m/s 和 0.5 m/s 出现概率次之,为 15%左右。水平风速主要在 0～5.75 m/s 区间,概率达 93%。风速在 0～2.75 m/s区间概率达 54%。水平风速出现概率最大为 1.75 m/s,累计次数为 9322 次,占比达 11%,在 1.25 m/s 和 1.75 m/s 出现概率次之,为 10%左右。水平风速在 0.75～3.25 m/s 区间,各区间风速出现概率相对均匀。风向主要集中在 170°左右区间,出现概率最高为 170°,累计次数为 18230 次,频率达到 21%,风向在 190°出现概率次之,达到 18%。本次降水天气过程,风向主要为南风,水平风力等级为和风及以下。

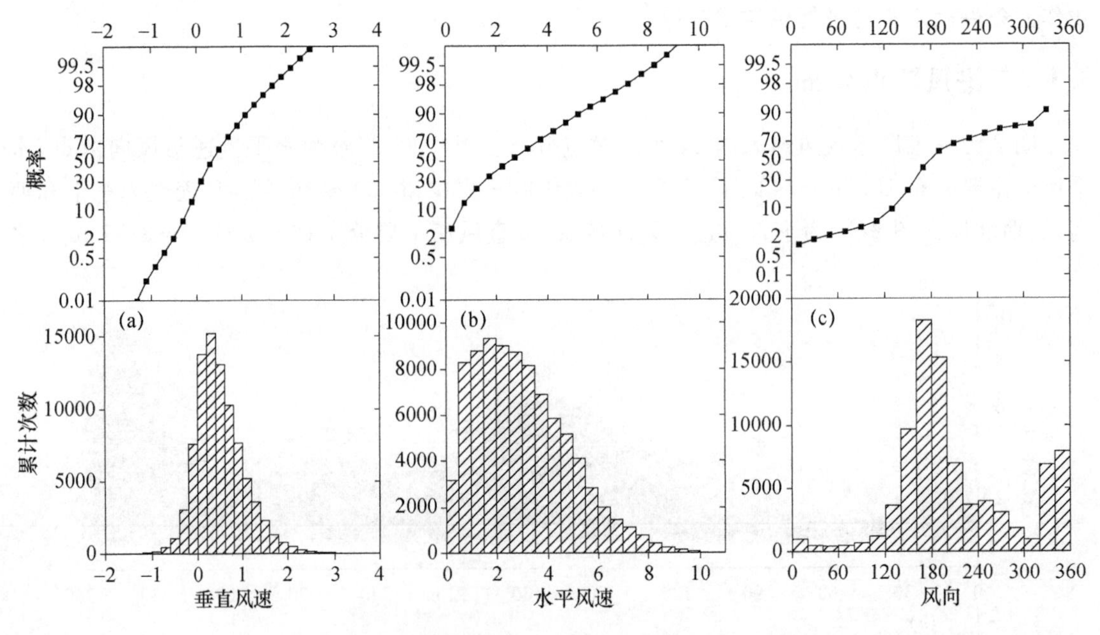

图 3 近地层三维风与风向概率统计分布

5.3 风与地面观测参数相关性分析

图 4 为隆德气象站地面观测特征参数和陈靳站三维风 24 小时逐小时平均分布,从上到下依次为风向、水平风速、垂直风速、气压、气温、相对湿度、降水逐小时变化。可以看出逐小时平均风向为 210°,最小风向为 146°,最大风向为 334°,标准差为 60°,随着时间逐渐从东南风转为西北风。水平风速平均为 3.02 m/s,最小风速为 0.76 m/s,最大风速为 6.02 m/s,标准差为 1.54 m/s。21 时到 01 时,水平风速逐渐增大,02—13 时逐渐减小,14—18 时逐渐增大,随后减小。垂直风速在本次日降水过程中为明显的上升运动,平均风速为 0.50 m/s,下沉最大风

速为 0.09 m/s，最大风速为 1 m/s，标准差为 0.28 m/s。变化趋势与水平风速相似，01 时之前逐渐增大，02—15 时逐渐减小，其中 13 时减至最小，随后又增大，但上升速度维持在0.5 m/s 以下，表现为先震荡增大，降水开始后减小，随后保持相对稳定状态。平均气压为793 hPa，最小气压为 791 hPa，最大气压为 795 hPa，标准差为 1.49 hPa。气压在 0 时以前逐渐增加，01—16 时逐渐减小，随后逐渐上升。地面平均温度为 8.5 ℃，最低温度为 6.5 ℃，最高温度为 9.5 ℃，标准差为 0.74 ℃。16 时之前温度保持在 8.7 ℃，随后温度逐渐降低。地面平均相对湿度为 87%，最小湿度为 82%，最大湿度为 94%，标准差为 2.91%。12 时之前和 18 时之后湿度相对维持在 87%左右，13—17 时湿度较大，其中 14 时达到最大值。平均降水量为 1 mm，最大降水量为 4.3 mm，标准差为 1.33 mm。降水主要集中在 10—18 时，其中 14 时达到最大。综上所述，随着降水的明显增大，风向从东南分转为西南分，最后转为西北风，水平风速逐渐增大，大气上升运行逐渐减弱，气压逐渐降低，温度在降水后期快速下降，地面相对湿度逐渐增大。

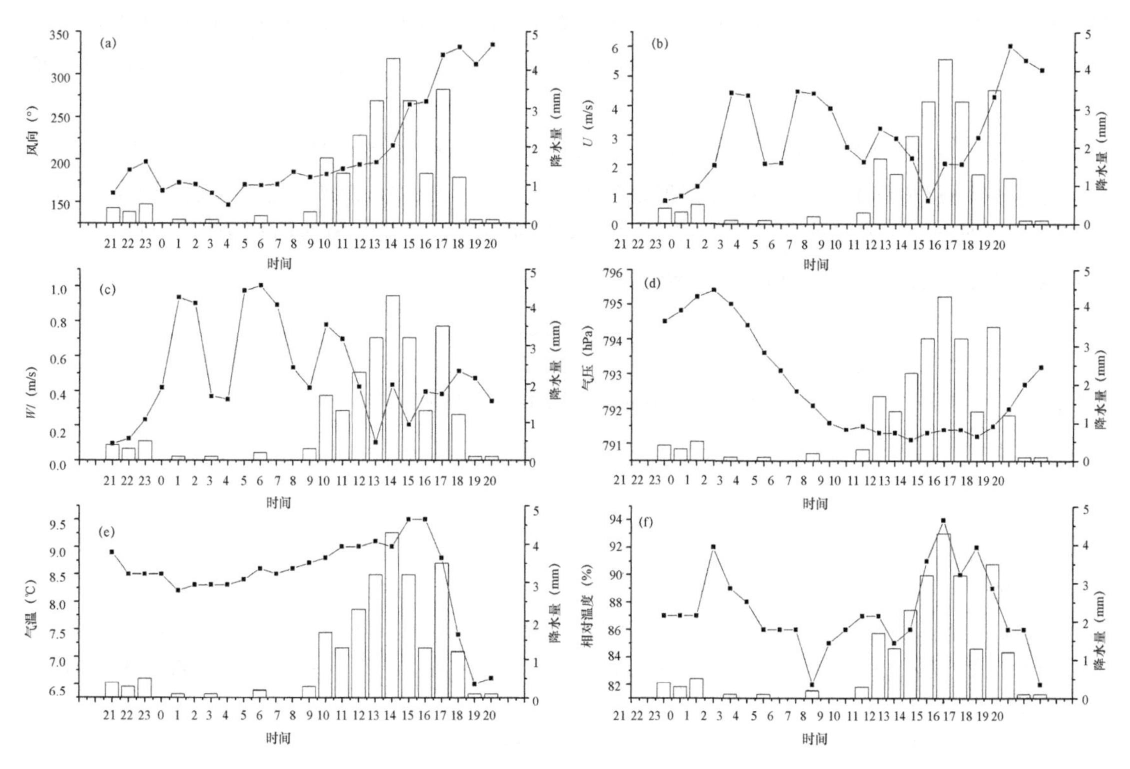

图 4　大气地面观测特征参数分布

6　结论

地面烟炉作为人工影响天气的一种作业手段，具有不受空域、人员、时间等因素的限制，将会在人工影响天气研究中的得到广泛应用。近地层大气扩散能力决定了地面烟炉作业能否有效发挥作用。三维风速仪能够实时监测近地层大气运动状态和扩散能力，可提高地面烟炉作业的针对性、有效性和科学性，因此研究三维风速仪在人工影响天气领域中的应用具有重要意义。

三维风速仪在安装时要考虑周边环境对风的影响，尽量选择在空旷、平坦的环境中，并具有一定的架设高度。如周边存在一些障碍物,如树木、山包、建(构)筑物等,应保持一定的隔离距离或架设高度,降低障碍物对风速的影响。人工影响天气作业点一般都布设在山地环境,很难满足空旷、平坦的环境,因此在安装时要尽可能地降低周边障碍物对风观测的影响。另还需要考虑电磁兼容性能,保持一定的隔离距离。

野点筛选对风速观测数据非常重要,当一组湍流数据的野点数目超过1%,则应考虑该组数据的可靠性[14]。风速平均时距确定一般按照观测方式、研究对象数据特点等确定,一般情况下为2 min、10 min、30 min或者1 h等。随着时距的延长,水平和垂直风速极值,风速中位数保持稳定。对于垂直风当时距较长时,下沉气流会随着时距的延长大气下沉运动信息会在数学统计运算中淹没,大气整体运动统计显示为上升状态。

近地层大气运动与地面气象观测具有一定的相关性。在本次降水天气过程中,随着降水的明显增大,风向从东南分转为西南分,最后转为西北风,水平风速逐渐增大,大气上升运行逐渐减弱,气压逐渐降低,温度在降水后期快速下降,地面相对湿度逐渐增大。因此在降水天气系统来临时,通过观测三维风变化,特别是在垂直气流上升运动强的时候,即可开展地面烟炉作业。

本文结合人工影响天气工作需求,对三维风速仪安装位置和环境要求、风速平均时距、水平和垂直风分布和近地层气象观测物理量进行了分析。下一步将结合天气过程,针对地面烟炉作业关键要素,分析近地层上升气流特点和大气扩散能力,以期为地面烟炉作业时机选择提供参考,同时为地面烟炉布设提供科学依据。

参考文献

[1] 陈少琴,叶德彪,林长城. 福建周宁水库地面暖云人工增雨作业效果分析[J]. 气象科技,2015,43(2):338-342.

[2] 秦长学,杨道侠,金永利. 碘化银地面发生器增雨(雪)作业可行性及作业时机选择[J]. 气象科技,2003,31 (3):174-178.

[3] 何媛,黄彦彬,李春鸾,等. 海南省暖云烟炉设置及人工增雨作业条件分析[J]. 气象科技,2016,44(06):1043-1052.

[4] 周万福,肖宏斌,孙安平,等. 祁连地形云与垂直风的关系[J]. 山地学报,2012,30(6):641-647.

[5] 秦彦硕,段英,李二杰,等. 河北大茂山碘化银地面发生器增雪作业影响分析[J]. 气象,2015,41(2):219-225.

[6] 郑国光,陈跃,陈添宇,等. 祁连山夏季地形云综合探测试验[J]. 地球科学进展,2011,26(10):1057-1070.

[7] 陈添宇,郑国光,陈跃,等. 祁连山夏季西南气流背景下地形云形成和演化的观测研究[J]. 高原气象,2010,29(1):152-163.

[8] 潘乃先,陈家宜,栾胜基. 不同下垫面表面层的湍流度统计特征[J]. 北京大学学报(自然科学版),1993(5):622-628.

[9] 苏红兵,洪钟祥. 北京城郊近地层湍流实验观测[J]. 大气科学,1994(6):739-750.

[10] 吴艳标,阳继宏,刘树旺,等. 广东西部地区的湍流强度及大气扩散参数探讨[J]. 广州环境科学,1998,13(2):10-15.

[11] 许丽人,李宗恺,张宏昇. 不同下垫面上近地层湍流的多尺度属性研究[J]. 气象学报,2000(1):83-94.

[12] 沈铁元,陈少平,陈正洪,等. 三峡坛子岭单点地面矢量风分析[J]. 气象,2003(3):12-16.

[13] 杜云松,彭珍,张宁,宋丽莉. 南京地区一次降水过程湍流特征研究[J]. 南京大学学报(自然科学版),

2011,47(6):703-711.

[14] 张宏昇．大气湍流基础[M]．北京:北京大学出版社,2014:147-149.

[15] 熊艳艳,吴先球．粗大误差四种判别准则的比较和应用[J]．大学物理实验,2010,23(1):66-68.

[16] 杨克用．关于风速时距的取值问题[J]．水运工程,1982(1):42-43+53.

[17] 孙爱东,徐玉貌．一次降水性冷锋的边界层谱特征及尺度分析[J]．气象科学,1997(1):17-27.

2013年春季甘肃省一次人工增雨过程分析

黄　山　尹宪志　丁瑞津　杨瑞鸿　张　龙　陈　祺

(甘肃省人工影响天气办公室,兰州 730020)

摘　要　本文从增雨作业前期需水情况、天气形势、数值模拟、作业条件及航线设计,增雨作业情况、作业效果等几个方面,对2013年4月28日甘肃省开展的一次飞机人工增雨作业过程进行了分析,结果表明,增雨作业效果明显,增雨作业区域普降中到大雨,有效地缓解了旱情。

关键词　人工增雨　温度露点差　增雨航线

1　引言

甘肃是我国干旱半干旱农业区和荒漠化严重地区之一,也是黄河、长江上游的重要水源补给区。在国家生态文明、保护生态环境建设中具有战略性、全局性和典型性、示范性。在全球气候变暖及“十年九旱”的背景下,甘肃生态治理涉及面广,恢复周期长,治理难度大。

甘肃省又是全国水资源比较匮乏的地区之一,干旱问题尤其严重,工农业生产和人民生活用水短缺,直接影响经济持续稳定发展。迫切需要利用飞机人工增雨技术,提高云水资源降水率,缓解水资源短缺、改善农业生产条件、缓解城市供水困难、降低森林草原火险等级、增强生态自然恢复能力,保障国家生态屏障建设和经济社会发展。

本文分析了2013年4月28日在甘肃的一次人工增雨过程,对当地的需水情况、天气形势、降水预报、增雨条件、航线设计、实时指挥和作业效果等进行了讨论,旨在为以后本地的人工增雨工作提供依据。

2　需水情况分析

由全国干旱综合监测所示,2013年4月27日,在甘肃省中部及河东地区存在较为严重的旱情,其中甘肃中部地区存在特旱的极端天气,春雨贵如油,甘肃大部地区急需一场降水来缓解旱情。

3　天气形势分析

4月28日08时500 hPa高度上,河东大部分地方处在高原槽前西南气流中,湿度较大,700 hPa高度上河西偏东风风速较大。预计未来24小时,高原短波槽东移,槽前西南气流发展加强,甘肃省武威以东有一次较明显降水过程。700 hPa上偏东风与东南风的辐合区位于甘肃省南部偏南地方,且前期气温较高,冷空气的入侵有利触发对流不稳定,上述地区局部地方可达中到大雨。另外,北部冷高压东移,同时南疆热低压发展,气压梯度增大,河西有5—6级偏东风,局部地方有沙尘。30日,甘肃省大部为西北气流控制,高原仍有小波动东移,偏南地方有降水。

4 降水预报

4.1 兰州中心气象台预报

4月28日白天到夜间，甘南、临夏、定西、陇南、天水、平凉等州市多云转阴有小雨，部分地方有中到大雨；武威、兰州、白银、庆阳等市多云转阴，部分地方有小雨或阵雨；省内其余地方多云，有5～6级偏东风，局部地方有沙尘。4月29日白天到夜间，甘南、临夏、定西、陇南、天水、平凉等州市阴有小雨或阵雨转多云；河西五市有4～5级偏东风，局部地方有沙尘；省内其余地方多云。4月30日白天到夜间，临夏、甘南、定西、陇南等州市多云间阴，部分地方有小雨或阵雨；河西五市多云或晴，祁连山区东部阴有小雨或阵雨；省内其余地方晴或多云。

4.2 数值模式预报

由图1(a)预报可以看出，4月28日在甘肃省中部及南部有降水，降雨量级为中雨；由图1(b)可以看出，28日在甘肃省中南部有降水，降雨量级为中雨；由图1(c)可以看出，28日在甘肃省中南部有降水，降雨量级为小到中雨；由图1(d)可以看出，甘肃省中部及南部，河东地区有降水，中部为小到中雨，南部及河东地区有中到大雨；由图1(e)可以看出，甘肃省南部及河东地区有降水，降雨量级为中到大雨。

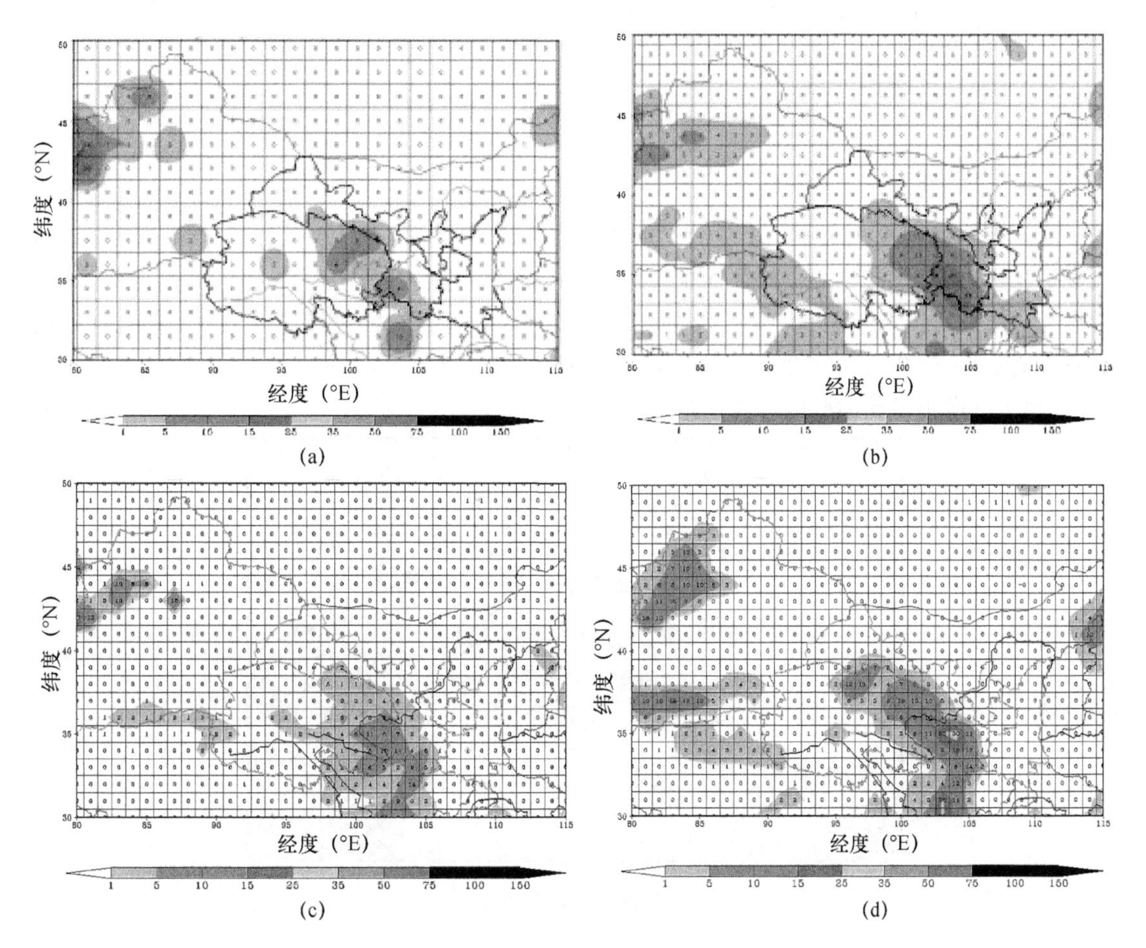

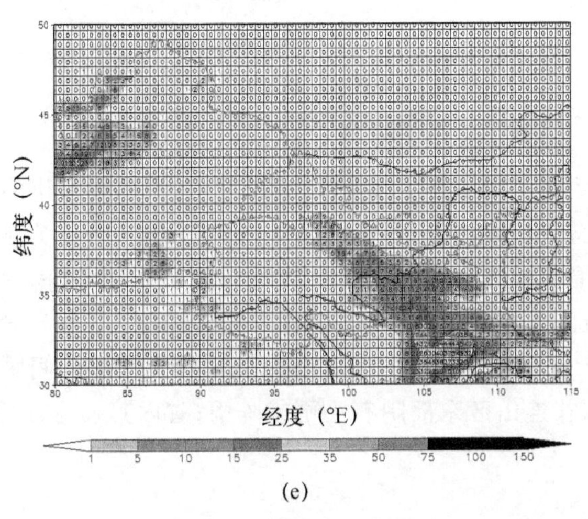

(e)

图 1 多模式降水预报

(a:德国 4 月 27 日 20 时 24 小时降水预报;b:日本 4 月 27 日 20 时 24 小时降水预报;c:NC 4 月 27 日 20 时 24 小时降水预报;d:T639 4 月 27 日 20 时 24 小时降水预报;e:WRF 4 月 28 日 12 时 12 小时降水预报)

综合来看,多个模式对甘肃省这次大范围降水过程预报较为一致,由数值模式预报得出结论,甘肃省 28 日前后在武威以东地区有中到大雨出现,且该次过程范围较大,持续时间较长,有很大的增雨潜力,适合开展飞机人工增雨作业。

5 作业条件及增雨实况

5.1 增雨航线

温度露点差 $t-t_d$ 是开展飞机人工增雨的一个重要指标,其值越小,表明相对湿度越大,水汽含量越接近饱和,即越适合开展人工增雨,$t-t_d \leqslant 4$℃为湿区[1];由图 2 的 $t-t_d$ 的分布来看,甘肃省西南部及河东地区非常适合开展飞机人工增雨作业。根据对目前人工增雨催化剂碘化银的检测结果,碘化银适宜播撒的温度范围为 $-5 \sim -15$℃[2,3],并根据 500 hPa 所对应的高度,本次飞机增雨设计的航线飞行高度为 4500～5500 m。

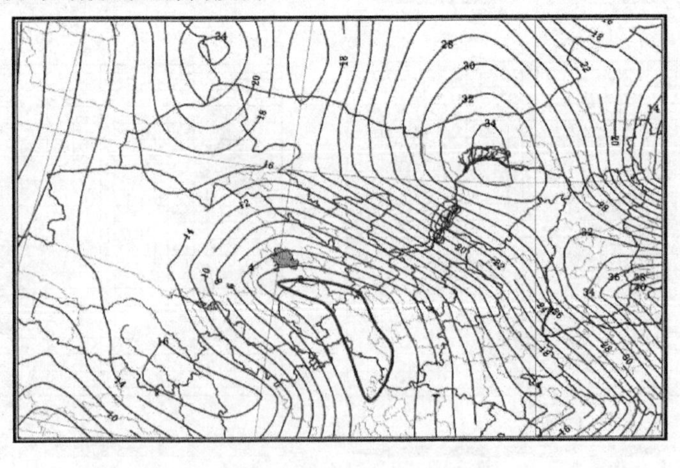

图 2 4 月 28 日 08 时 500hPa $t-t_d$

由28日12时卫星云图及兰州地区雷达回波(图3),可以看出本次天气过程为典型层状云降水过程。考虑到空域因素,同时结合兰州中心气象台预报及数值模式预报,为了使增雨效果达到最好,省人影办经过多方面考虑设计本次飞机人工增雨飞行航线为中川—临夏—陇西—天水—会宁—中川(图4),并向兰空申报了13时开始的增雨飞行计划。

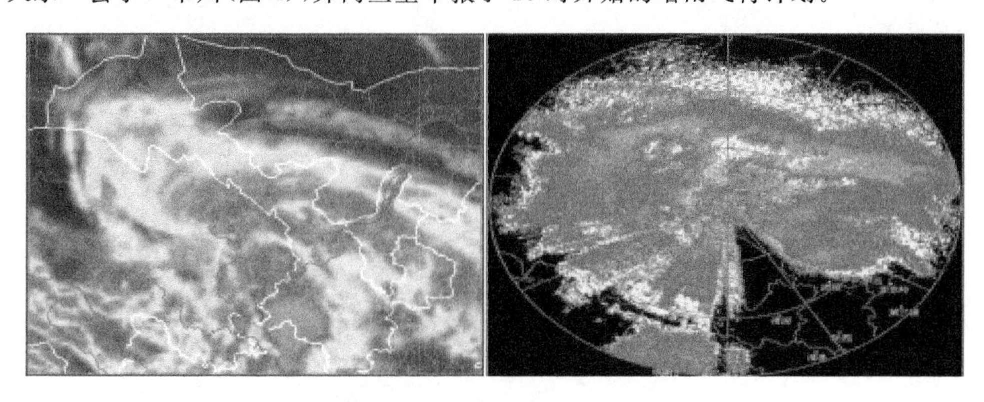

图3　4月28日12时卫星云图及兰州地区雷达回波

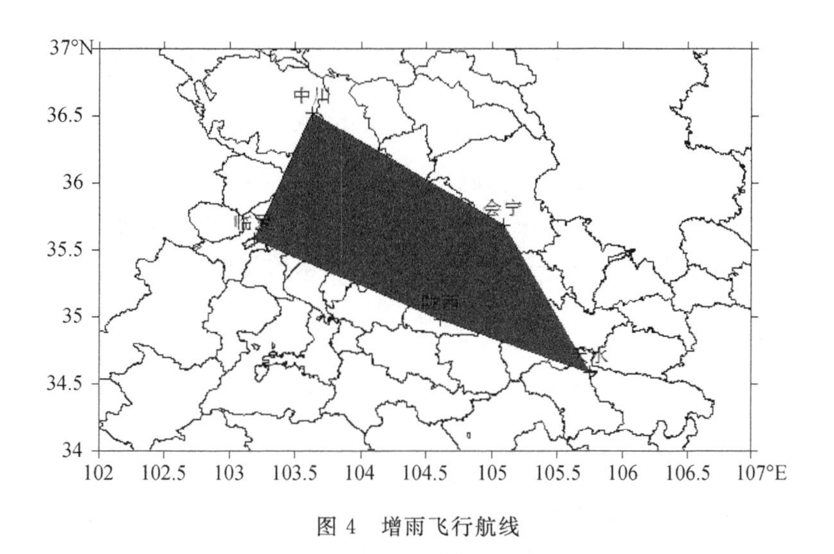

图4　增雨飞行航线

5.2　实时指挥

在人工影响天气领域中,云中的液态水含量在一定程度上表征过冷水的含量,而过冷水含量是衡量区域人工增雨潜力和评估增雨作业条件的重要指标之一[4,5]。甘肃省人影办通过对实况卫星云图变化及雷达回波变化的监测,经GPS通信系统始终与增雨飞机保持联络,密切关注天气变化,并及时修正作业方案,保证了增雨飞机在上空存在过冷水的地区实施播撒,提高了飞机人工增雨的科学性和有效性。本次增雨飞行作业情况见表1。

表1　2013年4月28日甘肃省飞机增雨作业情况

作业时间	作业航线(区域)	作业面积	碘化银用量	液氮用量
12:55—17:30	中川—临夏—陇西—天水—会宁—中川	77099km^2	1250g	180L

6 作业效果

从 4 月 29 日 08 时 24 小时降水实况(图 5)可以看出,在增雨飞行区域普降中到大雨,实际降雨量均大于预报量(兰州中心气象台预报大部分地区为小雨),因此这次飞机人工增雨的效果是十分显著的。

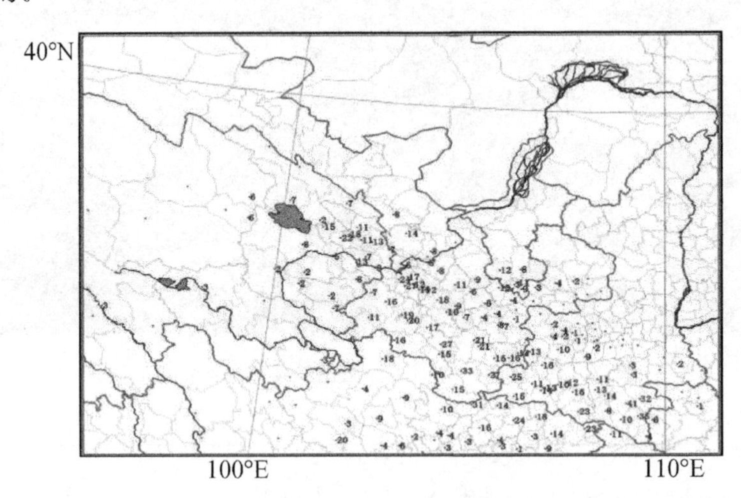

图 5 4 月 29 日 08 时 24 小时降水实况

从 2013 年 5 月 1 日全国干旱综合监测与 2013 年 4 月 27 日全国干旱综合监测的对比来看,甘肃地区的旱情得到了有效的缓解,甘肃大部地区经一场大范围降水过程后特旱区消失,大部地区转为轻旱,这也从侧面说明了本次飞机人工增雨的效果。

7 结论与讨论

甘肃地区的水资源匮乏,因此作为人影工作者,我们应当抓住一切有利时机开展人工增雨作业,不放过每一次天气过程。科学地对每一次降水过程做全面的前期分析是十分有必要的,在前期合理地规划作业区域、作业范围、作业高度,制订详细的作业方案,这样就能使飞机人工增雨更加高效。在增雨作业后,及时总结每次作业的经验,尽快建立适合本地的人工增雨模型,这样就能为未来的人工增雨工作提供经验和借鉴。

参考文献

[1] 连志鸾,段英．一次层状云降水过程人工增雨时机与部位选择探析[J]. 中国生态农业学报,2006,14(2):168-172.

[2] 刘诗军,胡志晋,游来光．碘化银核化过程的数值模拟研究[J]. 气象学报,2005,63(1):30-40.

[3] 李迪飞,毕武,等．人工催化消雷纳米级碘化银成核率与核化速率的研究[J]. 林业机械与土木设备,2011,39(10):26-28.

[4] 翟晴飞,袁健,等．2012 年辽宁夏季一次人工增雨过程的分析[J]. 江西农业学报 2013,25(4):94-99.

[5] 袁健,赵姝慧,张维权,等．云中液态水含量在人工影响天气中的应用[J]. 安徽农业科学,2011,39(1):508-602.

阿勒泰站近13a夏季小时降水日变化特征及人影工作背景和必要性

博尔楠[1] 陈丽娟[1] 黄小华[1] 钱康妮[1] 于 峰[2]

（1. 阿勒泰地区气象局，阿勒泰 836500；2. 乌鲁木齐气象卫星地面站，乌鲁木齐 830011）

摘 要 利用阿勒泰基准气候站2005—2017年夏季（6—8月）逐小时降水资料揭示了阿勒泰单站夏季降水的日变化特征，结果表明：(1)2005—2017年夏季（6—8月）阿勒泰单站降水量日峰值呈双峰型，日峰值出现在早晨和傍晚；降水频率的日峰值出现在中午12时；降水强度的日峰值出现在傍晚19时。(2)2005—2017年夏季（6—8月）阿勒泰单站出现短时降水达305次，中时降水31次，长时降水22次；短时降水对夏季降水的贡献率最大，其次为长时降水，中时降水贡献率最小。(3)短时降水的日峰值最大，出现在傍晚；长时降水的日峰值其次，出现在早晨；中时降水量的日峰值最小，出现在傍晚。短时降水频率的日峰值明显高于中时降水和长时降水，同时三者的日峰值均出现在12时。短时降水和中时降水的降水强度日峰值出现在傍晚，长时降水的降水强度日峰值出现在午后。(4)1级降水日峰值大于2级和3级，1级和3级降水量日峰值出现在午后至傍晚，2级降水量日峰值出现在清晨。(5)通过适时开展人工增水，充分开发利用空中水资源，不仅是农业抗旱和防雹减灾的需要，而且是水资源安全保障、生态建设等方面的需要，同时对提高农牧民收入、保持社会政治稳定，促进区域内社会经济和生态环境的可持续发展、实现人与自然和谐相处等方面有着十分重要的意义。(6)人工影响天气工作将对阿勒泰地区的生态建设、水资源安全、森林防火和冰雹防御均有重要作用。(7)未来阿勒泰地区降水有增多趋势，夏季、冬季降水增加趋势显著，可降水量自山区外围向山区中心递增，降水量的大值区与可降水量的大值区对应，这为人工增水提供了良好的水汽条件。

关键词 小时降水 日峰值 降水频率 人工影响天气

1 引言

受全球及区域尺度气候变化影响，不同区域极端天气气候事件明显增多，气候变化和极端气候事件以及他们之间的关系是当前国际社会十分关注的科学问题。Zhai等[1]指出，过去50多年（相对于2005年）我国东部地区降水日数下降，但极端强降水日数增加。虽然华北地区夏季降水减少趋势明显[2]，但极端降水量在总降水量中的比重呈增加趋势[3]。由于降水分布在时空上的高度不均匀性，只有逐时或更高时间分辨率上的降水资料才能更加准确反映降水强度信息和降水演变过程的特征。日累计降水量在表征降水强度时会过高估计长时间连续性弱降水的强度，低估短时强降水的强度。近几年，随着长时间序列的逐时、逐分钟降水资料的出现，越来越多的研究关注小时或更短时间尺度的降水特征。Yu等[4-6]、Yu和Zhou[7]利用长序列的逐时台站降水资料分析发现，中国夏季降水的日变化具有明显的区域性，而长持续性降水的峰值多位于夜间和清晨，短持续性降水的峰值多出现在下午或傍晚。在华北地区，夏季降水总量和频次有所减少，但降水强度在增加。诸多国内学者研究了不同区域的逐时降水长期变化特征和日变化特征，得到一些有意义的结论[8-16]，同时，刘伟东等[17]利用聚类分析方法，田付友等[18]利用Γ函数和李建等[19]利用5年一遇极端降水对不同区域短时降水进行了讨论。近年来随着我国高时空分辨率降水资料的出现,国内有不少学者开始从小时尺度出发对降水特性进行深入分析研究。Yu等[6]首次利用我国台站1991—2004年自动观测降水资料分析夏季降水的日变化特性,指出我国夏季降水日变化特征区域差异显著,Yu等[5]进一步分析指出降水持续时间是区分不同类型降水事件的一个关键因素,且降水的持续性能很好地解释降水日变化的双峰值。李建等[9]使用1961—2004年的小时降水来分析北京夏季降水的气候特征和日变化规律,指出降水量和降水频次在下午至凌晨呈现高值时段、中午前后出现最低值,且近40年短时降水事件降水量明显增加、长时降水事件降水量有所减少。姚莉等[20]分析了我国1小时雨强的时空分布特征,指出雨强日变化具有明显地区差异。王夫常等[21]分析了我国西南区域的降水日变化,指出西南降水夜雨特征明显,且降水日变化存在东西区域差异。于文勇等[22]对我国降水持续性的季节演变特征进行分析,指出降水持续时间的季节演变能反映出典型雨带随季节的变化特征。宇如聪等[23]分析降水演变过程的气候特征,指出降水过程存在明显不对称性,降水开始至达到峰值的时间较峰值发生后至降水结束的时间明显偏短。刘伟东等[17]对北京地区逐小时降水的时空分布进行聚类分析指出北京地区的自动站分布合理性高。这一系列研究丰富了我们对降水特性尤其是降水日变化特性的认识,有助于深入理解降水气候特征及其形成演变机制。

阿勒泰市位于新疆北部,是阿勒泰地区的首府城市,夏季降水对阿勒泰社会经济发展、旅游、交通、生态和农牧业生产等均有重大影响,但是目前阿勒泰还没有研究夏季小时降水的相关成果。因此,需研究阿勒泰夏季小时降水的气候特征,为精细化预报预测业务提供重要参考。

2 资料与方法

2.1 资料来源

选取阿勒泰基准气候站2005—2017年夏季(6—8月)逐小时降水资料。

2.2 研究方法

本研究以阿勒泰单站近13 a夏季小时降水日变化特征,对2005—2017年夏季(6—8月)逐小时降水数据进行分析,统计出一天中每小时时段在2005—2017年夏季的总降水量和总降水时数,对于一天中的某小时,13个夏季的总时数=92×13=1196 h,根据这些统计结果进一步计算出一天中每小时气候平均的降水量、降水频率和降水强度,它们的计算公式如下:(1)降水量P_A=总降水量/1196;(2)降水频率P_F=(总降水时数/1196)×100%;(3)降水强度P_I=总降水量/总降水时数=降水量/降水频率。统计出降水量日峰值、降水频率日峰值以及降水强度日峰值及其所对应的时间。由于不同天气过程所导致的降水,其持续时间和强度有所差异,将持续时间小于等于3 h的降水定义为短时降水,持续时间为4~5 h的降水定义为中时降水,持续时间大于6 h的降水定义为长时降水,并讨论各分区不同持续时间降水的日变化特征。另外将不同强度降水划分为3个等级(1级、2级和3级):0.1~6.0 mm/h;6.1~12.0 mm/h;大于12.1 mm/h,并揭示各分区不同强度降水的日变化特征。

3 阿勒泰单站夏季小时降水日变化特征

2005—2017年夏季(6—8月)阿勒泰单站降水量日峰值呈双峰型,出现在早晨08时和傍晚20时,均为0.05 mm/h,19时也接近0.05,中午13时接近0.04 mm/h;从22时至清晨08时降水量相对最小,均在0.04 mm/h以下(图1a)。

通过分析降水频率的日峰值可以发现,日峰值出现在12时,为0.04;06时以及09—11时均在0.03～0.04之间;21时降水频率最小,不足0.02(图1b)。

降水强度的日峰值出现在傍晚19时,为2.4 mm/h;08时和20时为1.9 mm/h;夜间至清晨22—07时及上午09—12时降水频率相对最小,均不足1.0 mm/h。这主要是傍晚地面温度较高,随着高空冷却,形成上冷下暖的不稳定层结从而容易形成对流性天气造成的,而夜间和上午大气温度相对较低,大气柱相对较为稳定,不易形成对流性天气,所以降水强度较小(图1c)。

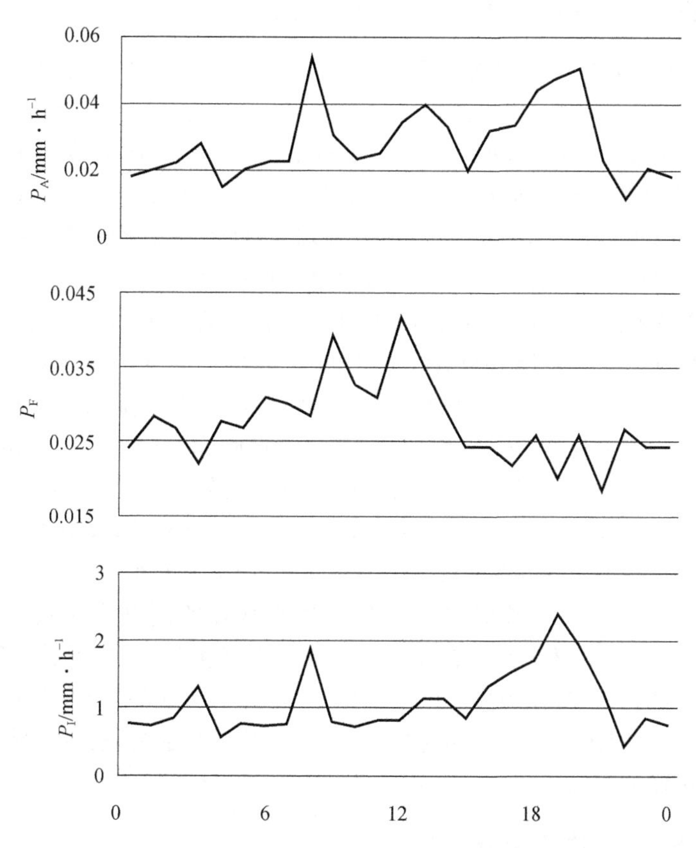

图1 阿勒泰单站夏季降水量 P_A(a),降水频率 P_F(b)和降水强度 P_I(c)的日变化特征

4 不同持续时间小时降水日变化特征

4.1 不同持续时间降水对总降水的贡献

将持续时间1～3 h的降水定义为短时降水,4～5 h的降水定义为中时降水,≥6 h的降水

定义为长时降水。2005—2017 年夏季(6—8 月)阿勒泰单站累积降水量达 832.4 mm,其中出现短时降水达 305 次,累积降水量达 467.3 mm,占近 13 a 夏季降水量的 56%;共出现中时降水 31 次,累积降水量达 134.7 mm,占夏季降水量的 16%;共出现长时降水 22 次,累积降水量达 230.4 mm,占夏季降水量的 28%。可见阿勒泰单站短时降水对夏季降水的贡献率最大,其次为长时降水,中时降水贡献率最小(表 1)。

表 1　阿勒泰单站夏季不同持续时间降水对总降水的贡献

不同持续时间降水	出现次数(次)	累积降水量(mm)	占夏季降水量的比例(%)
短时降水	305	467.3	56%
中时降水	31	134.7	16%
长时降水	22	230.4	28%

4.2　不同持续时间降水日峰值及其出现的特征

短时降水的降水量日峰值出现在午后至傍晚的 18—20 时,19 时的降水量超过 0.04 mm/h,夜间的 22 时、00 时、04 时和 05 时以及上午的 10 时和 11 时最小,均不足 0.01 mm/h。中时降水的降水量日峰值出现在傍晚 20 时,为 0.01 mm/h,此外早晨 08 时和中午 12 时、13 时也可达 0.01 mm/h。长时降水的降水量日峰值出现在 08 时,接近 0.02 mm/,此外 9—13 时以及午后的 16 时和 17 时也均在 0.01 mm/h 以上。由此可见短时降水的降水量日峰值最大,出现在傍晚;长时降水的日峰值其次,出现在早晨;中时降水量的日峰值最小,出现在傍晚图 2(a)。

短时降水的降水频率日峰值出现在 12 时和 18 时,均在 0.02 以上,此外早晨 07 时和 09 时以及傍晚 20 时的降水频率日峰值也在 0.02 以上;夜间的降水频率相对最小。中时降水的降水频率日峰值出现在 12 时和 09 时,均为 0.01;午后至前半夜降水频率相对较小。长时降水的降水频率日峰值也出现在 12 时,为 0.01,午后至傍晚相对较小。短时降水频率的日峰值明显高于中时降水和长时降水,同时三者的日峰值均出现在 12 时图 2(b)。

短时降水的降水强度日峰值出现在午后 19 时,为 2.8 mm/h,夜间至上午相对较小。中时降水的降水强度日峰值出现在傍晚 20 时,为 4.8 mm/h,与短时降水相似,中时降水强度频率在夜间以及上午相对较小。长时降水的降水强度日峰值出现在午后 16—17 时,分别为 3.9 mm/h和 3.1 mm/h,同样也是在夜间至上午降水强度相对较弱,午后至傍晚最强,这与午后至傍晚温度相对最高,同时伴随冷空气的入侵形成“上冷下暖”的不稳定层结从而容易产生对流性天气有关,而夜间至上午气温相对较低,大气层结相对稳定,故不容易产生对流性天气,从而导致上述时段降水强度较弱。

5　不同等级小时降水的日变化特征

本文根据需要,将小时降水量分为 3 个等级,1 级:0.1～6.0 mm/h;2 级:6.1～12.1 mm/h;3 级:≥12.1 mm/h。1 级降水的降水量日峰值出现在 18 时,接近 0.04 mm/h,另一个峰值出现在 13 时和 09 时;2 级降水的降水量日峰值出现在 08 时,接近 0.02 mm/h;3 级降水的降水量日峰值出现在 19 时,超过 0.02 mm/h。1 级降水日峰值大于 2 级和 3 级,1 级和 3 级降水量日峰值出现在午后至傍晚,2 级降水量日峰值出现在清晨(图 3)。

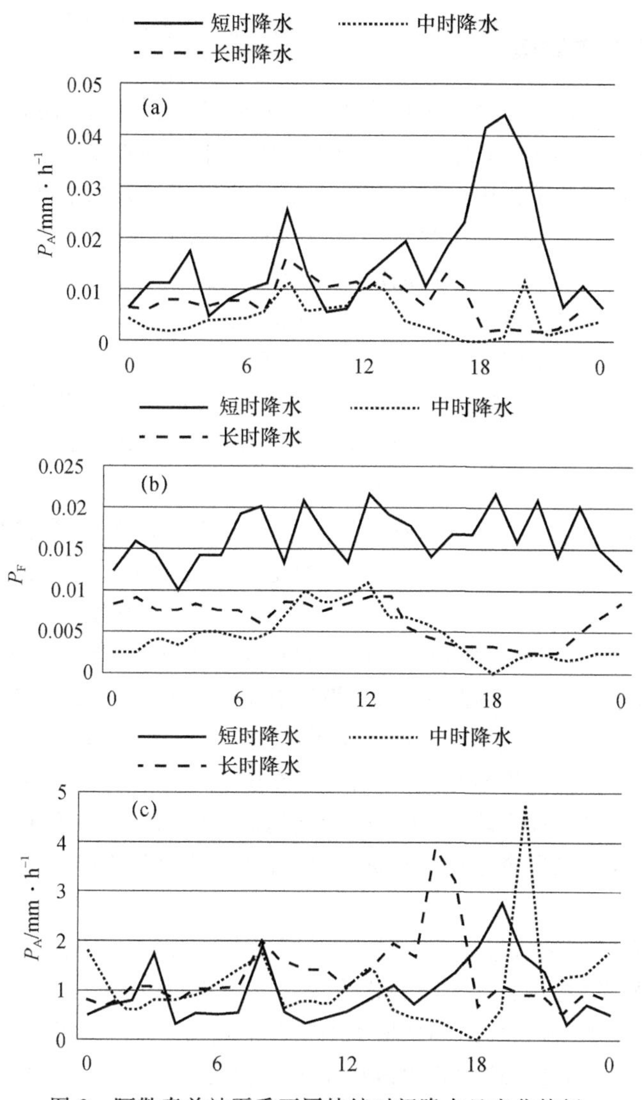

图2 阿勒泰单站夏季不同持续时间降水日变化特征

（a:降水量 P_A；b:降水频率 P_F；c:降水强度 P_I）

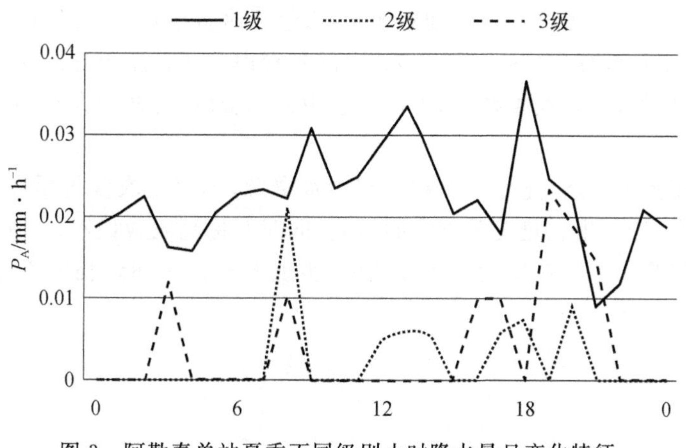

图3 阿勒泰单站夏季不同级别小时降水量日变化特征

6 人工影响天气工作背景

新疆作为21世纪战略资源接替区和欧亚大陆通道，其生态安全、能源安全、粮食安全等问题都是涉及中国发展的长远问题，新疆的水资源问题多年来一直受到政府和社会各界的广泛关注，增加新疆水资源可开发利用总量，是21世纪新疆水资源开发利用中一个具有战略意义的重要发展领域。阿勒泰地区辖区面积11.79万km^2，约占全疆总面积的7%，雄伟的阿尔泰山横亘于地区北部，境内的绝大部分河流从阿尔泰山上起源。阿勒泰地区地表水资源丰富，有额尔齐斯河水系、乌伦古河水系、吉木乃诸小河三大水系，共56条河流。额尔齐斯河是新疆的第二大河流，水资源量为111亿m^3，乌伦古河水资源量为11亿m^3，吉木乃诸小河水系水资源量为1.3亿m^3，全流域地表水资源总量123.3亿m^3。长期以来阿勒泰地区都是以生态环境好、淡水资源丰富而著称，不仅是我国水源涵养性生态功能区，还是新疆重要的水源供给地和战略储备地。

近年来，阿勒泰地区配合实施国家发展战略方案，即“引额济乌”“引额济克”等调水工程，现在每年外调水量已达到8亿m^3，阿勒泰地区的生态环境发生严重变化，两河流域年径流量明显下降，水源涵养功能下降，下游河谷林地生态受到影响；草场退化，产草量急剧下降；土地沙化、河谷林减少等，严重影响了阿勒泰地区的农牧业经济发展。调水工程后期还将引水至东疆哈密，预计年调水量将达到25亿m^3，如果没有有效的措施进行预防，生态影响将会更加明显。阿勒泰地区实行生态补水工程即“西水东引”工程后，引水工程的调水速度还是超过了生态补水的能力，河流水量缺口仍然很大，而且西水东引这一工程后期也将影响被调水的布尔津河下游的生态环境，造成恶性循环，也势必会影响到额河出境水量。为了保证阿勒泰地区生态环境的可持续发展，牧民定居奔小康的目标，水资源的可持续利用已成为当前迫切需要解决的突出问题。

通过国内外实践与实施效果充分说明，广泛开展人工增水作业有着良好的发展前景，合理开发利用空中云水资源，提高云水资源转化为降水的比率，从而增加山区自然降水量，增加山区积雪、冰川蓄积水源的绝对含量，间接增大河川径流，补充地下水，将会极大的缓解水资源短缺带来的压力。阿勒泰地区山地面积约占总土地面积的30%，却分布了80%的水系，因此山区是阿勒泰地区水资源的主要来源，同时山区云量丰富，也是阿勒泰地区实施人工增水的关键地区。阿勒泰地区处于阿尔泰山脉迎风坡，全国天气的上游，天气过程频繁，据统计平均每5天西风带上就有一次天气系统影响阿勒泰地区，大量云水资源从空中经过，同时从阿勒泰地区冬、夏季多年大降水日数分布(图4,图5)来看，阿尔泰山和萨吾尔山是出现大降水频率最高的地区，这种得天独厚的地形、地貌特征，丰富的空中云水资源，为开展大范围人影作业提供了优势条件。

通过适时开展人工增水，充分开发利用空中水资源，不仅是农业抗旱和防雹减灾的需要，而且是水资源安全保障、生态建设等方面的需要，同时对提高农牧民收入、保持社会政治稳定，促进区域内社会经济和生态环境的可持续发展、实现人与自然和谐相处等方面有着十分重要的意义。

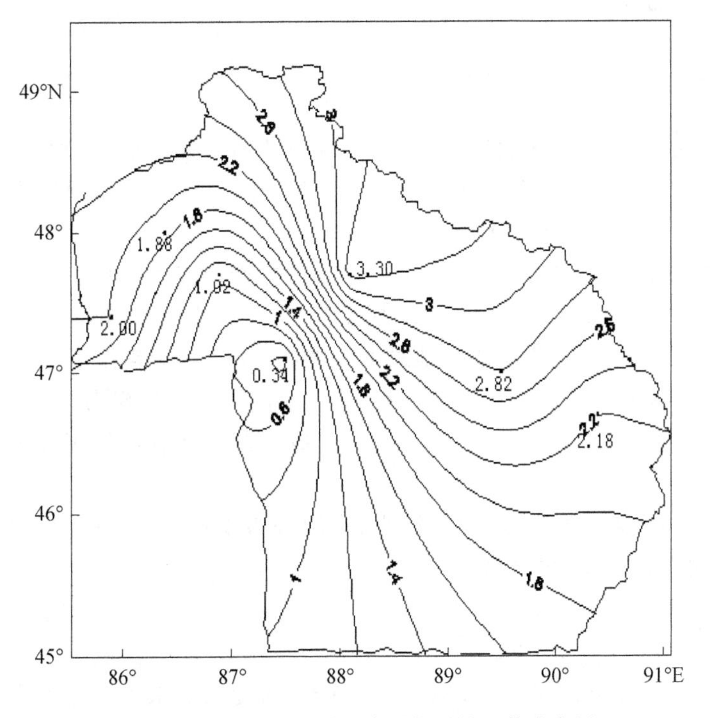

图 4　阿勒泰地区冬季大降雪年平均日数分布图

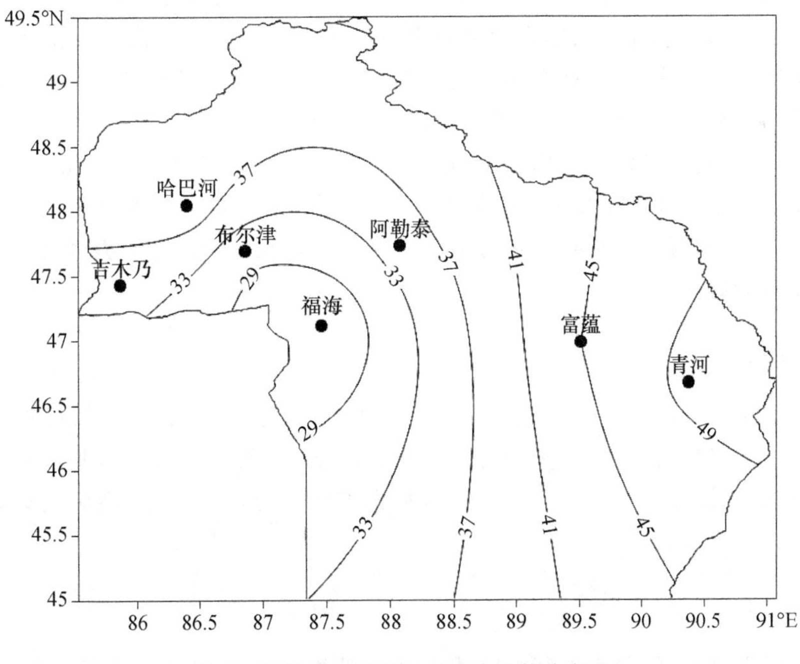

图 5　阿勒泰地区夏季大降水日数分布图

7 人工影响天气工作必要性

7.1 生态建设

在《全国主体功能区规划》中将“阿尔泰山地森林草原生态功能区”列入全国25个重点生态功能区之一,阿勒泰作为新疆生态安全“三屏两圈”的门户,是保障国家生态安全的重要区域,因此阿勒泰地区的生态建设成为当前的重点。

湿地被誉为“地球之肾”,在水源涵养和生态保护方面都能发挥巨大功效。阿勒泰地区较大面积湿地有36处,包括7个湿地公园(其中5个为国家级湿地公园)和5个湿地类型自然保护区,湿地总面积615.9万亩,占全疆湿地总面积的10.4%。多年来由于气候变化影响、过度放牧、水资源的不合理利用等影响了湿地原有的生态环境,使其呈现出日益恶化的现象。生态环境保护及社会经济发展之间的矛盾日益加剧,已成为制约阿勒泰地区经济和社会发展的重要因素。

阿勒泰地区深居欧亚大陆腹地、远离海洋、降雨分布不均匀、气候干旱、生态系统脆弱,一旦受到破坏就有可能产生难以修复甚至不可逆转的严重后果。

7.2 水资源安全

阿勒泰地区共有大、中、小型水库81座,总库容36亿 m^3(其中含喀腊塑克水库25亿 m^3 库容),灌溉面积341.4万亩。但由于大部分是平原水库,渗漏蒸发损失大,造成水资源利用效率低。阿勒泰地区虽然水资源较为丰富,但时空分布极不均衡,径流年际变化大。丰水期河川径流大,水资源大量外流,而枯水期水库总蓄水量较少,调节能力弱,既要保证当地用水充足,又需满足调水工程的引水量,因此在枯水期出现用水紧缺现象,也因为缺水而造成耕地大面积弃耕。根据调水工程规划,截至2013年底,额尔齐斯河每年调水8亿 m^3,根据后期建设需求,仍将加大调水力度,进一步满足疆内用水,预计到2030年将达到25亿 m^3,超过了江河调水的安全红线20%,这为后期流域内的生态安全埋下严重隐患,一旦遇到阿勒泰地区大旱之年,特别是如果没有科学合理的预防措施,势必会严重影响到调水工程的调水力度,以及国际河流分水的水资源安全问题。

7.3 森林防火

目前阿勒泰地区森林覆盖度达到了13.2%,林区山高路险、地处边境,火灾隐患突出,森林保护难度大。一旦出现火灾,救火能力明显受到限制,因此实行人影作业,一方面为山区森林增加湿度,加强水源涵养功能;另一方面,森林火灾发生时,人影作业能快速有效的灭火,大大减少火灾带来的损失。

7.4 冰雹防御

随着全球气温增高,阿勒泰地区的冰雹天气呈现多发态势,给社会经济尤其是农业生产造成极大损失。阿勒泰地区冰雹多发在福海县、吉木乃县、青河县及山区一带,而平原冰雹高发区多为农业种植区,一旦冰雹袭击,农业损失惨重,因此通过人影作业进行消雹,能有效减轻冰雹造成的损失。

8 人工影响天气工作的可行性

8.1 具备人工增水水汽实施条件

新疆水资源的一个显著特点是依赖山区大气降水，而新疆山地降水量占全疆降水总量的84%。新疆水汽来源主要依靠西风环流携带来自大西洋和欧亚大陆蒸散水汽，同时，南面印度洋孟加拉湾、阿拉伯海的水汽输送受青藏高原地形抬升作用在高原东部、中部以及西部上空聚集成3个水汽输送中心，青藏高原夏季丰富的水汽在有利的天气形势下继续进入新疆，经计算每年平均约有1169亿吨空中水汽从青藏高原上空流入新疆，其中80%都流经阿勒泰，空中水汽资源非常丰富。阿勒泰地区位于全国天气系统上游，水汽路径有三条，主要为大西洋水汽经纬向西风环流进入阿勒泰的偏西路径，其次是来自阿拉伯海北上的水汽通过接力输送的方式到达阿勒泰地区的偏南气流，最后是孟加拉湾的水汽由青藏高原东部经青海、甘肃河西走廊向西到达阿勒泰东部地区的偏东路径。阿勒泰地区位于阿尔泰山西南坡，是西风气流的迎风坡，有利于空中水汽汇集和气流抬升而形成降水。据研究未来阿勒泰地区降水有增多趋势，夏季、冬季降水增加趋势显著，可降水量自山区外围向山区中心递增，降水量的大值区与可降水量的大值区对应，这为人工增水提供了良好的水汽条件。

统计计算表明，每年流经阿勒泰地区上空的水汽量加上本地蒸发气态水总计达到1550亿 m^3(图6)，年平均净水汽收入量占新疆的31%，而形成的有效降水只有180亿 m^3，空中水资源转化率只有11.6%，低于西北地区15.4%的平均水平，而且远低于全国34%的平均转化率，可见空中水资源量相当丰富。同时，阿勒泰地区空气干净，API(空气污染指数)为39，全年空气质量均达到国家一级标准，特别是山区人类活动少，海拔高，高空空气更加清洁，远远达不到能够产生最大降水所需要的冰晶浓度125个/升，云水资源丰富，但缺少凝结核，空中水汽转化为自然降水的比率很低，通过人工播撒催化剂来促使云水转化为降水的可能性极大，在本地实施人工增水工程潜力巨大，效果将会更加显著。

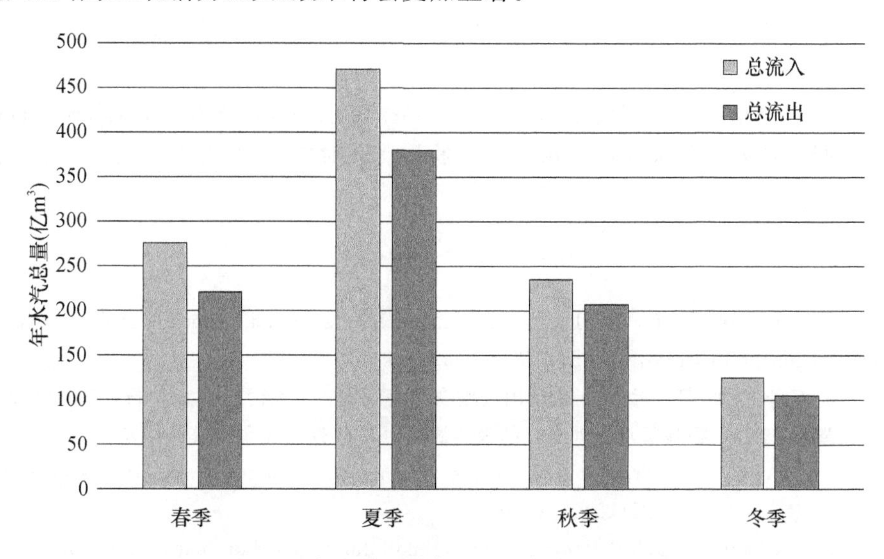

图6 空中流经阿勒泰地区水汽总量年变化

8.2 具备人工增水区域地理条件

由于阿勒泰地区边境线长达 1175 km，主要增水区在山区，严重制约边境沿线开展大规模的飞机增水作业，但是小飞机增水作业完全可以符合飞行增水要求，因而在阿尔泰山区采用无人飞机、移动火箭和碘化银烟炉联合作业的模式，更能方便有效地增加山区的可降水量。随着阿勒泰进入一个温暖气候阶段，增湿趋势显著，人工增水的自然条件更为适宜，应充分利用这一有利形势，及时开展大规模山区人工增水作业，可以取得更好的人工增水作业效果，使人工增水作业达到更佳的经济效益。

9 结论

(1)2005—2017 年夏季(6—8 月)阿勒泰单站降水量日峰值呈双峰型，日峰值出现在早晨和傍晚；降水频率的日峰值出现在中午 12 时；降水强度的日峰值出现在傍晚 19 时。

(2)2005—2017 年夏季(6—8 月)阿勒泰单站出现短时降水达 305 次，中时降水 31 次，长时降水 22 次；短时降水对夏季降水的贡献率最大，其次为长时降水，中时降水贡献率最小。

(3)短时降水的日峰值最大，出现在傍晚；长时降水的日峰值其次，出现在早晨；中时降水量的日峰值最小，出现在傍晚。短时降水频率的日峰值明显高于中时降水和长时降水，同时三者的日峰值均出现在 12 时。短时降水和中时降水的降水强度日峰值出现在傍晚，长时降水的降水强度日峰值出现在午后。

(4)1 级降水日峰值大于 2 级和 3 级，1 级和 3 级降水量日峰值出现在午后至傍晚，2 级降水量日峰值出现在清晨。

(5)通过适时开展人工增水，充分开发利用空中水资源，不仅是农业抗旱和防雹减灾的需要，而且是水资源安全保障、生态建设等方面的需要，同时对提高农牧民收入、保持社会政治稳定，促进区域内社会经济和生态环境的可持续发展、实现人与自然和谐相处等方面有着十分重要的意义。

(6)人工影响天气工作将对阿勒泰地区的生态建设、水资源安全、森林防火和冰雹防御均有重要作用。

(7)未来阿勒泰地区降水有增多趋势，夏季、冬季降水增加趋势显著，可降水量自山区外围向山区中心递增，降水量的大值区与可降水量的大值区对应，这为人工增水提供了良好的水汽条件。

参考文献

[1] Zhai P M, Zhang X, Wang H, et al. Trends in total precipitate-on and frequency of daily precipitation extremes over China[J]. J Climate, 2005, 18(7): 1096-1108.

[2] 王遵娅，丁一汇，何金海，等．近 50 年来中国气候变化特征的再分析[J]．气象学报，2004，62(2)：228-236.

[3] 翟盘茂，王翠翠，李威．极端降水事件变化的观测研究[J]．气候变化研究进展，2007，3(3)：144-148.

[4] Yu R C, Wang B, Zhou T J. Tropospheric cooling and summer monsoon weakening trend over East Asia [J]. Geophys Res Lett, 2004, 31(22): 271-244.

[5] Yu R C, Xu Y P, Zhou T j, et al. Relation between rainfall duration and diurnal variation in the warm season precipitation over central eastern China[J]. Geophys Res Lett, 2007a, 34(13): 173-180.

[6] Yu R C, Zhou T J, Xiong A Y, et al. Diurnal variations of summer precipition over contiguous China[J].

Geophys Res Lett,2007b,34(1):223-234.

[7] Yu R C, Zhou T J. Seasonality and three-dimensional structure of interdecadal change in the East Asian monsoon[J]. Geophys Res Lett,2007,20(21):5344-5355.

[8] 殷水清,高歌,李维京,等.2012.1961—2004年海河流域夏季逐时降水变化趋势[J]. 中国科学:地球科学,42(2):256-266.

[9] 李建,宇如聪,王建捷.北京市夏季降水的日变化特征[J]. 科学通报,2008,53(7):829-832.

[10] 原韦华,宇如聪,傅云飞.中国东部夏季持续性降水日变化在淮河南北的差异分析[J]. 地球物理学报,2014,57(3):752-759.

[11] 姚莉,赵声蓉,赵翠光,等.我国中东部逐时雨强时空分布及重现期的估算[J]. 地理学报,2010,65(3):293-300.

[12] 常煜.内蒙古5—9月小时强降水时空变化特征[J]. 中国沙漠,2015,35(3):735-743.

[13] 彭芳,吴古会,杜小玲.贵州省汛期短时降水时空特征分析[J]. 气象,2012,38(3):307-313.

[14] 胡迪,李跃清.青藏高原东侧四川地区夜雨时空变化特征[J]. 大气科学,2015,39(1):161-179.

[15] 杨玮,程智.近53年江淮流域梅汛期极端降水变化特征[J]. 气象,2015,41(9):11226-1133.

[16] 郑祚芳,王在文,高华.北京地区夏季极端降水变化特征及城市化的影响[J]. 气象,2013,39(12):1635-1641.

[17] 刘伟东,尤焕苓,任国玉,等.北京地区自动站降水特征的聚类分析[J]. 气象,2014,40(7):844-851.

[18] 田付友,郑永光,毛东艳.等.基于Γ函数的暖季小时降水概率分布[J]. 气象,2014,40(7):787-795.

[19] 李建,宇如聪,孙溦.从小时尺度考察中国中东部极端降水的持续性和季节特征[J]. 气象学报,2013,71(4):652-659.

[20] 姚莉,李小泉,张立梅.我国1小时雨强的时空分布特征[J]. 气象,2009,35(2):80-87.

[21] 王夫常,宇如聪,陈昊明,等.我国西南部降水日变化特征分析[J]. 暴雨灾害,2011,30(2):117-121.

[22] 于文勇,李建,宇如聪.中国地区降水持续性的季节变化特征[J]. 气象,2012,38(4):392-401.

[23] 宇如聪,原韦华,李建.降水过程的不对称性[J]. 科学通报,2013,58(15):1385-1392.

宁夏一次连阴雨过程云液态水特征分析

马思敏

(宁夏回族自治区人工影响天气中心,银川 750002)

摘　要　本文利用 MICAPS4.0 高空实况资料、FY-2 卫星反演产品、Grapes_cams 人影模式产品以及隆德气象站 42 通道微波辐射计对宁夏 2017 年一次连阴雨过程进行了分析,结果表明:(1)此次降水过程开始是由冷暖空气交汇形成的锋区降水,转受南支槽过境配合副高外围暖湿空气而后形成连阴雨过程;(2)云反演参数能够较好地反映出云系的移动发展,且云反演参数的大值区与地面降水大值区位置对应较好,反演得到的云特征参量较地面降水的发生具有一定的提前量,可以作为人工增雨作业条件判别的参考依据;(3)地面降水与微波辐射仪反演的空中液态水含量随时间的分布对应较好,且地面降水的产生滞后于空中液态水含量的增加,利用这种现象可提前预知此时段云系正处于发展阶段,由此可应用于人工增雨作业条件的判别;(4)微波辐射计观测资料显示,在降水开始前的 1 小时左右,高层温度略有升高,地面温度下降,地面至 4000 m 高度空间内空气相对湿度明显增加,相对湿度＞90%湿层厚度明显增加,地面产生降水后近地面空气相对湿度接近过饱和状态,降水结束后空气相对湿度明显减小,相对湿度＞90%湿层延伸的最大高度明显下降;(5)利用 Grapes_cams 模式产品分析云中微物理过程,云水含量大值区上方对应雪霰含量大值区,雪霰大值区下方对应雨水含量大值区,过冷水为冰相水凝物的生成、生长提供了有利条件,雪、霰在下落过程中融化是低层雨水的主要来源。

关键词　连阴雨　卫星反演产品　微波辐射计　人影模式

1　引言

云的宏微观物理结构对降水的形成发展过程起着重要作用,在云和降水物理观测研究中,气象卫星以其独特的空对地观测对原有的传统地面观测方式提供了强有力的补充,它作为一种重要的观测手段,可以大范围、全过程监测云系的发展、演变。利用卫星辐射特性反演的云参数,可以反映云的发展状况和云中的物理变化规律,因此对云中各种宏微观物理参数的了解也是人工影响天气作业设计的一个重要因素。周毓荃等[1]利用高时间频率的风云二号静止卫星资料,同时融合探空等其他多种观测资料,开发了一套包括云顶高度、云顶温度、光学厚度等近 10 种云宏微观物理特征参数的产品,并在降水分析中得到初步应用。周毓荃[2]利用 FY-2C 卫星反演得到的云结构特征参数,结合地面降水,研究了云顶高度、光学厚度、云粒子有效半径和云厚度等云结构参数与降水的关系。陈英英等[3]利用这些产品,对比分析了降水过程中雷达回波和小时雨量,发现反演的光学厚度与地面强降水中心吻合较好,云液水路径的大小与地面雨量的大小呈正相关关系,二者大值中心的位置基本一致。

对云降水结构,特别是云系中液态水的分布及其演变规律等的研究,对于了解云和降水的形成,提高预报准确率和人工影响天气的科学性具有重要意义。水汽在云的演变、降水的发生以及变化中都起着重要的作用。水汽总量的增加和水汽通量的辐合与对流发展密切相关。在大气各种化学反应过程中,水汽也有着重要的贡献。随着微波辐射计的应用,得到连续的大气温度、相对湿度、水汽以及液态水等廓线[4-6]。用微波辐射计观测大气中水汽和液态水含量,在许多国家和地区都取得了一定的成功。赵从龙[7]研究发现,使用微波辐射计与使用无线电探空仪遥感水汽总量相比,偏差只有 6%~10%。朱元竞等[5]用 1.35 mm(22.235 GHz)和 8 mm(35.3 GHz)地基双通道微波辐射计连续监测河北省的大气总含水量和云中液态水积分含量,为地基微波辐射计应用于人工增雨的外场作业提供了技术条件。段英等[8]利用北京大学研制的微波辐射计观测的资料总结了河北省的云水分布规律。

在宁夏隆德县气象站布设了 RPG-HATPRO-G4 型多通道微波辐射计,其采用并行 42 通道设计,可以反演获得 0~10 km 范围内大气温度、湿度廓线、大气水汽含量、液态水含量、水汽密度等数据产品,对过境云水进行监测。本文将利用 MICAPS4.0 高空实况资料、FY-2 卫星产品、Grapes_cams 人影模式产品以及隆德气象站 42 通道微波辐射计资料,对宁夏 2017 年一次大范围连阴雨过程人工增雨作业条件进行分析,对判断人工增雨作业潜力、提高人工影响天气作业的科学性具有一定的意义。

2 天气形势和实况分析

2.1 天气形势分析

受高空槽前下滑冷空气和副高外围暖湿气流共同影响,宁夏大部地区 8 月 19—24 日出现连阴雨天气过程。如图 1 所示,19 日 08 时环流背景为两槽一脊型,宁夏 500 hPa 处在高空槽前,副高西伸至 95°N,冷暖空气交汇形成锋区降水;21 日 08 时宁夏转受南支槽影响,21 日 20 时 500 hPa 宁夏处于南支槽前,可以看出副高外围 584(dagpm)线在固原一带,700 hPa 有西南暖湿气流源源不断输送至宁夏,宁夏大部地区相对湿度大于 60%,说明水汽条件较好,且 700 hPa 有一低涡切变造成辐合抬升作用,对应 24 h 地面降水是此次过程降水最大时段;22 日 20 时副高西伸北抬,584(dagpm)线北抬至石嘴山以北,水汽输送通道被截断,宁夏 700 hPa 相对湿度减弱,降水减弱;24 日 20 时东北冷涡加强,副高南退,降水基本结束。

2.2 降水实况分析

宁夏大部地区在自然降水和人工影响共同作用下普降小到中雨,最大累计降雨量为 125.0 mm 出现在原州区黄铎堡镇,最大小时雨强为 46.7 mm 出现在海原气象站。本次过程降水较大时段为 21 日白天到夜间,全区小到中雨,吴忠市东南部、中卫市南部、固原市大部出现中到大雨,原州区、泾源及彭阳县部分乡镇达暴雨,累计降水量大于 30 mm 有 170 站,大于 50 mm 有 22 站(图 2)。

2.3 人影作业情况

结合人影数值模式预报结果、降水实况发展演变和旱情需求,宁夏人影中心抓住有利作业时机,重点在中部干旱带开展了飞机、地面火箭联合增雨作业,有效缓解了旱情。具体作业情况为:分别在 20 日和 22 日进行了 2 次飞机增雨作业,在宁夏河东机场起飞后在中部干旱带的中卫、海原、同心、盐池进行了绕飞催化作业,20—24 日在中部干旱带实施了地面催化作业 14 点次。

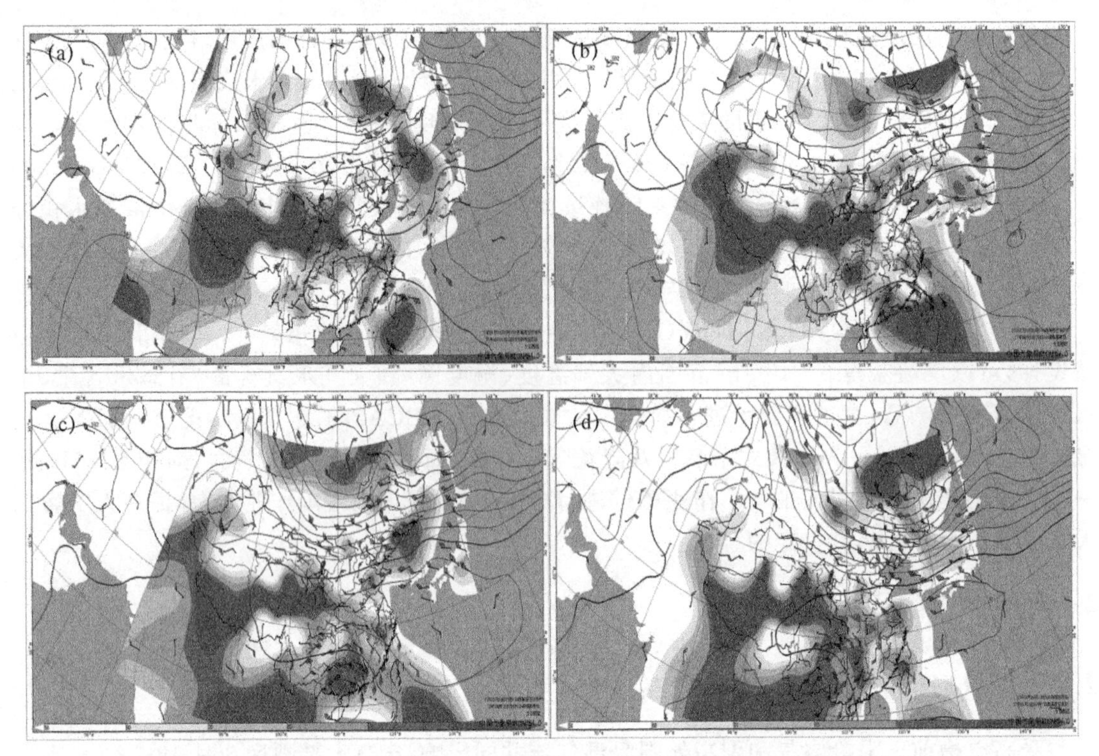

图 1 8 月 21 日 20 时(a),8 月 22 日 20 时(b),8 月 23 日 20 时(c),8 月 24 日 20 时(d)
500hPa 高度场(实线),700hPa 风场和 700hPa 相对湿度场(阴影)

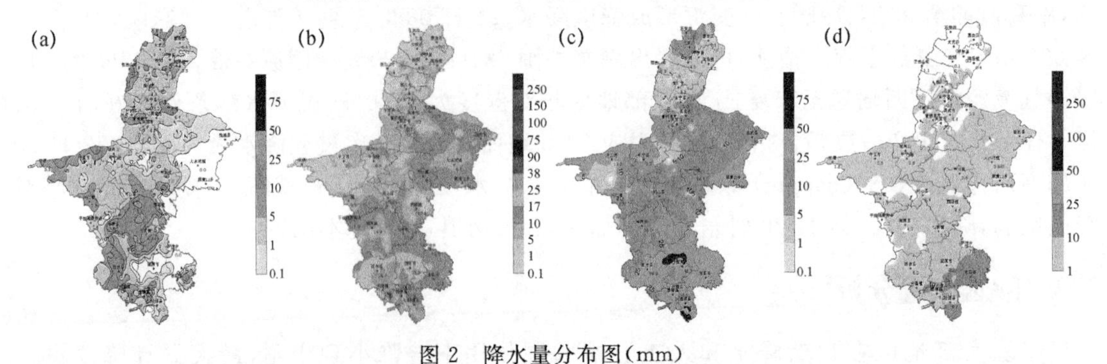

图 2 降水量分布图(mm)
(a:8 月 19 日 08 时至 20 日 08 时;b:8 月 20 日 08 时至 21 日 08 时;
c:8 月 21 日 08 时至 22 日 08 时;d:8 月 22 日 08 时至 23 日 08 时)

3 卫星参数演变与地面降水对应分析

结合卫星反演产品和环流背景分析,本次连阴雨过程降水分为两个阶段,第一个阶段降水发生时段在 19 日 16 时至 21 日 02 时,属于锋区降水,第二阶段降水发生时段为 21 日 02 时至 23 日 20 时,属于受南支槽过境影响,在副热带高压配合下产生的降水。

19 日 14 时,受锋区降水云系影响,在贺兰山沿山一带由于地形抬升有云顶高度为 7 km 的云团生成,到 15 时发展加强,此时贺兰山沿山出现降水,可见反演得到的云特征参量较地面降水的发生具有一定的提前量,地面降水发生前,云顶不断抬升。16 时六盘山沿山开始出现降水,随着云带东南移动,22 时在同心南部至原州区北部云带发展加强,云顶高度 8.6 km、云顶温度－40 ℃、过冷层厚度 5.8 km、液水路径 440 mm，此时地面降水中心小时雨强 20～30 mm/h，与云参数大值区对应位置基本一致略有偏离（图 3）。20 日 04 时，锋面云带继续东南方向移动，宁夏大部地区出现降水（除吴忠东部），此时从云参数也看出宁夏大部地区受降水云带影响，地面降水与云顶高度、云顶温度、有效粒子半径、液水路径覆盖范围和位置基本一致，过冷层厚度＞1 km 覆盖范围比其他云参数偏小，对应的是地面降水较大的区域。20 日 10 时，全区大部出现降水，地面小时雨强大值区在六盘山沿山为 15～20 mm/h。20 日 20 时，随着锋区进一步南压，固原市属于锋区后降水，雨强 1 mm/h 左右，第一阶段降水基本结束，云参数明显反映出云顶高度降低、云顶温度升高，过冷层厚度、光学厚度变小、液水路径变小的趋势。21 日 02 时左右，宁夏转受南支槽影响，从云参数演变趋势来看，降水云系东北方向移动，自南到北影响宁夏，至 21 日 23 时全区出现降水，云反演产品较好地反映出来了降水云系的发展，3 日 20 时第二阶段降水基本结束。

将云反演参数与地面小时雨量对应分析可以看出（图 3），云反演参数能够较好地反映出云系的移动发展，且云反演参数的大值区与地面降水大值位置对应较好略有偏差，反演得到的云特征参量较地面降水的发生具有一定的提前量，可以作为人工增雨作业条件判别的参考依据。

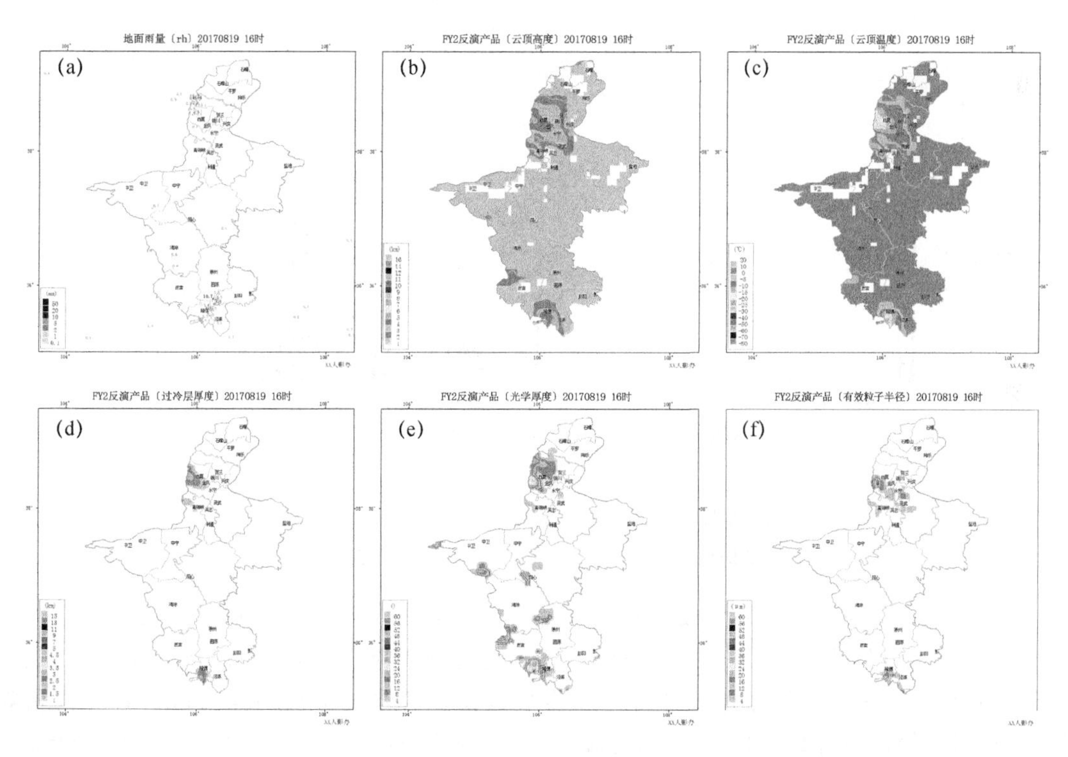

图 3　8 月 19 日 16 时卫星反演云参数分布图

（a：小时雨量；b：云顶高度；c：云顶温度；d：过冷层厚度；e：光学厚度；f：有效粒子半径）

4　降水过程温湿度以及云中液水演变特征

4.1　云中液态水含量和地面降水随时间的演变

为了研究云系演变过程中云液态水含量与地面降水量随时间变化之间的关系，图 4 给出了这次降水过程中隆德站微波辐射计所测云液态水含量及隆德站地面自动气象站雨量 5 分钟一次的加密雨量随时间的变化情况。

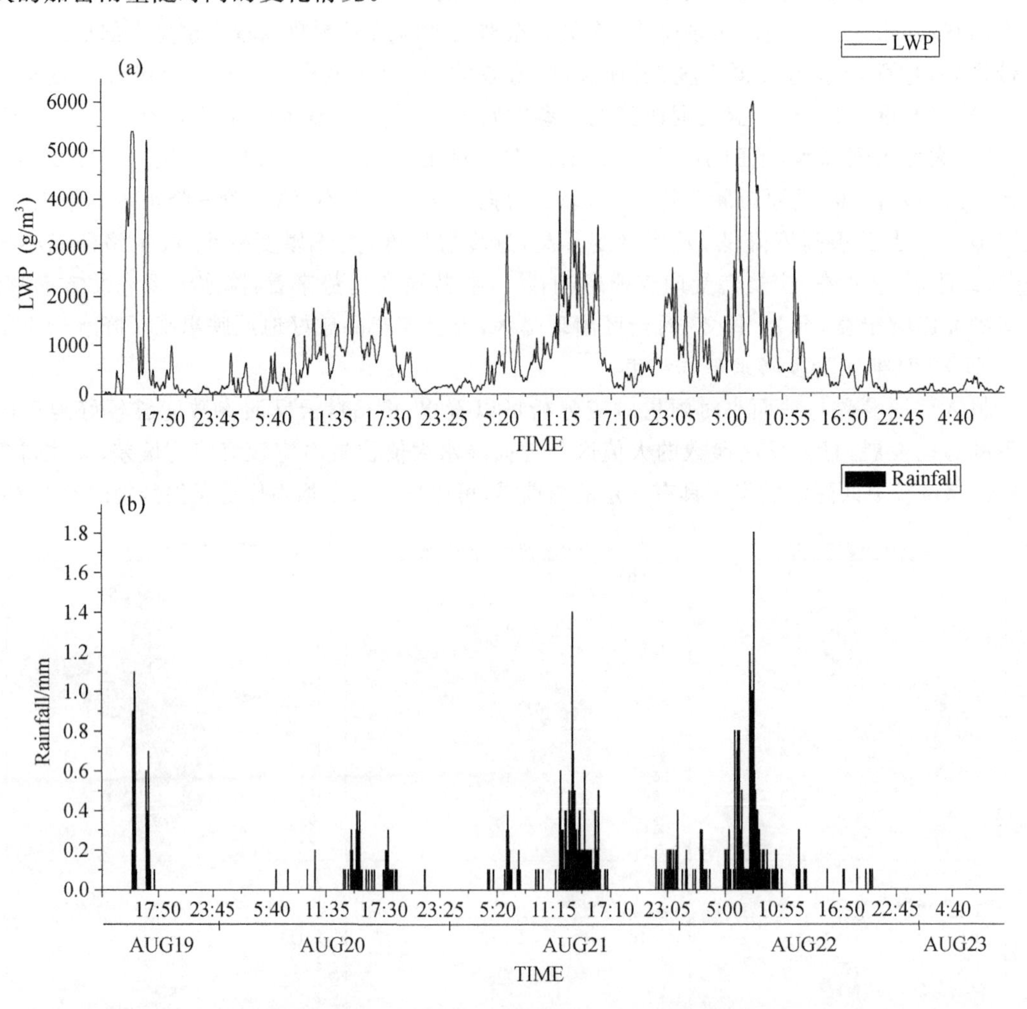

图 4　8 月 19 日至 23 日微波辐射计所测云液水含量随时间的变化(a)和地面雨量随时间演变(b)

地面降水产生前(8 月 19 日 12:00—14:00),云中液态水含量较小,临近降水发生前的 50 分钟(8 月 19 日 14:10—15:00),微波辐射计探测到的云中液态水含量明显增加,15:00 地面开始出现降水,可见地面降水的产生滞后于空中液态水含量的增加约 50 min。根据雨量观测,选取此次过程出现的降雨量较大的时段 A(8 月 22 日 4:50—10:55),降雨量 18.8 mm,和降雨量较小的时段 B(8 月 22 日 17:10—20:15),降水量 0.7 mm,和无降水时段 C(8 月 22 日 20:20—23 日 10:00)。对比微波辐射计观测资料,A 时段,云中液态水含量从 30 min 前开始逐渐从 232 g/m² 增大至 695.9 g/m²,时段中最大液态水含量达 5988.0 g/m²,较最大雨量出现提前了 10 min 左右;B 时段降水已经趋于结束,云中液态水含量呈明显减小趋势,C 时段无降水对应的液态水含量相对有降水时明显小很多。总的来说,地面降水与空中液态水含量随时间的分布对应较好,且地面降水的产生滞后于空中液态水含量的增加,利用这种现象可提前预知此时段云系正处于发展阶段,由此可应用于人工增雨作业条件的判别。

4.2 降水过程温湿度演变特征

本次过程主要降水时段在 8 月 19 日 15:00—17:30、20 日 06:15—21:50、21 日 04:20—16:50、21 日 21:50—22 日 13:20。图 5 显示的是此次连阴雨过程温湿度廓线。19 日，降水开始前 1 小时，从温度变化可以看出高空 0℃层高度略有升高，地面温度略有下降，可以判断出低层有冷空气侵入，使得暖空气抬升，降水开始前 2 小时左右空气中相对湿度随高度呈现先增加后减少的趋势，大约在 200～2000 m 有相对湿度＞80％的湿层，降水前 1 小时相对湿度＞80％的湿层延伸至 5000 m 左右，最大相对湿度增大至 100％，17:30 之后此时段降水趋于结束，地面至高空 4 km 相对湿度明显减小，与气象站观测记录的降水时段一致；20 日，06:15 再次出现降水，降水前 30 分钟左右相对湿度＞90％湿层厚度逐渐增加，06—13 时雨强 0.1～0.3 mm/h，13 时之后降雨量逐渐增大，近地面出现空气湿度接近饱和状态，21:50 该时段降水趋于结束，相对湿度＞90％湿层最大高度开始出现下降；21 日降水前 30 分钟左右相对湿度＞90％湿层厚度逐渐增加，11:30 左右降水强度明显加强，在这之前 90 分钟左右，近地面空气湿度稳定维持在过饱和状态，16:50 降水趋于结束相对湿度＞90％湿层最大高度开始出现下降，此时高空 0℃层高度逐渐下降。由此可见，在降水开始前的 1 小时左右，高层温度略有升高，地面温度下降，地面至 4000 m 高度空间内空气相对湿度明显增加，相对湿度＞90％湿层厚度明显增加，地面产生降水后近地面空气相对湿度接近过饱和状态，降水趋于结束后空气相对湿度明显减小，相对湿度＞90％湿层延伸的最大高度明显下降。

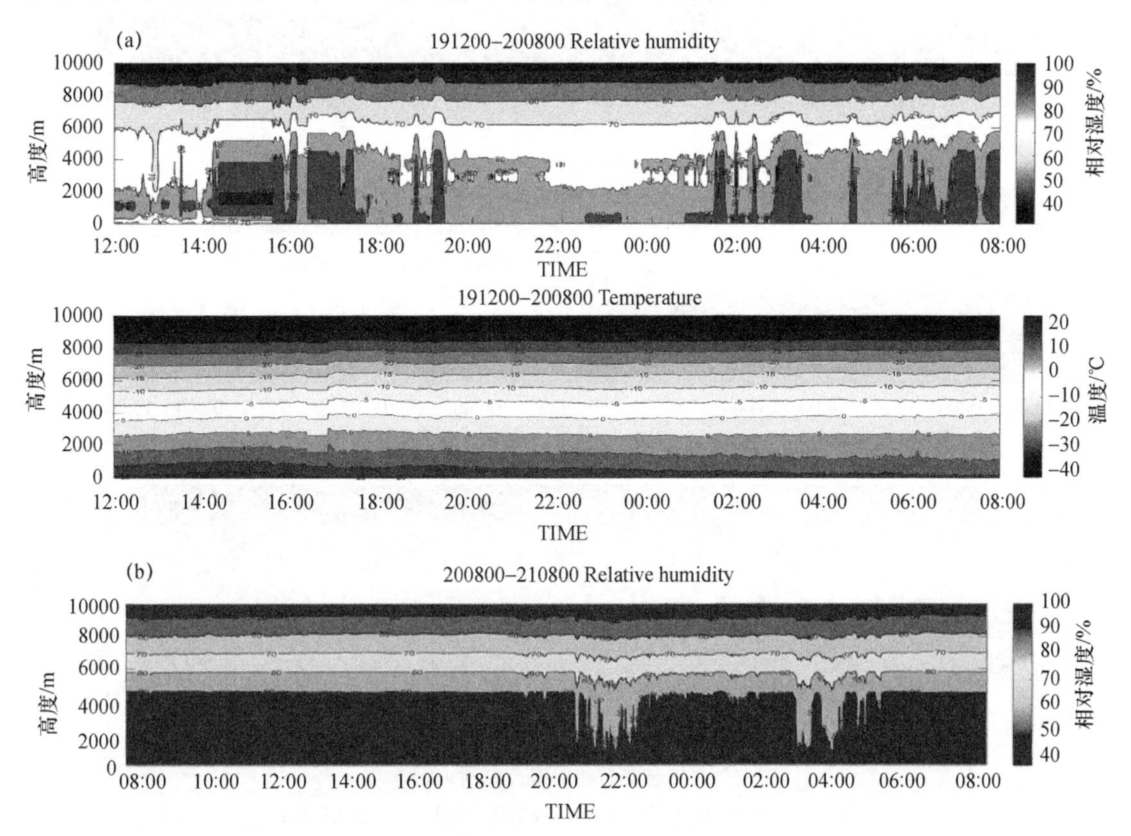

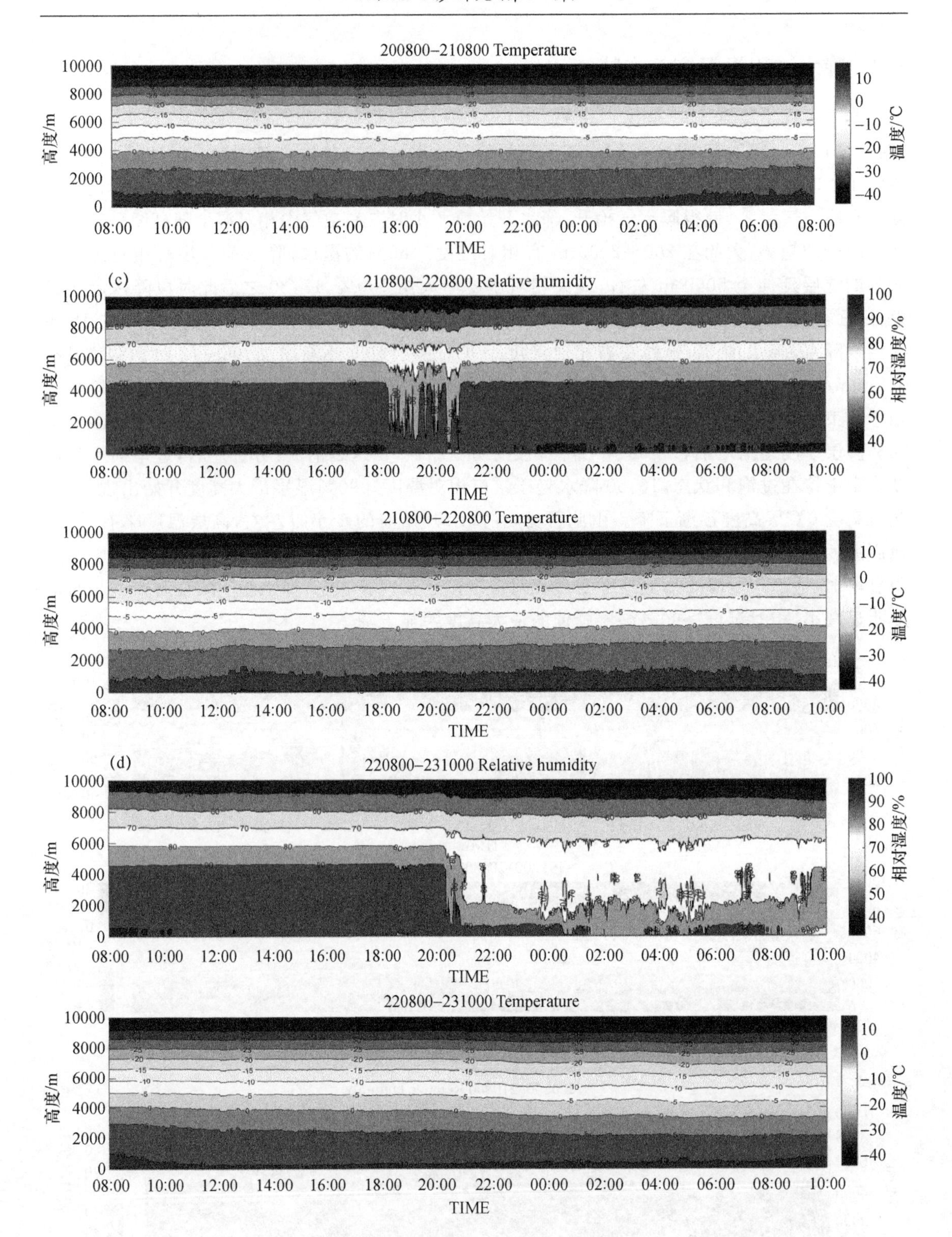

图 5 大气温度和相对湿度随时间的演变

(a:19 日 20 时至 20 日 08 时;b:20 日 08 时至 21 日 08 时;

c:21 日 08 时至 22 日 08 时;d:22 日 08 时至 23 日 10 时)

5 Grapes_cams 模式预报结果分析

对比 8 月 21 日 20 时至 22 日 20 时逐 12 h 累计降水量场实况和 Grapes_cams 模式预报分布图(见图 6),可以看出模式对于 20 日夜间至 21 日白天的全区降水预报较为准确,且降水大值区与实况接近。我们可以认为模式预报的微物理过程是合理可信的,可用于分析云中微物理过程。

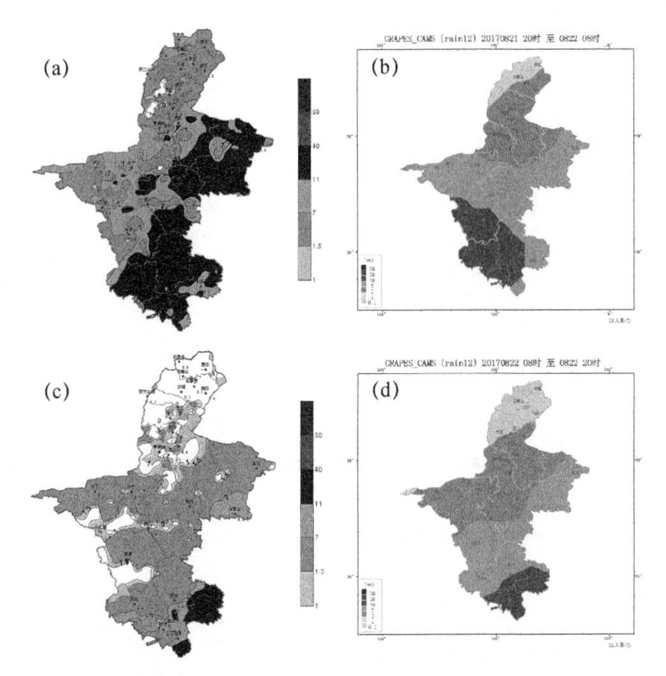

图 6 8 月 21 日 20 时至 22 日 20 时逐 12 h 宁夏降水量分布图(a,c)
和 Grapes_cams 模式预报降水量分布图(b,d)

图 7 分别为 Grapes_cams 模式预报 22 日 08 时、14 时、20 时宁夏自北到南云中各水成物(云水、雪霰、雨水、冰晶)混合比/数浓度剖面图。08 时全区大部有降水,降水大值区在南部山区,云水大值区在南部山区,最大为 0.7 g/kg,云水含量大值区上方对应雪霰含量大值区,雪霰大值区下方对应雨水含量大值区;20 时降水主要集中在南部山区,宁夏中北部地区有微弱降水,所以主要分析南部山区云中水成物分布状况,可以看出云水混合比最大为 0.3 g/kg,所在温度层为−10～0℃(该层高度 5000～7000 m),过冷水较为充足,冰晶数浓度最大在南部山区为 100 个/L(所在高度约为 8000 m)。由此看出过冷水为冰相水凝物的生成、生长提供了有利条件,云水大值区的上方雪霰混合比也相对较大,而雪、霰在下落过程中融化是低层雨水的主要来源,雪、霰正好分布在雨水的上方。

6 结论

(1)此次降水过程开始是由冷暖空气交汇形成的锋区降水,而后是受南支槽过境配合副高外围暖湿空气形成的连阴雨过程;

(2)云反演参数能够较好地反映出云系的移动发展,且云反演参数的大值区与地面降水大值位置对应较好略有偏差,反演得到的云特征参量较地面降水的发生具有一定的提前量,可以

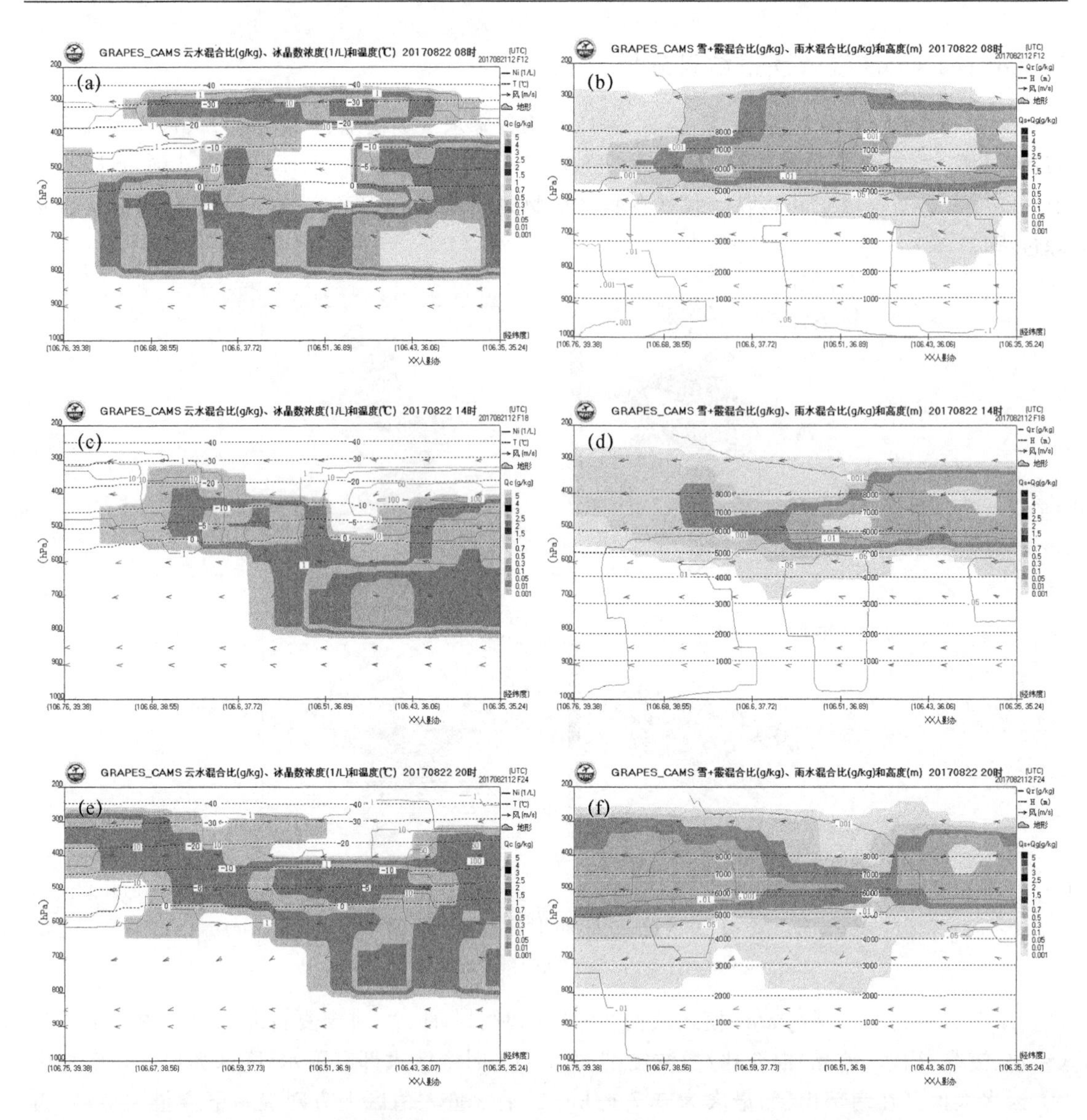

图 7　Grapes_cams 模式预报 22 日 08 时(a,b)、14 时(c,d)、20 时(e,f)的云水和冰晶(a,c,e)、雪霰和雨水(b,d,f)含量垂直剖面图

作为人工增雨作业条件判别的参考依据;

(3)地面降水与微波辐射计反演的空中液态水含量随时间的分布对应较好,且地面降水的产生滞后于空中液态水含量的增加,利用这种现象可提前预知此时段云系正处于发展阶段,由此可应用于人工增雨作业条件的判别;

(4)分析微波辐射计反演的空气温度、湿度发现,在降水开始前的 1 小时左右,高层温度略有升高,地面温度下降,地面至 4000m 高度空间内空气相对湿度明显增加,相对湿度>90%湿层厚度明显增加,地面产生降水后近地面空气相对湿度接近过饱和状态,降水趋于结束后空气相对湿度明显减小,相对湿度>90%湿层延伸的最大高度明显下降;

(5)Grapes_cams 模式预报降水与实况对比较为准确,云水含量大值区上方对应雪霰含量大值区,雪霰大值区下方对应雨水含量大值区,过冷水为冰相水凝物的生成、生长提供了有利

条件,雪、霰在下落过程中融化是低层雨水的主要来源。

参考文献

[1] 周毓荃,陈英英,李娟,等. 用FY2C/D卫星等综合观测资料反演云物理特性产品及检验[J]. 气象,2008,34(12):27-35.

[2] 周毓荃,蔡淼,欧建军,等. 云特征参数与降水相关性的研究[J]. 大气科学学报,2011,34(6):641-652.

[3] 陈英英,唐仁茂,周毓荃,等.FY2C/D卫星微物理特性参数产品在地面降水分析中的应用[J]. 气象,2009,35(2):15-18.

[4] 赵柏林,傅强,杜金林,等. 微波遥感大气特性及天气变化[J]. 中国科学,1990(4):440-448.

[5] 朱元竞,胡成,甄进民,等. 微波辐射计在人工影响天气研究中的应用[J]. 北京大学学报,1994,30(5):579-606.

[6] 胡成达,朱元竞,杜金林,等. 遥感大气中气态水和液态水含量的实验研究[J]. 北京大学学报,1995,31(5):614-620.

[7] 赵从虎,蔡化庆,宋玉东. 对流层水汽和液态水的地基微波遥感探测[J]. 应用气象学报,1991,2(2):200-207.

[8] 段英,吴志会. 利用地基遥感方法检测大气中汽态、液态水含量分布特征[J]. 应用气象学报,1999,10(1):34-40.

甘肃省冰雹天气预警指标分析研究

罗　汉　尹宪志　李宝梓

(甘肃省人工影响天气办公室,甘肃省干旱气候变化与减灾重点实验室,兰州 730020)

摘　要　利用典型代表年份的 90 个冰雹个例观测资料,采用统计和数理诊断的方法对冰雹天气的强对流天气诊断和物理量参数进行分析,构建了甘肃省冰雹天气概念模型和冰雹预警指标。研究结果表明:(1)冰雹事件时空分布上受到天气系统和地形双重影响,西北气流型、低槽型和低涡型占比分别为 52%、38%和 10%,东南部降雹明显大于西北区域,对冰雹进行中尺度分析分型可对 0~12 h 冰雹潜势预报提供很好的参考作用;(2)92%的降雹时间出现在 13—20 时,86%的冰雹出现在 5—7 月;(3)降雹回波强度最大临界跟月份相关密切,5—9 月分别为 48 dBZ、45 dBZ、50 dBZ、53 dBZ、54 dBZ;K 指数、最大垂直累积液态水含量 VIL_{max}(max of vertically integrated liquid)和垂直累积液水密度 $VILD$(density of vertically integrated liquid)均呈现双峰特点;(4)0℃和−20℃临界层高度在 5—9 月呈单峰分布,高度分别为 3.2 km、3.6 km、4.9 km、4.5 km、4 km 和 6.2 km、6.8 km、8.1 km、7.3 km、7.0 km;(5)利用物理量构建的冰雹预警指标体系可对 13min 冰雹临近预警提供定量化的判据。

关键词　冰雹　物理量　预警指标　统计特征

1　引言

冰雹是重要的强对流天气之一,也是甘肃地区常见的气象灾害之一,对农业、牧业、工业和人民生命财产具有很大的危害。甘肃省地处黄河中上游黄土高原、内蒙古高原和青藏高原的交汇地区,境内地貌复杂多样,高山、盆地、平川、沙漠和戈壁等交错分布,这些特殊的地理特征导致局部地区容易形成强烈的上升气流,为冰雹天气的形成发展提供有利的条件。严重的冰雹对农作物的影响是毁灭性的,尤其是夏季的冰雹常伴有暴风雨,容易引起洪涝、泥石流等其他灾害,因此,对冰雹天气的发生做出预报预警具有十分重要的意义。刘黎平、张鸿发、肖辉、付双喜、鲁德金等分别对平凉地区、旬邑地区和安徽地区的冰雹云雷达的回波特征进行了分析[1-5];敖泽建[6]在分析甘肃合作市的冰雹雷达特征时发现,VIL 突增时预示着降雹开始,降雹开始时的 VIL 含量为 5 kg/m^2。杨振鑫[7]对甘肃临夏地区冰雹特征进行分析,发现傍晚 19 时的冰雹频次最大,而且随着海拔高度的升高,降雹发生的次数增多。王若升[8]研究发现:对流层上层不稳定是甘肃平凉地区冰雹的主要特征。李晓鹤[9]对甘肃天水近 40a 冰雹观测资料分析发现,降雹时段集中在 5—8 月,山区冰雹多于平川地区,降雹天气以西北气流型为主。此外刁秀广、刘治国[10-13]等对 VIL 资料在冰雹识别预测方面进行了研究分析;王秀玲等[14]对唐山地区冰雹气候特征和雷达回波进行分析;路亚奇[15-16]等对庆阳市冰雹天气特征和雷达参数进行了分析,均取得了较好的成果。但是,由于对甘肃全省的冰雹天气识别预警指标研究较少,这就为甘肃省人工防雹技术带来困难。因此,本文利用甘肃省七部天气雷达资料和探空资料,统计并分析了甘肃省冰雹天气物理量特征和雷达产品特征等,确定冰雹发生的物理阈值,提前对冰雹发生做出预报预警，同时也为甘肃省人工防雹作业提供防雹技术指标。

2 资料来源与资料处理

本文研究区域为甘肃省全境，雷达资料为2016—2017年嘉峪关、张掖、兰州、甘南、陇南、天水和庆阳的新一代天气雷达连续VPPI扫描资料，雷达观测模式、参数设置以及*VIL*的计算见文献[4]，其中*VIL*底面积为3 km×3 km，单位为kg/m^2；春末夏初时，对流单体往往不会发展很高就可能产生降雹，而在盛夏，对流单体往往发展很高但不会产生降雹[10]，本文引入*VIL*密度(*VILD*)，其定义为：

$$VILD=(VIL/H)\times 1000$$

式中：*H*为回波顶高，单位为m，*VILD*单位为g/m^3；0℃层高度、−20℃层高度通过探空资料插值获得，*K*指数、沙氏指数*SI*等资料通过Micaps资料获得。

3 降雹空间时间分布

2016—2017两年间有降雹灾情的记录共130次，有观测记录的降雹共90次，甘肃省东南部降雹明显大于西北区域，定西、天水、庆阳等地区是冰雹的多发区，冰雹大于5次的地区分别是位于定西市东侧的华家岭和庆阳市西北的六盘山区，这主要是由于在地势高、地形复杂的山区，一次冷空气过后，山谷容易堆积残余的冷空气而形成高压区，白天山脊或向阳山坡由于加热快而形成相对低压区，从而引起山谷风，气流易向上辐合引发对流，两山气候都较为湿润，水汽充足，从而成为降雹多发地[11]。

图1a为2016—2017两年降雹小时分布，由图可知，降雹次数较多的时间出现在13—20时，占总次数的91.5%；降雹出现次数最多的在15—19时，占总次数的74.4%。下午且靠近傍晚时出现降雹的可能性最大，主要是此时下垫面受强烈的太阳辐射而增温，从而出现强的热力抬升条件，容易发生对流天气，对流发展旺盛就可能产生降雹[5]。

甘肃冰雹多发生于春、夏、秋季，尤以夏季最多。由月降雹分布(图1b)知，降雹呈单峰分布，4月逐渐增多，到6月达到最大79次，其后逐渐减少，5—7月为冰雹高发月份，占总数的86.3%，其中5月、6月、7月分别占总次数的16.7%、59.8%和9.8%。

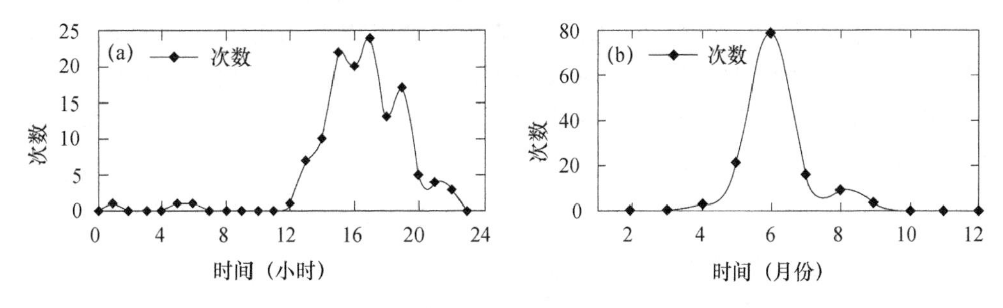

图1 (a)2016—2017年甘肃降雹平均日际变化；(b)2016—2017年各月降雹分布

4 冰雹天气主要环流背景

对研究的冰雹天气进行中尺度诊断分析后得出，可将冰雹天气分为低槽型、西北气流型和低涡型。西北气流型发生次数最多，达到51%；低槽型次之，占比37%；低涡型最少，占比

12%。这与路亚奇[15]在甘肃省东部的研究结果相似,但又有所差别,从整体来看,西北气流型对甘肃全省的降雹影响最大。

4.1 低槽型

500 hPa 有明显的高空槽向东移动,低层有河套低涡或切变配合。冰雹落区主要位于甘肃中部和东南部。中尺度分析特征:整层正涡度大,500 hPa 达到 $5\times10^{-5}\,s^{-1}$以上;500 hPa 冷平流明显;高空急流分流辐散区;整层湿度条件一般,500 hPa 湿度大于 700 hPa;$T_{700-500}$温差大于 20℃,$T_{700-300}$温差大于 40℃,700 hPa 假相当位温大于 340 K。

4.2 西北气流型

500 hPa 环流形势为西高东低,新疆到西藏是一高压脊,脊前为西北气流,冷平流明显,涡度较小,整层湿度条件一般,500 hPa 湿度大于 700 hPa。冰雹落区主要位于 700 hPa 切变线或地面辐合线附近。中尺度分析特征:斜压性强,高空冷平流明显;下暖上冷的层结不稳定特征较为明显;$T_{700-500}$温差大于 20℃,$T_{700-300}$温差大于 40℃。

4.3 低涡型

700 hPa 通常有低涡,500 hPa 低涡、切变往往发生在高原槽东移过程中,甘肃中西部有弱冷空气配合。这种形势湿度条件较好,辐合较强,地面常有辐合线配合。降雹范围主要在甘肃中部和南部。中尺度分析特征:整层正涡度大,500 hPa 达 $4\times10^{-5}\,s^{-1}$以上;高空有急流;整层湿度较好。

5 物理量参数分析

5.1 降雹时最大回波强度与回波顶高度

统计降雹时的雷达组合反射率发现,降雹时的最大回波强度与冰雹直径呈典型的正相关(图 2),相关系数为 0.3,通过了 99.99%的显著性检验。图 3a 显示了 5—9 月降雹时的最大回波强度盒型图,由图可知,5—9 月降雹时的最大回波强度范围为 45～70 dBZ,平均值为 56 dBZ;5—9 月各月降雹时的最大回波强度最低值呈现出先减少,后增大的趋势。可将 5—9 月的降雹临界回波强度按月份划分,取各月最低值,因此 5—9 月降雹临界回波分别为48 dBZ、45 dBZ、50 dBZ、53 dBZ、54 dBZ。

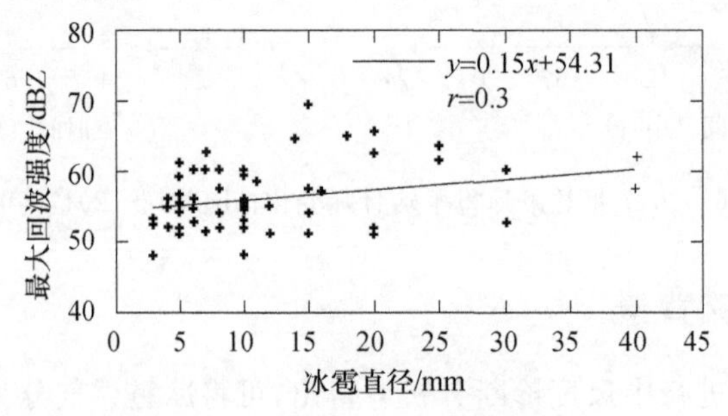

图 2 最大回波强度与冰雹直径关系

冰雹云的回波顶高度即 18 dBZ 以上的回波所能达到的最大高度。冰雹云具有强烈的上升气流，所以它的回波顶高度特别高，反映了风暴发展的强烈程度。图 3b 显示了 5—9 月降雹时的回波顶高度盒型图，由图可知，5—9 月降雹时的回波顶高度范围为 7～18.5 km，平均值为 12 km；5—9 月最大回波顶高呈先增大，后减小的趋势，7 月达到最大。5—9 月各月降雹时的平均回波顶高度分别为 10.1 km、12 km、13.2 km、12.4 km、9.7 km。可将 5—9 月的降雹临界回波顶高度按月份划分，取各月最低值，因此 5—9 月降雹临界回波顶高度分别为 7 km、7.4 km、11.1 km、9.6 km、9.1 km。

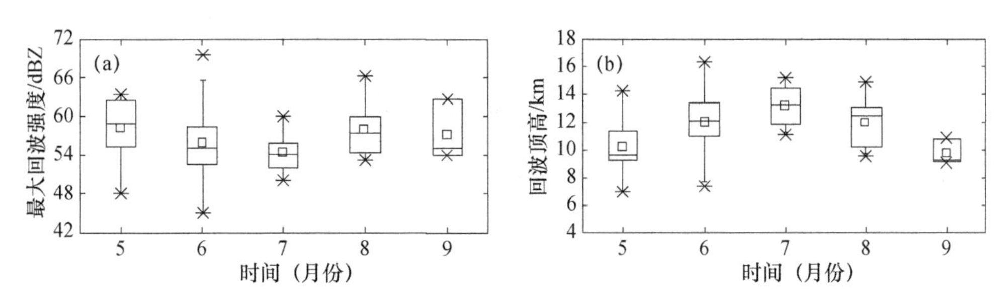

图 3 (a)5—9 月最大回波强度盒型图；(b)5—9 月最大回波顶高盒型图

5.2 *VIL*max 与 *VILD*

VIL 在计算中被定义为单位面积上空气柱液态水混合比的垂直积分[12]，Winston 等[13]发现 *VIL* 对冰雹的预报有较好的指示作用。最大单体 *VIL* 值为该次降雹过程中雷达探测到的单体 *VIL* 值的极大值，统计出 90 次降雹过程中最大单体 *VIL* 的值，图 4a 显示了 5—9 月降雹时的 VIL_{max} 盒型图，由图可知，5—9 月降雹时的 VIL_{max} 范围为 4.2～43.1 kg/m^2，平均值为 15.8 kg/m^2；5—9 月各月降雹时的平均 VIL_{max} 分别为 16.7 kg/m^2、16.4 kg/m^2、14.3 kg/m^2、13.8 kg/m^2、10.8 kg/m^2，可将 5—9 月的降雹临界 VIL_{max} 按月份划分，取各月最低值，因此 5—9 月降雹临界 VIL_{max} 分别为 7.1 kg/m^2、4.2 kg/m^2、8.9 kg/m^2、10.1 kg/m^2、9.7 kg/m^2。统计降雹过程中 VIL_{max} 的变化，发现降雹前 VIL_{max} 出现两次跃增过程，将两年降雹过程中雹云单体 VIL_{max} 数值进行平均，如图 5 所示，0 时刻是单体 *VIL* 最大值出现的时刻，该时刻与左右两个资料时间间隔（共约 11min）与降雹时间基本吻合，时间单位为雷达体扫间隔（约 5～6 min）。雹云单体在降雹前 5 个资料时间间隔（27 min）内其 VIL_{max} 将出现两次跃增过程，出现第一次跃增时不会降雹，跃增前平均值为 8.5 kg/m^2，跃增后平均值为 16.5 kg/m^2，维持 2～3 个资料间隔（11～16 min）后出现第二次跃增时开始降雹。在降雹过程中，雹云单体 VIL_{max} 数值基本维持不变，其时间序列曲线趋于平稳，其平均值为 25.5 kg/m^2，随着降雹停止，其 VIL_{max} 数值出现跃减，从 25.5 kg/m^2 跃减为 17 kg/m^2，随后缓慢减弱直到消亡。因此，降雹过程中雹云单体 VIL_{max} 数值的跃增和跃减对雹云识别、冰雹短时预警具有重要意义。

图 4b 显示了 5—9 月降雹时的 *VILD* 盒型图，由图可知，5—9 月降雹时的 *VILD* 范围为 0.68～3 g/m^3，平均值为 1.36 g/m^3；5—9 月各月降雹时的平均 *VILD* 分别为 1.64 g/m^3、1.41 g/m^3、1.08 g/m^3、1.12 g/m^3、1.11 g/m^3，呈现出先减小后增大的趋势。可将 5—9 月的降雹临界 *VILD* 按月份划分，取各月最低值，因此 5—9 月降雹临界 *VILD* 分别为 0.76 g/m^3、0.68 g/m^3、0.78 g/m^3、0.85 g/m^3、0.98 g/m^3。

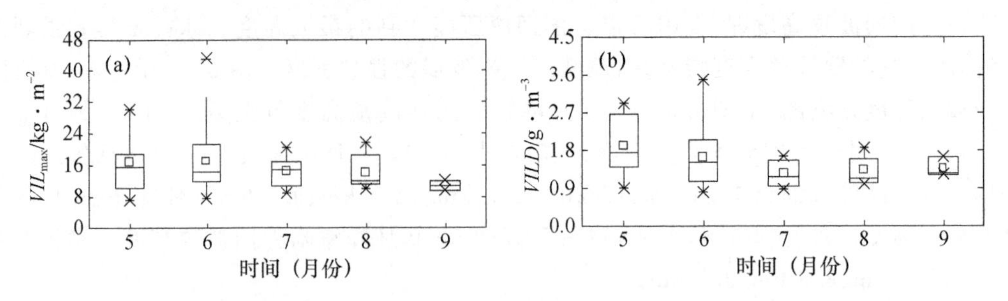

图 4 (a)5—9 月 VILmax 盒型图;(b)5—9 月 $VILD$ 盒型图

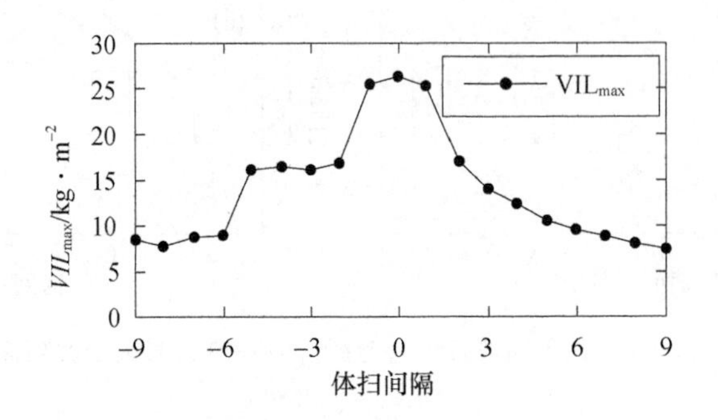

图 5 冰雹云单体 VIL_{max}的演变特征

5.3 K 指数和沙氏指数 SI

冰雹天气的发生离不开深厚对流的发展,层结不稳定是强对流活动最基本且最重要的条件,对流能量的大小决定了对流发展的程度。K 与 SI 是衡量对流不稳定能量大小的最佳参量。当温度递减率越大,累积不稳定能量越多,层结不稳定越明显,K 也越大[16]。图 6a 显示了 5—9 月降雹日的 K 盒型图,由图可知,5—9 月降雹日的 K 范围为 16～40 ℃,平均值为 28 ℃;将 5—9 月降雹日的临界 K 按月份划分,5—9 月降雹日的临界 K 分别为 28 ℃、16 ℃、24 ℃、28 ℃、20 ℃。SI 可以用来判断大气稳定度,其负值越大,不稳定程度也越大。图 6b 显示了 5—9 月降雹日的 SI 盒型图,由图可知,5—9 月降雹日的 SI 范围为－2.56～6.07 ℃,平均值为 1.39 ℃;5—9 月各月降雹日的平均 SI 最低值呈现出先减少,后增大的趋势。可将 5—9 月降雹日的临界 K 按月份划分,取各月最低值,因此 5—9 月降雹日的临界 SI 分别为 1.57 ℃、－1.33 ℃、－0.5 ℃、－2.56 ℃、－1.57 ℃。

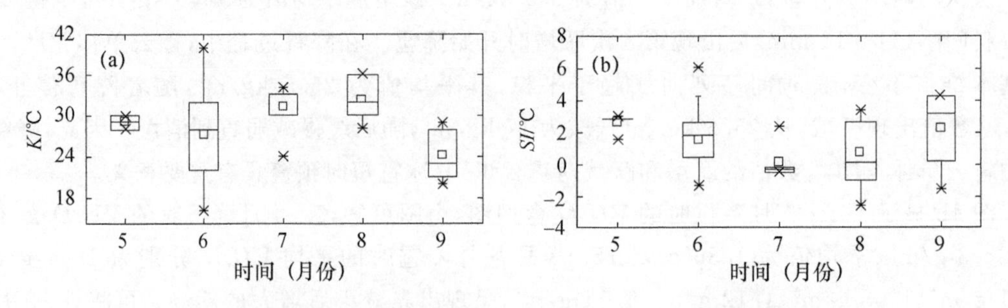

图 6 (a)5—9 月 K 指数盒型图;(b)5—9 月 SI 沙氏指数盒型图

5.4 0 ℃层和－20 ℃层高度

0℃层和－20 ℃层高度分别是云中冷暖云分界线高度和大水滴的自热冰化区下界，是表现雹云特征的重要参数。只有合适的0 ℃层和－20 ℃层高度才有利于形成冰雹[14]。图7分别为5—9月降雹日的0 ℃层和－20 ℃层高度盒型图，由图7a可知，5—9月降雹日的0 ℃层高度范围为3.2～5.4 km，平均值为4.4 km；5—9月各月降雹日的0 ℃层高度最低值呈现出先增大，后减小的趋势，因此，可将5—9月降雹日的临界0 ℃层高度按月份划分，5—9月降雹日的0 ℃层高度分别为3.2 km、3.6 km、4.9 km、4.5 km、4 km。由图7b可知，5—9月降雹日的－20 ℃层高度范围为6.2～8.8 km，平均值为7.4 km；5—9月各月降雹日的－20 ℃层高度最低值也呈现出先增大，后减小的趋势。可将5—9月降雹日的临界－20 ℃层高度按月份划分，取各月最低值，因此5—9月降雹日的临界－20 ℃层高度分别为6.2 km、6.8 km、8.1 km、7.3 km、7.0 km。

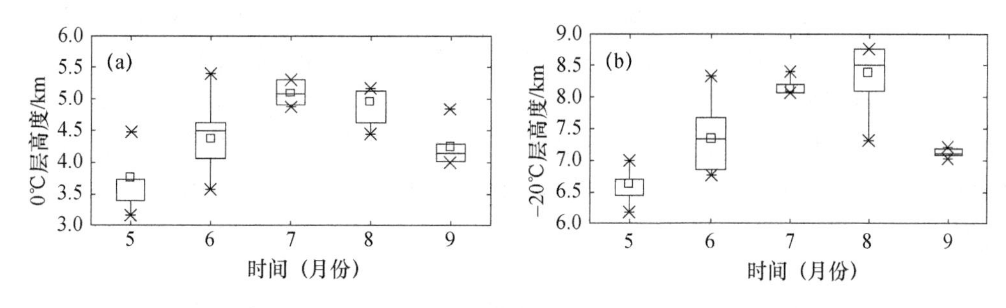

图7 (a)5—9月0℃层高度盒型图；(b)5—9月－20℃层高度盒型图

6 冰雹预警指标及效果检验

根据之前的研究，将统计出的冰雹预警指标整理如表1。

表1 冰雹预警指标

月份	回波强度 /dBZ	回波顶高度 /km	VIL_{max} /kg·m^{-2}	$VILD$ /g·m^{-3}	K /℃	SI /℃	0℃层高度 /km	－20℃层 高度/km
5月	48	7	7.1	0.76	28	1.57	3.2	6.2
6月	45	7.4	4.2	0.68	16	－1.33	3.6	6.8
7月	50	11.1	8.9	0.78	24	－0.5	4.9	8.1
8月	53	9.6	10.1	0.85	28	－2.56	4.5	7.3
9月	54	9.1	9.7	0.98	20	－1.57	4	7

本文针对2018年5—7月的33个冰雹样本进行了测试，得到以下结果：共33个冰雹样本中，能够正确识别出32个，为了将结果进行统计分析，气象学上通常引入命中率(percent of doom，POD)、误警率(false alarm rate，FAR)和临界成功指数(critical success index，CSI)来进行评价，命中率、误警率、临界成功指数定义如表2。

表 2 冰雹预警统计

冰雹预警	预警到冰雹	没有预警到冰雹
发生冰雹	X	Y
未发生冰雹	Z	W

其中,POD=$X/(X+Y)$,FAR=$Z/X+Z$,CSI=$X/(X+Y+Z)$。计算后得出:POD=97%,FAR=8.6%,CSI=88.9%;根据命中率 POD,可计算漏报率=1-POD,即漏报率为3%。经过分析,由于庆阳雷达有部分遮挡,导致雷达回波和 VIL 出现异常,从而对 1 个冰雹样本没有识别出来,其余冰雹全部识别,识别效果较好。误警率为 8.6%,将 3 个未发生冰雹但预警到冰雹的样本进行分析,发现该地区在 VIL 第一次跃增的过程中全部进行了高炮消雹作业,对结果产生了一定的影响。33 个冰雹样本中,西北气流型、低槽型、低涡型分别出现了20 次、9 次和 4 次,与之前统计的占比一致。在对冰雹的提前预警中,主要通过 VIL_{max}的跃增进行判断。5—9 月降雹最低预警临界 VIL_{max} 分别为 7.1 kg/m^2、4.2 kg/m^2、8.9 kg/m^2、10.1 kg/m^2、9.7 kg/m^2,VIL_{max}超过 5—7 月最低预警线后,33 个冰雹样本中,有 29 个样本出现 2 次跃增,提前预警的平均时间为 15 min,经过分析,其余样本中,庆阳雷达被遮挡导致1个样本异常,3 个样本进行高炮消雹作业对结果产生影响。整体来看,冰雹预警指标对 2018 年5—7 月的冰雹预警较好,漏报率为 3%,能够在降雹前 15min 左右进行预警。

7 结论

本文对 2016—2017 年甘肃省 90 次冰雹个例进行了强对流天气诊断分析和物理量参数分析,构建了甘肃省冰雹天气概念模型和冰雹预警指标,主要结论如下:

(1)降雹时间多出现在 13—20 时,5—9 月为冰雹多发月,在地势高、地形复杂的地区更容易产生降雹。

(2)甘肃省冰雹天气分为西北气流型、低槽型和低涡型,占比分别为 51%、37%和 12%,西北气流型对甘肃的降雹影响最大。

(3)分析表明大部分冰雹天气整层正涡度大,700 hPa 与 500 hPa 温差大于 20 ℃,700 hPa 与 300 hPa 温差大于 40 ℃,500 hPa 的湿度大于 700 hPa。

(4)降雹时的最大回波强度与冰雹直径呈典型的正相关,5—9 月各月降雹时的最大回波强度最低值呈现出先减少,后增大的趋势;而最大回波顶高呈现出先增大,后减小的趋势;5—9 月降雹临界最大回波强度和临界最大回波顶高分别为:48 dBZ、45 dBZ、50 dBZ、53 dBZ、54 dBZ和 7 km、7.4 km、11.1 km、9.6 km、9.1 km。

(5)5—9 月降雹临界 VIL_{max} 和 $VILD$ 分别为 7.1 kg/m^2、4.2 kg/m^2、8.9 kg/m^2、10.1 kg/m^2、9.7 kg/m^2和 0.76 kg/m^3、0.68 kg/m^3、0.78 kg/m^3、0.85 kg/m^3、0.9 kg/m^3。降雹前 5 个资料时间间隔(27 min)内其 VIL_{max}将出现两次跃增,第一次跃增从 8.0 kg/m^2跃增至 16.5 kg/m^2左右,第二次跃增从 16.5 kg/m^2跃增至 25.5 kg/m^2。利用跃增可提前 15 min左右进行冰雹预警。

(6)5—9 月降雹日的临界 K 和临界 SI 分别为 28 ℃、16 ℃、24 ℃、28 ℃、20 ℃和1.57 ℃、-1.33 ℃、-0.5 ℃、-2.56 ℃、-1.57 ℃;临界 0 ℃层和临界-20 ℃层高度分别为 3.2 km、3.6 km、4.9 km、4.5 km、4 km 和 6.2 km、6.8 km、8.1 km、7.3 km、7.0 km;0 ℃层平均高度

为 4.4 km，−20 ℃层平均高度为 7.4 km，平均高度−20 ℃层比 0 ℃层高 3 km 左右。

(7)在剔除雷达遮挡和高炮消雹的冰雹样本后，利用构建的防雹指标体系可准确识别出 2018 年 5—7 月的全部冰雹，并能够在降雹前 15 min 左右进行预警，识别效果较好。

参考文献

[1] 刘黎平，钱永甫．平凉地区云的雷达回波和降水的气候特征[J]. 高原气象，1997，16(3)：265-273.

[2] 肖辉，吴玉霞，胡朝霞，等．旬邑地区冰雹云的早期识别及数值模拟[J]. 高原气象，2002，21(2)：159-166.

[3] 张鸿发，左洪超，郄秀书，等．平凉冰雹云回波特征分析[J]. 气象学报，2002，60(1)：110-115.

[4] 付双喜，安林，康凤琴，等．VIL 在识别冰雹云中的应用及估测误差分析[J]. 高原气象，2004，23(6)：810-814.

[5] 鲁德金，陈钟荣，袁野，等．安徽地区春夏季冰雹云雷达回波特征分析[J]. 气象，2015，41(9)：1104-1110.

[6] 敖泽建，傅朝，蒋友严，等．甘南高原“4・15”冰雹天气的多普勒雷达特征分析[J]. 沙漠与绿洲气象，2017，11(2)：27-33.

[7] 杨振鑫，孙磊，牛润和，等．甘肃临夏地区冰雹时空分布特征及其灾害风险区划初探[J]. 暴雨灾害，2016，35(6)：596-601.

[8] 王若升，张彤，樊晓春，等．甘肃平凉地区冰雹天气的气候特征和雷达回波分析[J]. 干旱气象，2013，31(2)：373-377.

[9] 李晓鹤，蒲金涌，袁佰顺，等．甘肃省天水市近 40a 冰雹分布特征[J]. 干旱气象，2013，31(1)：113-116.

[10] 刁秀广，朱君鉴，黄秀韶，等．VIL 和 VIL 密度在冰雹云判据中的应用[J]. 高原气象，2008，27(5)：1131-1139.

[11] 刘德祥，白虎志，董安祥．中国西北地区冰雹的气候特征及异常研究[J]. 高原气象，2004，23(6)：795-803.

[12] 刘治国，陶健红，杨建才，等．冰雹云和雷雨云单体 VIL 演变特征对比分析[J]. 高原气象，2008，27(6)：1363-1374.

[13] Winston H A，Ruthi L J. Evaluation of RADAP II severe-storm-detection algorithms[J]. Bulletin of the American Meteorological Society，1986，67(2)：145-150.

[14] 王秀玲，郭丽霞，高桂芹，等．唐山地区冰雹气候特征与雷达回波分析[J]. 气象，2012，38(3)：344-348.

[15] 路亚奇，曹彦超，张峰，等．陇东冰雹天气特征分析及预报预警[J]. 高原气象，2016，35(6)：1565-1576.

[16] 周后福，邱明燕，张爱民，等．基于稳定度和能量指标作强对流天气的短时预报指标分析[J]. 高原气象，2006，25(4)：716-722.

新疆温宿"6·30"强冰雹天气防雹指挥作业过程分析

张　磊[1]　张继韫[2]

(1. 新疆阿克苏地区人工影响天气办公室,阿克苏 843000;
2. 新疆哈密地区气象局,哈密 839000)

摘　要　利用X波段双偏振多普勒雷达对2018年6月30日阿克苏地区温宿县强冰雹天气过程进行追踪观测和人工防雹作业指挥作业,研究了冰雹云发展演变不同阶段回波和相态的变化特征,并对防雹作业指挥过程开展分析和研究,为提高双偏振雷达的监测冰雹天气应用水平和指导人工防雹减灾作业提供参考。

关键词　冰雹　双偏振　相态　防雹作业

1　引言

新疆阿克苏地处天山山脉南麓、塔里木盆地北缘,由于山区、戈壁与绿地等并存的复杂地形特征,使得冰雹灾害频发、重发,是新疆冰雹最多的地区之一,其雹灾损失占新疆雹灾损失3成以上,对农业经济造成非常严重的损失。

为了更好地防御冰雹,阿克苏引进安徽四创公司生产的SCRXD-02P型雷达投入人工防雹业务运行,该雷达采用单发双收双线偏振全相参脉冲多普勒体制,不仅可获得常规雷达信息,还可获取差分反射率因子、差分相位、差分相位常数、相关系数等偏振气象参数[1],增强了对冰雹等大气水凝结物的识别能力[2],并通过对偏振参数计算和模糊逻辑处理,得出云粒子相态及分布情况,在提高冰雹判识、预警能力和指导人工防雹减灾作业的应用研究中具有重要的实用价值和探索意义。

本文利用阿克苏SCRXD-02P型雷达资料,从雷达回波特征和相态反演产品特征等方面对温宿县强冰雹天气发展演变过程进行跟踪观测和防雹作业指挥过程开展分析和研究,为提高双偏振雷达的技术应用水平和监测冰雹天气的预警能力和指导人工防雹减灾作业提供参考。

2　天气实况

2018年6月30日傍晚至7月1日凌晨,阿克苏地区北部温宿县局地骤降冰雹,冰雹持续时间15分钟左右,致使吐木秀克镇、柯柯牙镇等4个乡镇的苹果、核桃、红枣、小麦、棉花、玉米、蔬菜等农作物4620 hm^2受灾,农业直接经济损失达8989.9万元,伴随的短时强降水还引发山洪,冲毁闸口、道路、桥梁等,致使水利、交通、家禽家畜等严重受灾。

3　冰雹发展演变

6月30日傍晚,在中尺度对流系统的影响下,温宿县西北部浅山区开始有对流单体形成,云团不断增强发展持续向东南移动，造成温宿县4个乡镇短时强降水伴有局地冰雹灾害。阿克苏人影指挥中心利用SCRXD-02P型雷达密切跟踪强对流云团发展演变情况，主要依据雷达获取的回波强度和相态产品中对判识冰雹具有指示意义的霰粒子、冰雹、过冷水这三种相态的变化情况进行分析指挥，提早向温宿县人影办发布冰雹预警和人工防雹指导意见，并调配流动作业车辆进行布防，实施了人工防雹作业。

3.1 冰雹云发生和跃增阶段

22:29BT(图1a)，雷达回波显示位于300°—330°方位、距离25～50 km处有对流回波初始形成，云体强度仅22 dBZ，没有明显的强回波核心，从相态产品观察云体主要为小雨区，但人影指挥中心观察云体垂直剖面(图2a)云体底高4 km，顶高在10 km以上，中空发展，表明云体正处于发生阶段。人影指挥中心命令温宿县吐木秀克镇作业点派出流动作业车前往前沿进行拦截，并发布作业预警。

随后对流回波迅速发展，22:37BT(图1b)，对流云体水平尺度明显扩大，强度达到45 dBZ，相态产品中也出现大片小雨区中夹杂着霰粒子区和过冷水区交替闪烁，垂直剖面中(图2b)云体呈柱状结构，强回波核心处于中空6～12 km高度，且霰粒子区域也在−10 ℃高度以上，较强回波伸入低温区是成雹的重要条件[3]，表明云体内垂直对流发展旺盛，将进一步持续发展形成冰雹。人影指挥中心判断此云体具备发展为冰雹云体的潜势条件，正处于跃增阶段，立即向空域管制部门及早申请空域，命令吐木秀克镇作业点开始实施高炮、火箭联合防雹作业，作业部位为霰粒子和过冷水区域。

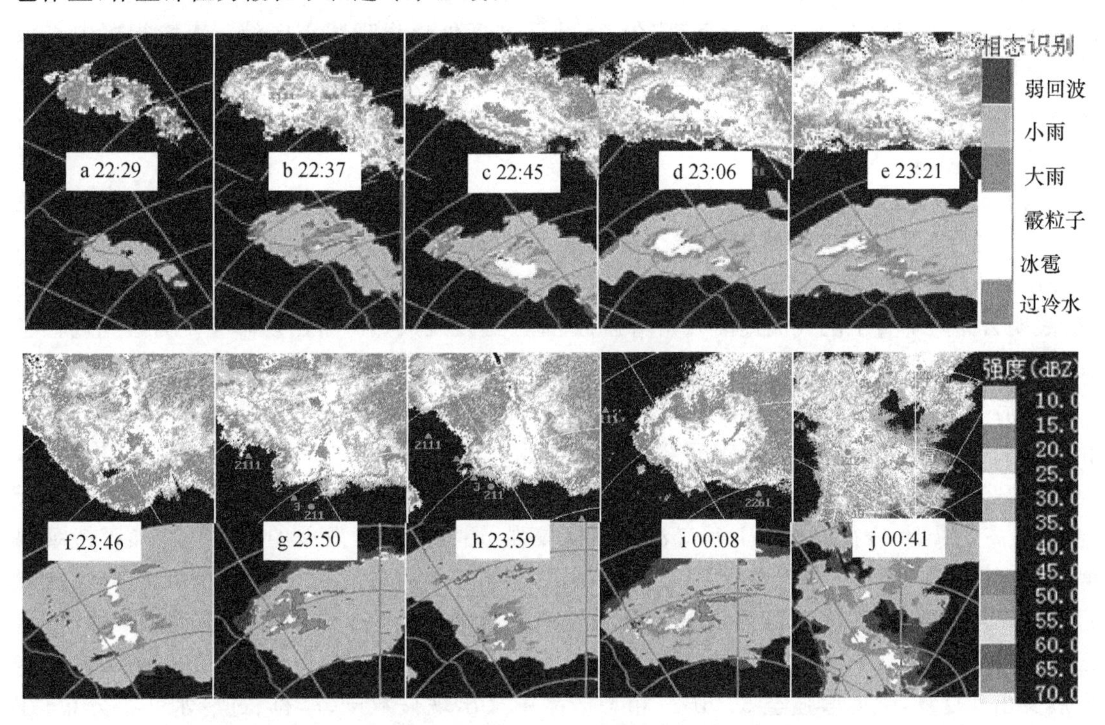

图1 2018年6月30日温宿县强对流云团反射率因子及相应时刻相态产品演变

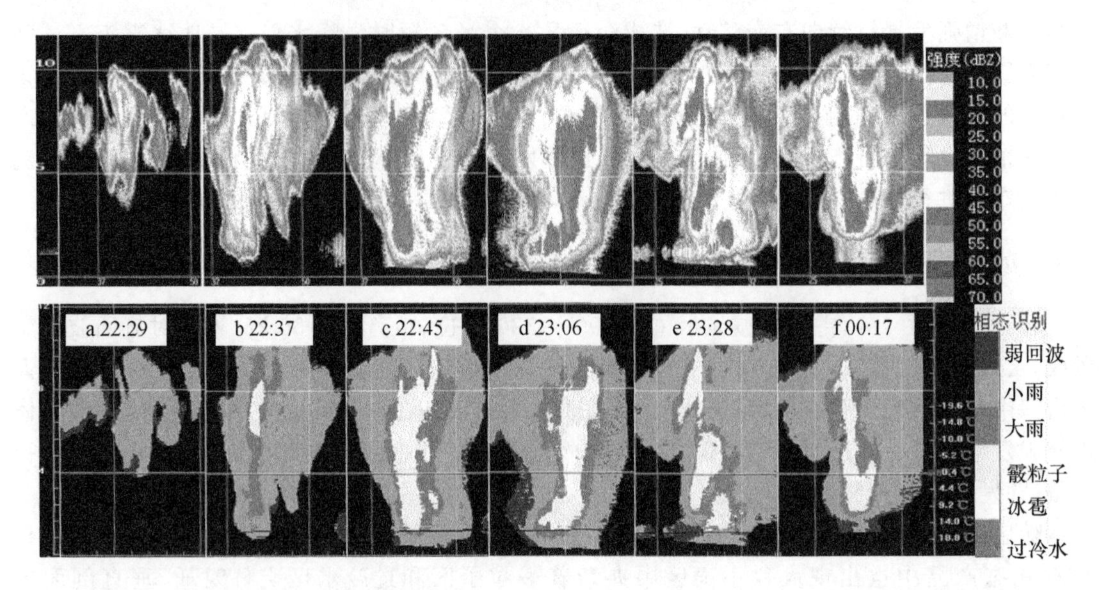

图 2　2018 年 6 月 30 日温宿县强对流云团垂直剖面的反射率因子及相应时刻相态产品演变

3.2　酝酿和成熟阶段

22:45 BT(图 1c),对流云体逐渐聚合,45 dBZ 强中心区域尺度扩大,霰粒子区域也明显扩大,夹杂着星点冰雹区域,垂直剖面中(图 2c),强回波核心垂直扩展至 1～10 km 高度区域,过冷水区域也在垂直方向上扩展迅速,且在 7.5 km 高度处也出现冰雹区域。人影指挥中心根据云体强度、强回波区高度等回波参数,尤其是相态产品反映云体垂直结构中上部有大量霰粒子夹杂冰雹区等指标综合判断云体中已经形成冰雹,命令继续朝霰粒子和过冷水区大剂量防雹作业。

23:06 BT(图 1d),云体仍处于对流强盛时期,强度持续增强达到 50 dBZ 相态产品中黄色冰雹区域扩大,霰粒子区和冰雹区域交替闪烁,垂直剖面中云体强回波核心顶高仍处于－20 ℃高度以上(图 2d),但云体强中心略下沉,相态产品中冰雹区域明显扩张处于 2.5～6 km 高度,表明云体内垂直下沉气流逐渐开始增强,云体已经发展成熟即将出现降雹。为避免减轻雹灾,人影指挥中心持续命令有效范围作业点不间断实施作业。

随后,云体经过防雹作业后逐渐减弱,23:21 BT(图 1e),云体强中心开始分散,尺度变小,相态产品中霰粒子区域也缩小,观察 23:28 BT(图 2e)垂直剖面中云体强中心柱状结构断裂,但 50 dBZ 高度仍保持在 10 km,相态产品中冰雹区域消失,仅剩霰粒子区域,依然处于－20 ℃高度以上,表征云体内上升气流仍维持较强,还将有继续发展的趋势。经加密持续观测,23:46 BT(图 1f),云体增强,强中心又开始聚合,相态产品中霰粒子区域又扩大,并伴随着过冷水区域出现。23:50 BT(图 1g),云体强度产品变化不大,但相态产品中过冷水区域增大,云体仍将增强;23:59 BT(图 1h),云体强度降至 43 dBZ,逐渐减弱,但 00:08 BT(图 1i),云体发展又出现反复,强度增强至 50 dBZ,相态产品中又出现霰粒子、冰雹、过冷水并存分布;在 00:17 BT(图 2f)中,云体强回波核顶仍较高,但主体位于 5 km 以下,相态产品中霰粒子区也分布逐渐降低。在酝酿和成熟阶段中,云体出现增强—减弱—增强多次反复,但云体强回波核心和霰粒子区顶高一直维持在 10 km 左右,也就是－20℃高度以上,故人影指挥中心根据回波强度、回波相态命令周边相关作业点持续不断大火力作业。

3.3 消亡阶段

直至00:41 BT(图2),强中心结构分散,相态产品雨区中仅剩零散分布的霰粒子区,在垂直剖面中强中心区高度降低至5 km,在相态识别产品中仅剩范围缩小的霰粒子区,且霰粒子区域大部分在云体中下部−6 ℃层高度以下,据此人影指挥中心判断云体彻底减弱,已无降雹危险,停止防雹作业。

此次强冰雹天气过程中,阿克苏人影指挥中心根据雷达回波数据,结合双偏振相态产品对雹云的发展演变趋势做出更加科学的分析和判断,命令温宿县吐木秀克镇作业点出动流动作业车2辆与1个固定作业点联合实施了防雹作业,共发射人雨弹417发、火箭弹94枚。但由于雹云发展特别强烈,持续时间长,防雹弹药补充不济,加上部分时段作业点空域受限,仍导致温宿县4个乡镇出现冰雹灾害。

4 结论

(1)温宿县对流云的发生发展不仅与天气系统作用有关,还与地形、地理条件密切相关,如山区地形复杂,边界层受热不均等,容易促成对流生成发展,需根据这些条件合理布局防雹作业点,根据路况尽量将防雹前沿布设在农作物区外围,进行有效防御。

(2)由于防雹业务的时空分辨率要求较高,雷达产品具有不可替代的作用,通过雷达连续跟踪观测可以有效提高冰雹云移向、移速的早期识别,更准确识别和判定冰雹云,及早发布预警,提前开展防雹作业是取得作业效果的关键。

(3)防雹指挥分析过程中,人影指挥员可根据双偏振雷达的相态产品霰粒子区、过冷水区等标识来确定人工防雹作业的部位,加强精细化指挥作业,提高人工防雹作业的科学性和准确性。

(4)此次防雹作业过程中,由于天气过程持续时间长,云体强,导致弹药消耗储备不足,后续补充弹药等原因,不能一次实施作业将云体彻底削弱,造成冰雹云体在作业过程中多次出现减弱—增强的反复变化。

参考文献

[1] 尹忠海,胡绍萍,张沛源. 双线偏振多普勒雷达测量降水[J]. 气象科技. 2002,30(4):204-213.

[2] 刘黎平,刘鸿发,王致君,等. 利用双线偏振雷达识别冰雹区方法初探[J]. 高原气象,1993,12(3):333-337.

[3] 曹俊武,刘黎平. 双线偏振多普勒天气雷达设备冰雹区方法研究[J]. 气象. 2006,32(6):13-19.

CPEFS 模式产品在甘肃陇南防雹消雹作业中的应用分析

苏军锋　吴文辉　何宏铸　洪力强　吴朝霞　高星海

(甘肃省陇南市气象局,武都 746005)

摘　要　为充分利用中国气象局人工影响天气中心研发的云降水显式预报系统(CPEFS)产品,提高甘肃陇南市人工影响天气作业的科学性,利用 CPEFS 模式产品,对 2018 年 6 月甘肃省陇南市一次人工防雹消雹作业中的应用进行实况对比检验分析,结果表明:CPEFS 模式云宏观产品中云带、云顶温度等对云系的发展、移动方向、层积混合情况有较强的预报能力,垂直累积过冷水含量大值区、雷达反射率和组合反射率预报达到 50 dBZ 以上区域对强对流天气及冰雹的落区的预报预警及开展人工防雹消雹有一定的指导意义,可以为人工防雹消雹作业的提前准备及开展提供较长的时间提前量。云垂直结构中当冰晶数浓度大于 50 个 · L^{-1}时,且冰晶数浓度在 400 hPa 较大,云水混合比大于 1.0 g/kg,−10 ℃低于 400 hPa 时,该时次出现冰雹的概率较高,同时降水产品对人工防雹消雹也有很好指示作用。

关键词　人工影响天气　CPEFS 模式　云物理　应用分析

1　引言

人工影响天气是指为避免或者减轻气象灾害,合理利用气候资源,在适当条件下通过人工干预的方式对局部大气的云物理过程进行影响,实现以增雨(雪)、防雹、消雾、消云等为目标的活动。它是气象服务于防灾、减灾、救灾、重大活动气象服务保障及保护人民生命财产安全和提高人民生活质量、合理开发利用气候资源、生态建设与保护的重要科技手段之一。国际人工影响天气试验从 20 世纪 50 年代开始,经历了近 70 年的发展,在人工影响天气试验、个例分析、效果评估、遥感探测设备的应用、催化模式模拟及装备等其他相关方面的研究取得了长足的进展[1-13]。近年来,随着各种探测技术精度的提升,人们对降水云微物理结构特征的观测手段日益丰富,获取的资料更加丰富和精细,为人工影响天气技术的研究提供了良好的数据和技术支持,促进人工影响天气工作向精细化发展。对于如何进一步提高人工影响天气作业的科学化水平,我国各级气象部门及专家从技术研究、业务管理、系统平台建设等各方面进行着不断的研究和研发,在云物理研究与人工影响天气的研究中,郭学良等[14]回顾和总结了 2008—2012 年云降水物理与人工影响天气主要研究进展,并建议开展以科学试验为目的的中长期云降水物理与人工影响天气研究计划。孙玉稳等[15]对河北省中南部出现一次回流西风槽天气过程作了飞机云物理探测和增雨作业前后云宏微观物理进行对比分析,指出作业后有效粒子直径向大值方向偏移、平均直径、平方根直径和立方根直径分布频谱变宽,粒子分布更离散。在业务管理方面,2015 年 6 月,中国气象局下发《关于实施人工影响天气业务现代化建设三年行动计划的通知》,甘肃省气象局也制定了《甘肃省人工影响天气业务现代化建设三年行动计划实施方案》,进一步明确了市级人影五段业务流程,制作发布作业计划、作业预案、作业指令、效果评估四种业务产品,为提高市级人工影响天气作业“三适当”(时机、部位和剂量)的科学性提供良好的制度保障。在人工影响天气业务系统平台建设中，中国气象局人工影响天气中心产品共享发布系统为省市县人工影响天气作业的开展提供了有力的技术支持。本文对 2018 年 6 月 29 日甘肃南部陇南市开展的人工防雹消雹作业中 CPEFS 模式产品的应用进行分析，以期为 CPEFS 模式产品在甘肃陇南市人工防雹消雹作业的准备及开展提供预警作经验指标，增强人工影响天气作业的科学性。

2 资料和方法

云降水显式预报系统（以下简写为 CPEFS）是中国气象局人工影响天气中心以中尺度天气数值模式 WRF（V3.5）为动力框架，耦合中国气象局人工影响天气中心研发的云降水显式方案（CAMS 云分辨方案），实现并发布云宏观场、云微观场、云垂直剖面和降水场等四大类预报产品，指导全国人工影响天气作业的精细化业务系统。利用中国气象局人工影响天气中心产品共享发布系统（http://10.1.64.228:8080/ryzdcp/）中云降水显式预报系统模式（CPEFS）预报产品，与 2018 年 6 月 29 日甘肃陇南市开展的人工防雹消雹时的 FY4A 卫星云图、陇南雷达及降水实况进行定性及定量对比检验分析。

3 天气实况及人工防雹消雹情况

2018 年 6 月 29 日下午到夜间，甘肃陇南市大部出现雷阵雨天气，局地出现短时强降水，其中有 4 个区域自动气象站出现暴雨。29 日下午到夜间，甘肃省陇南市武都区高炮防雹点、宕昌县人影办和高炮操作人员严阵以待，根据云系发展积极开展高炮防雹消雹作业，29 日 14:35—16:42 陇南市宕昌县金木、庞家、哈达铺、阿坞及武都区马营高炮作业点共进行了人工防雹作业 6 点（次），发射人雨弹 65 枚。陇南市人工影响天气办公室按照市县人影“五段”业务流程，利用中国气象局人工影响天气中心产品共享发布系统 CPEFS 预报产品，科学研判，精心组织，科学指挥，在陇南市人工防雹消雹作业防御区内的农作物未遭遇雹灾。

4 CPEFS 模式产品在防雹消雹中的应用

4.1 云宏观场产品应用

云宏观场产品主要有云带、云顶温度、云顶高度以及云低温度和高度等，可以预报未来 48 h云的发展及其移动方向，综合分析云顶云底温度及高度，可以分析未来云的发展高度、分类和层积混合情况，对强对流天气的预报预警及人工防雹消雹作业的开展有很好的指导意义。在 6 月 29 日陇南人工防雹消雹作业中，陇南主要有降水性层状云覆盖，但大部分地方有对流云团发展，云的结构主要为层积混合云（图 1），云系自西向东运动。从预报产品分析，云系在 29 日 20 时发展为最强，对比同时次 FY-4A 卫星云图（图略），云系发展运动方向与实况一致，但随着预报时效的延长，对云顶高度和温度的预报相对偏大，存在一定的误差，在 12 h 的预报时效内，预报相对准确。从垂直累积过冷水含量预报分析（图 2），在 29 日 20 时，陇南局部地方达到 1.5 mm，有较好过冷水条件，与天气实况检验分析，垂直累积过冷水含量大值区对强对流天气及冰雹的落区有一定的指示意义。其中雷达反射率和组合反射率预报达到 50 dBZ 以上时，陇南发生强对流天气的可能性极大，对人工防雹消雹作业有很好的指示作用，但与陇南雷达实况监测对比显示（图略），模式反射率预报相对偏强，同样随预报时效延伸，误差逐渐增大。

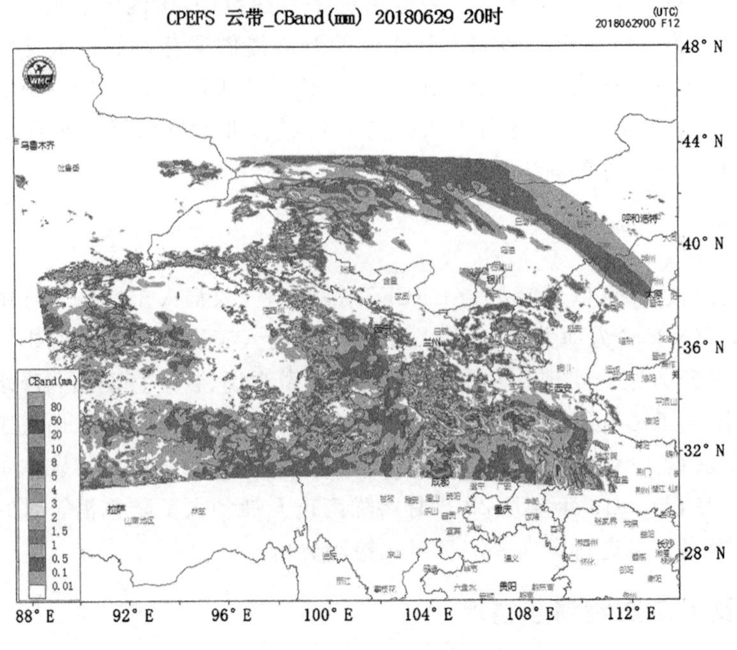

图 1　29 日 08 时模式预报的 20 时云带

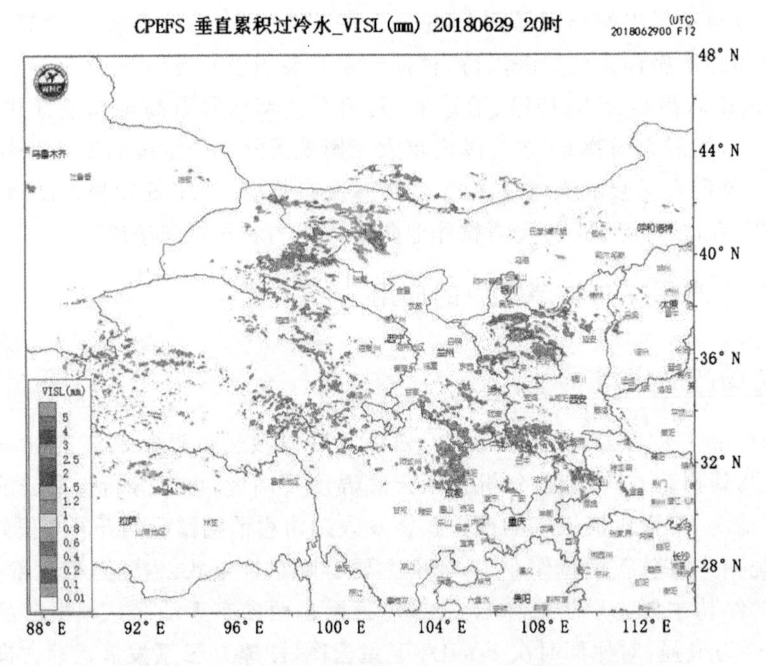

图 2　29 日 08 时模式预报的 20 时垂直累积过冷水

4.2　云微观场产品应用

云微观场产品主要有云水混合比,雨水混合比、冰晶混合比、冰晶数浓度以及雨滴数浓度等,预报显示 850—400 hPa 等压面上的云微观情况,其中云水混合比、冰晶混合比、冰晶混合比及冰晶数浓度的分布情况对人工防雹消雹作业的有更好的指导意义,在 6 月 29 日人工防雹消雹作业中，各时次 CPEFS 预报的云水混合比和雨水混合比都是随着高度的增加而增加，到 500 hPa 以上又逐渐减小，其中云水混合比在 550 hPa 达到最大，在 2～2.5 g/kg 之间，雨水混合比相对更低一些，在 650 hPa 达到最大(图略)，最大值也在 2～2.5 g/kg 之间，二者的位置基本一致，在二者大值区都与强对流的实况基本对应。冰晶混合比和冰晶数浓度的分布相对较高，都在 500 hPa 以上，冰晶混合比在 0.05 g/kg 左右，冰晶数浓度在 50～75 个/L 之间(图略)，与实况对比，当冰晶数浓度达到或超过 75 个/L 时，出现冰雹的可能性极大。

4.3 垂直结构产品应用

CPEFS 模式中提供了云水混合比、冰晶数浓度和温度(图 3)以及雪霰混合比、雨水混合比和高度两种垂直剖面分布图，可以综合的分析沿不同纬度云参数具体分布情况。从图 2 可以看到冰晶分布高度较高，在陇南范围内冰晶数浓度小于 20 个/L，过冷水主要位于 0℃～－10 ℃附近(400～500 hPa)之间，最大过冷水含量可达 1.0 g/kg，从逐时次预报来看，当冰晶数浓度大于 50 个/L 时，且冰晶数浓度在 400 hPa 较大，云水混合比大于 1.0 g/kg，－10 ℃低于 400 hPa 时，该时次出现冰雹的概率较高，对防雹消雹作业有较强的指导意义。

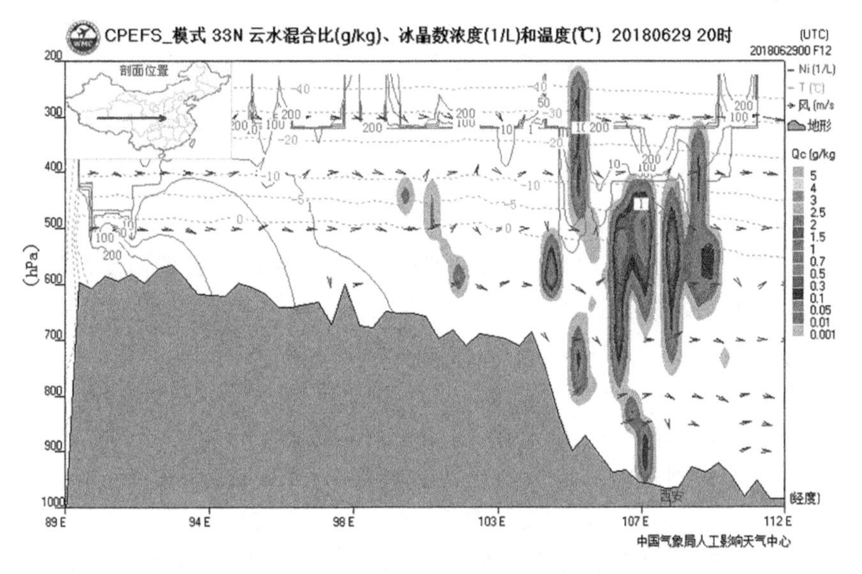

图 3　6 月 29 日 08 时 CPEFS 模式预报 20 时沿 33°N 云垂直剖面结构

4.4 降水场产品应用

降水场产品主要有逐 1 h、3 h、6 h、12 h 以及 24 h 间隔的预报，从 6 月 29 日 6 h 预报场来看(图 4)，陇南市大部有降水，局地雨量超过 50 mm，强降水在陇南市北部及东部，由于冰雹总是与短时强降水、雷暴等强对流天气相伴而生，当预报场显示有强降水，且其他预报产品有利于出现冰雹时，这种天气形势需提前加强冰雹天气的监测预警及提前安排部署防雹消雹作业，可见降水产品对冰雹的形成也有很好指示作用。但与降水实况(图略)对比分析，此次强对流天气过程中，降水强度预报偏强，降水量偏大，但强降水落区基本和实况一致。可见对强对流天气及冰雹的落区预报也有一定的参考。

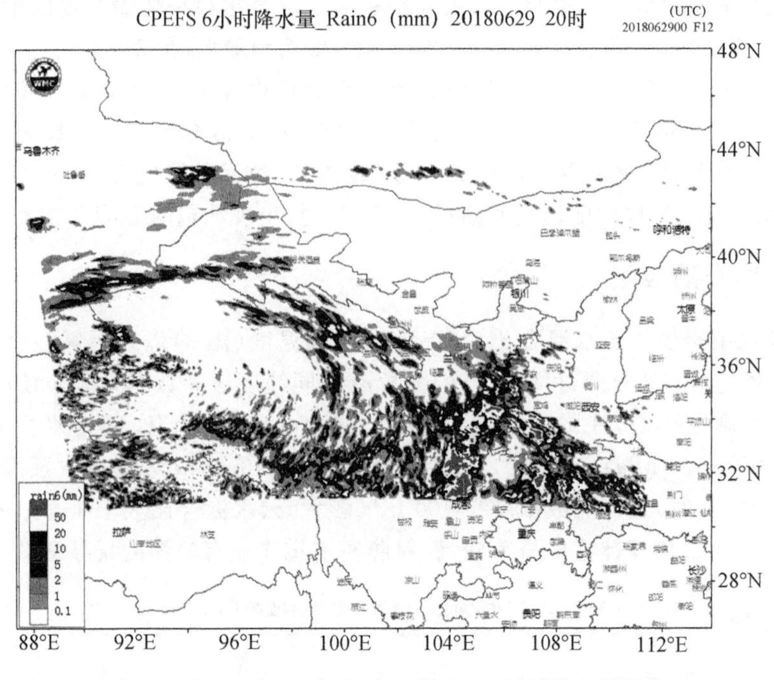

图 4　6 月 29 日 08 时 CPEFS 模式 6 h 间隔降水量预报

5　结论与讨论

(1)CPEFS 模式云宏观产品中云带、云顶温度、云顶高度以及云低温度及高度等,对云系的发展及其移动方向有较强的预报能力,综合分析云顶云底温度及高度,可以分析层积混合情况,对强对流天气的预报预警及开展人工防雹消雹有很好的指导意义。

(2)垂直累积过冷水含量大值区、雷达反射率和组合反射率预报达到 50 dBZ 以上区域对强对流天气及冰雹的落区有一定的指示意义,为人工防雹消雹作业的开展有较长的时间提前量,但与陇南雷达实况监测对比,CPEFS 模式反射率预报相对偏强,随预报时效延长,准确率逐渐下降。

(3)云水混合比和雨水混合比大值区在 700～500 hPa 最大,二者的位置基本一致。冰晶混合比和冰晶数浓度的分布相对较高,当冰晶数浓度大于 50 个/L 时,且冰晶数浓度在 400 hPa较大,云水混合比大于 1.0 g/kg,－10℃低于 400 hPa 时,该时次出现冰雹的概率较高。降水产品对人工防雹消雹作业的开展也有很好指示作用,但降水强度预报偏强,降水量偏大,强降水落区对强对流天气及冰雹的落区预报也有一定的参考。

(4)以上结论都是甘肃省陇南市人工影响天气办公室在一次人工防雹消雹作业中 CPEFS 模式产品在人工影响天气“五段”业务流程中的具体应用,具体结论还需在长期的业务中继续归纳总结检验,并进一步对各参数指标进行定性定量化,为人工防雹消雹作业提供更有力的技术保障。

参考文献

[1] 师宇,楼小凤,单云鹏,等. 北京地区一次降雪过程的人工催化数值模拟研究[J]. 高原气象,2017,36(5):

1276-1289.

[2] 张蔷,何晖,刘建忠,等. 北京2008年奥运会开幕式人工消减雨作业[J]. 气象,2009,35(8):3-15.

[3] 孟辉,宋薇,王婉,等."8·12"天津港爆炸事故处置现场人工影响天气保障方案设计与实现[J]. 灾害学,2017,32(2):136-140.

[4] 张纪淮,苏正军,关立友,等. 人工影响天气几个前沿科技问题的研究与思考(Ⅱ)[C]//第十四届全国云降水物理与人工影响天气科学会议论文集. 北京:气象出版社,2005:753-754.

[5] 李宏宇,嵇磊,周嵬,等. 北京地区人工增雨效果和防雹经济效益评估[J]. 高原气象,2014,33(4):1119-1130.

[6] 贾烁,姚展予. 北京地区人工增雨效果和防雹经济效益评估[J]. 气象,2016,42(2):238-245.

[7] 李德俊,唐仁茂,江鸿,等. 武汉一次对流云火箭人工增雨作业的综合观测分析[J]. 干旱气象,2016,34(2):362-369.

[8] 刘卫国,陶玥,党娟,等.2014年春季华北两次降水过程的人工增雨催化数值模拟研究[J]. 大气科学,2016,40(4):669-688.

[9] 汪玲,刘黎平. 人工增雨催化区跟踪方法与效果评估指标研究[J]. 气象,2015,41(1):84-91.

[10] 马建立,何晖,丁德平,等. 基于天气雷达的人工消雨催化剂量估算技术[J]. 气象科技,2017,45(5):896-901.

[11] 热苏力·阿不拉,牛生杰,张磊,等. 基于多普勒天气雷达的冰雹云早期识别与预警方法研究[J]. 冰川冻土,2017,39(3):641-650.

[12] 党娟,苏正军,房文,等. 几种碘化银焰剂成冰性能检测[J]. 气象科技,2018,46(3):619-624.

[13] 方德贤,李红斌,董新宁,等. 风暴分类识别技术在人工防雹中的应用[J]. 气象,2016,42(9):1124-1134.

[14] 郭学良,付丹红,胡朝霞. 云降水物理与人工影响天气研究进展(2008—2012年)[J]. 大气科学,2013,37(2):351-362.

[15] 孙玉稳,银燕,孙霞,等. 冷云催化宏微观物理响应的探测与研究[J]. 高原气象,2017,36(5):1290-1303.

第三部分　人影作业效果检验方法与效益评估方法

河西走廊西部旱区火箭增雨试验效果评估

郭良才[1,2,4]　丑　伟[2]　付双喜[3]　朱彩霞[2]　杨莉丽[2]

（1. 甘肃省酒泉市气象局，酒泉 735000；2. 中国气象局云雾物理环境重点实验室，北京 100081；
3. 甘肃省人工影响天气办公室，兰州 730020；4. 甘肃省干旱气候变化与减灾重点实验室，兰州 730020）

摘　要　本文运用直观图示分析法、区域对比试验法和降水量区域历史回归试验法，运用国家基本气象站和季节性自动雨量监测点资料，对 2015—2016 年 3—9 月在河西走廊西部旱区进行的火箭人工增雨作业进行了非随机试验效果评估。应用多元回归法计算增加雨量约 26.99 mm，约 0.5413 亿 m^3，平均相对增雨率为 32.84%，投入与产出比约 1∶16。增雨试验期间对数值预报模式、卫星云图和多普勒雷达等输出产品资料在效果评估方面的应用进行了初步探讨，使用效果较好。

关键词　人工增雨　效果评估　河西走廊

1　引言

河西走廊西部旱区一带开展人工增雨作业，目的就是增加南部祁连山的积雪量和域内内陆河流量，为区域内提供更多的工农业和生态用水。在相对干旱的年份，降水相对减少，虽然人工增雨作业次数增多，但干旱的气候加大了积雪的消融速度，表现为积雪雪线升高，河流来水量增加，另外，由于气温的作用，有时候降水增加了，积雪面积反而有所减小，但从大部分个例来看，随着耗弹量的增加，降水量也呈现增加的趋势，说明人工增雨作业增加了有效降水量，对改善区域内生态环境是有贡献的。

随着人工增雨业务的不断拓宽和发展，人工影响天气作业的效果评估已成为人工增雨工作中必不可少的重要一环，也是这项业务开展中的一项难题，人工增雨作业目标区的选择，通常总是考虑最有利于降水或自然发展已成熟的云团或云区，但是由于云和降水自然变率大，评估对象具有不确定性，不同的时间、空间条件下各种因子互相制约，复杂多变，因此进行严格的效果检验，在国内外都仍然是一个困难的问题。在许多地方开展的试验中，有关于非随机化统计试验、统计检验与物理检验相结合的试验报告，如数值模式评估[1]、统计模拟方法[2]，移动目标区的评估方法[3]，历史回归法[4]等评估方法；另外，胡志晋[5]评述了数值模拟在人工影响天气作业设计与效果评估中的应用等问题；曾光平等[6,7]对古田人工增雨中多种非随机化效果评估方法进行了分析。近 10 年来，作者及其团队在河西走廊中西部进行了数百次的火箭增雨作业，通过 EOS/MODIS 卫星遥感检测和实地考察，发现祁连山区积雪量稳中有升，牧区草原草场正在逐步转入生态旺盛期，直观上已经产生了较为理想的作业效果。然而对干旱少雨的河西走廊中西部，灌溉农业的特殊性需要有一套适合当地气候条件的人工影响天气作业效果的评估方法，因此，科学地评价增雨效果的研究十分必要。

2　地理环境与作业方式

河西走廊西部旱区南靠祁连山脉，北邻巴丹吉林沙漠，属温带大陆性气候区，年降水量为

40～160 mm,分布极不均匀,80%以上的降水主要集中在4—9月,年蒸发量高居2000 mm以上,工农业生产基本依赖于祁连山冰雪融水和山区降水形成的内陆河及其地下水资源。全球气候变暖给该地区的环境带来了负面影响,总趋势趋于冰川雪线上升,河流径流减少,地下水位下降,为了减缓和遏制这一气候不利因素,河西走廊自20世纪90年代开始引进人工影响天气装置进行人工增雨作业,以减缓气候变化带来的环境恶化压力。河西走廊西部的酒泉市2006年开始引进"WR-98"移动火箭人工增雨作业系统,逐步在各市县近12万 km^2 的范围开展了祁连山蓄雪型、抗旱型和水库蓄水型人工增雨作业。2015—2016年,市人工影响天气办公室采用向空中发射增雨火箭弹的形式,在所辖的肃州区进行了人工增雨效果评估试验。试验期内共进行增雨作业30次(点),发射增雨火箭弹240枚,作业的主要对象为大范围的系统性层状云系及部分地方性云系,作业试验区和对比区的平均降水总量分别为109.2 mm和56.6 mm,最大降雨总量为155.7 mm,出现在试验区的屯升观测点。

3 检验方法确定

3.1 效果检验方法

以增加降水为目的的业务性人工增雨,效果检验属于一种非随机试验,是一项既重要又困难的业务性问题[8],即必须明确回答人工增雨作业效果到底有多大? 20世纪80—90年代,随着计算机技术的迅速发展,非参数检验获得新的突破和应用,检验功效有所提高。我国人工增雨试验研究取得了卓有成效的进展,对于作业区的设置、催化对象的选择以及播撒方案和剂量控制等技术方面积累了很多的经验,也提出了公认可行的一些方法进行检验[9-11]。本文采用直观图示分析法、有一定物理条件约束的区域对比试验法和降水量区域历史回归试验法进行探讨研究,在回归方程的建立过程中,引进了数值预报模式输出产品、云图和多普勒雷达实时资料等因子,应用效果较好。

3.2 确定作业试验区和对比区

在对人工增雨作业点分布区域和作业天气系统进行分析的基础上,结合预定的增雨目标确定试验目标区。由于试验是在自然条件无法控制,甚至难以预测或监测的大自然环境中进行的,为了使试验更具科学性,我们采用了随机化试验设计,将适于作业的对象随机地分出一部分不作业,保持其自然状态作为对比样本,并据以检验作业样本的效果。对于适宜作业的降水过程,均采用区域趋势对比分析方法评估作业效果,即选择云系结构与作业区相似的邻近地带作为对比区。

增雨试验区和对比区的确定应满足以下基本条件[9]:①基本的气候指标具有可比性;②出现的降水系统和主要云系相似;③地理特征相似;④区域面积相似;⑤对比区不受试验区催化剂的污染;⑥区内的比较站点分布较为合理,具有代表性;⑦所取资料基本同步。根据以上条件,选取酒泉市肃州区SEE方向的金佛寺、丰乐、下河清、清水、屯升5个乡镇和高台县西部区域为试验区,域内有15个观测站点,对比区选择在作业点上风方向(700 hPa风向为NW),包括嘉峪关市、肃州区、怀茂、西洞和泉湖4个乡镇(区)的区域中,域内有14个观测站点,两区相距85 km,具体情况见表1和图1。图1中干扰区为可能受到催化剂影响的区域,本试验对干扰区不做考虑。

表1 试验区和对比区基本情况

区域	地点	面积/km^2	海拔/m	年均降水量/mm	气候特征
试验区	A区	2012	1580	112.3	大陆性气候
对比区	B区	2118	1410	87.8	大陆性气候

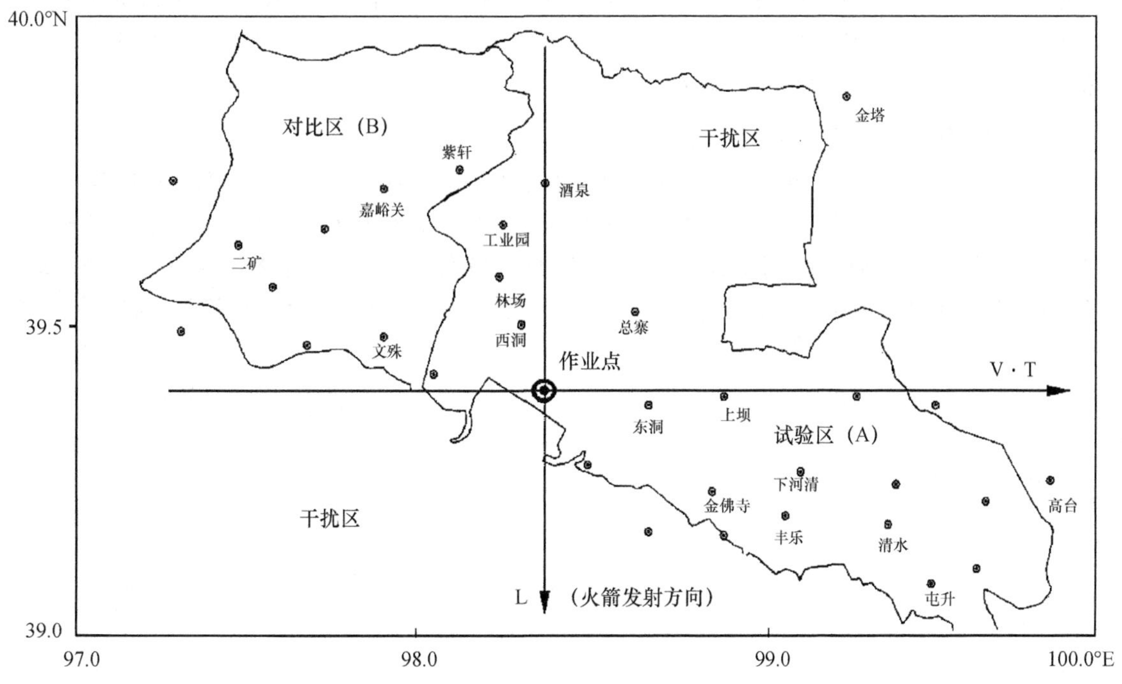

图1 试验区(A)和对比区(B)示意图

(L:催化剂播撒长度;V 向:500 hPa 风向;$V \cdot T$:500 hPa 风速与影响时间的乘积)

3.3 资料的选取和处理

2015—2016 年 3—9 月,在设定试验的作业点共进行了 30 场(次)人工增雨作业,按照天气系统的移动演变路径和地方性云系的发展状况,火箭弹发射基本选择在作业点偏南(祁连山)方向,同步对比区未实施增雨作业,试验获取 870 个降水量样本;考虑到地形、气候、降水系统差异性和资料的可代表性,历史回归资料采用 1981—2010 年酒泉市观测站(对比区)和高台县气象站(试验区)同期的月平均降水资料。

4 效果分析

4.1 定性图示分析

运用直观的雨量平面分布图和垂直效果分析图,对试验期进行人工增雨过程中的降水量进行累加,点绘成图表,可以定性看出增雨后的效果。

4.1.1 作业效果总雨量分布

试验使用的 WR-98 型增雨火箭弹,对作业点环境的风向、风速及其火箭运行轨迹的相对位置以及地形高度的变化比较灵敏,在云内不同方向,催化剂扩散速率变化范围在 6～60 m/s,其中包括受电场的影响[10]。分析表明,此次试验中,降水中心出现在作业区系统移动的下风方试验区内(图略),可以定性地说明作业后在下风方呈现增雨效果,当作业点实施增雨作业后,按照 5500 m(500 hPa)高度处平均风速 16 m/s 计算,降水云系的移动速度约 60 km/h,距作业点 SEE 方向 75 km 和 82 km 的丰乐和的屯升一带出现降水中心,符合人工增雨触发降水机制的作用时间和距离。

4.1.2 作业效果的垂直分布

对空间、角度、云层条件基本一致的降水系统,从作业效果垂直雨量分布图 2 可以看出,增雨效果是明显的,作业点(A、B 交界处)附近 10 km 范围为自然降水,垂直变化分布不明显,下风方向 20 km 开始增雨效果显现,降雨量明显增加,最大降水区出现在距作业点 60～85 km 的区域,85 km 之后由于催化作用消失,降水量迅速减小。图形效果呈现单峰型,且峰值反应明显。

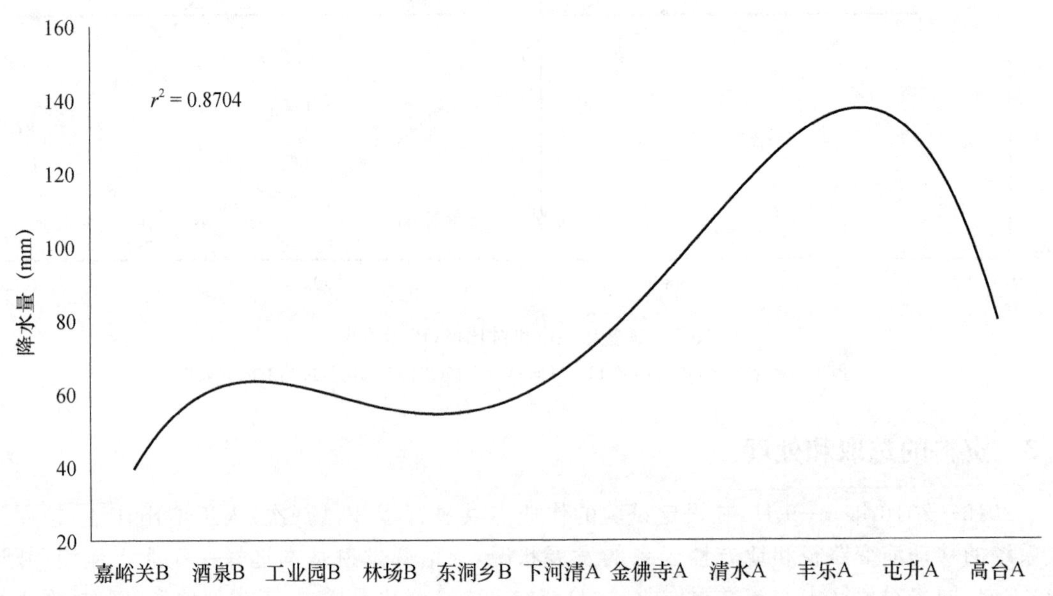

图 2 2015—2016 年增雨作业垂直效果分析图

4.2 对比试验分析

对 2015—2016 年 3—9 月期间河西走廊西部火箭人工增雨效果进行定性分析,分析统计的计算公式如下:

$$R=(\overline{X}_1/\overline{Y}_1)/(\overline{Y}_2/\overline{X}_2) \tag{1}$$

式中:$\overline{X}_1$ 为试验催化作业区域月平均降水量,$\overline{Y}_1$ 为同期对比区区域平均降水量,$\overline{X}_2$ 为试验区历史降水量的平均值,$\overline{Y}_2$ 为对比区相应历史区域降水量的平均值。

$R>1$ 则为正的增雨效果,$R<1$ 则为负的增雨效果即消雨。由表 2 可看出对比分析结果,

所有月份均为正效果，且 4 月份最大，为 3.44，9 月次之，为 2.82，3 月最小，为 1.72，但总体 R 值较大，说明增雨作业效果明显。

表 2　各月对比分析表

月份	$\overline{X}_1$	$\overline{Y}_1$	$\overline{X}_2$	$\overline{Y}_2$	$\overline{X}_1/\overline{Y}_1$	$\overline{X}_2/\overline{Y}_2$	R
3	11.5	6.0	6.1	5.5	1.91	1.11	1.72
4	6.7	3.5	3.3	5.9	1.92	0.56	3.44
5	15.5	8.1	8.4	10.8	1.91	0.78	2.45
6	25	13.2	14	16.1	1.89	0.87	2.18
7	33.2	17.6	18.8	22.3	1.89	0.84	2.24
8	30.3	16.0	17.1	22	1.89	0.78	2.43
9	19.7	10.4	10.9	16.2	1.90	0.67	2.82

5　历史回归分析

对试验区和对比区的历史资料进行正态分布检验，以检查其是否服从正态分布；其次进行相关系数检验，以确定概率意义上解释试验区和对比区之间的相关程度；而后进行回归分析，确定回归方程，同时对回归方程进行显著性检验；最后以对比区试验作业月的实测资料代入回归方程得到试验区的期望值，并与试验区试验作业月的实测降水量相比较得出增雨量，并对增雨量的显著性进行检验。

5.1　正态分布检验及相关系数显著性检验

将 1981—2010 年 3—9 月试验区和对比区的月平均降水量历史资料作为随机变量，考察其分布规律，检验 X_i，Y_i是否服从正态分布，采用非参数方法的 K-S(柯尔莫哥洛夫-斯米尔诺夫)检验法。K-S 检验法是用来检验样本来自同一个总体的假设，这也是一种拟合优度检验方法，它主要是运用某随机变量 X 的顺序样本来构造样本分布函数，使得能以一定的概率保证 X 的分布函数 $F(x)$落在某个区域内。

相关系数显著性检验采用 t 检验法。即在所采用的对比区和目标区历史资料均总体服从正态分布的条件下，检验其是否存在显著的相关性，计算公式如下：

$$t=r\times sqr((n-2)/(1-r^2)) \tag{2}$$

式中：r 为相关系数，$n=30$ 为历史资料年份。利用统计软件 SPSS 计算 t 分布函数即可确定显著性水平 α 及可信度 $1-\alpha$。如果 $t\geqslant t_\alpha$，表明对比区和试验区月降水量的线性相关是显著的。一般要求相关系数的显著性水平 $\alpha<0.1$。

表 3 为各月对比区及试验区 K-S 检验及相关系数检验结果，其中 S_x和 S_y分别为对比区和目标区各月降水量的标准差，P_x和 P_y为正态分布值，只要各月份 P_x和 P_y的值>0.05，则说明其符合正态分布，由表 3 可知，各月降水量均>0.05 的阈值，全部符合正态分布。另外，各月相关系数显著度均$>99\%$，也表明相关性显著。

表 3　各月试验区及对比区 K-S 及相关系数检验

月份	K-S检验				相关系数检验			
	S_x	P_x	S_y	P_y	t	μ	α	$1-\alpha$
3	7.47	0.437	8.52	0.363	6.85	28	<0.01	99%
4	4.96	0.205	5.92	0.239	5.29	28	<0.01	99%
5	5.85	0.773	11.11	0.346	8.85	28	<0.01	99%
6	14.09	0.381	16.00	0.344	7.10	28	<0.01	99%
7	16.38	0.360	18.32	0.444	5.27	28	<0.01	99%
8	10.53	0.833	18.22	0.419	4.04	28	<0.01	99%
9	14.86	0.331	16.58	0.314	7.97	28	<0.01	99%

5.2　回归方程的确定

在回归方程的组建中，作为基本资料主要考虑了以下几个因子：x_1为对比区历史逐月平均降水资料；x_2为作业区作业开始前 1～2 h 雷达回波最大回波强度；x_3为作业区作业开始前 1 h 内卫星云图红外探测云顶温度；x_4为 ECMWF 数值预报中作业开始前最近时段的 700 hPa 作业区上空相对湿度预报最大值，用 SPSS 统计软件对回归方程进行拟合。

5.3　回归方程显著性检验

运用方差分析法，采用 F 检验，F 检验是针对整个回归方程模型的，如果检验显著那么说明自变量对因变量能够较好地解释，即在所采用对比区和试验区历史资料均总体服从正态分布，且有良好相关性的条件下，检验所确定的回归方程的显著性。表 4 给出了拟合得到的试验区-对比区相关系数、回归方程、显著性水平和可信度检验，可见试验区和对比区资料回归方程显著性水平均<0.01，回归方程的显著性检验信度达 99%。

表 4 中，r 为相关系数，F 为分布函数值，α 为回归方程的显著性水平，$1-\alpha$ 为可信度。

表 4　试验区和对比区回归方程显著性及可信度

月份	3	4	5	6	7	8	9
r	0.85	0.744	0.751	0.741	0.676	0.725	0.861
F	75.63	35.987	37.599	35.372	28.951	32.195	83.432
α	<0.01	<0.01	<0.01	<0.01	<0.01	<0.01	<0.01
$1-\alpha$	99%	99%	99%	99%	99%	99%	99%

表 5 是运用回归方程模型计算所得的人工增雨作业效果分布，Y_1为根据回归方程计算的作业区不实施人工增雨作业的期待值，Y_2为实施了人工增雨作业后的实测雨量，$\Delta Y=Y_2-Y_1$为人工增雨的作业效果，η 为相对增雨量。

表 5　2015—2016 年人工增雨作业效果统计

月份	3	4	5	6	7	8	9	合计
Y_1(mm)	5.85	4.44	8.52	13.008	18.30	16.11	12.13	78.36
Y_2(mm)	6.47	5.92	11.99	17.09	23.12	23.82	16.94	105.35
ΔY(mm)	0.62	1.487	3.47	4.09	4.81	7.71	4.81	26.99
η(%)	10.60	33.32	40.74	31.48	26.29	47.84	39.62	—

综合分析表 5 可以看出，2015—2016 年 3—9 月间相对增雨量在 10.60%～47.84%之间，试验区 15 个观测点统计共增加雨量 26.99 mm，总水量约增加 0.5413 亿 m^3。按酒泉市肃州区农业灌溉平均单价 0.102 元/m^3 计算，仅抗旱灌溉产生的效益项约为 552.10 万元人民币，2015—2016 年 3—9 月人工增雨各种作业经费共投入 35.06 万元人民币，投入与产出比为 1∶16。

5.4　增雨量显著性检验

对人工增雨的效果，采用 t 分布单边检验增雨量的统计显著性，以确定增雨量 ΔY 是否为人工影响所致，抑或仅仅是降水的自然变量 ΔY 显著性的 t 值计算公式：

$$t=(\Delta Y \cdot S_x/S_y)sqr((1-r^2)(n^2-2)S_x^2(X^t-\bar{y})^2/(n^2-2n)) \tag{3}$$

式中：S_x，S_y 为对比区和目标区的标准差，r 为相关系数，X^t 为作业期间对比区的实测值，Y 为目标区降水量的历史平均值。由 SPSS 统计软件计算出 t 分布函数值，即可确定显著性水平 α 及可信度 $1-\alpha$，若 $\alpha \leqslant 0.05$，则雨量增加值是显著的，且显著性水平为 α（单边检验）。

由表 6 可见，2015—2016 年 3—9 月作业试验区的作业效果都很显著，均超过有效的显著水平，除 7 月份增雨效果可信度为 95%，效果显著性水平 0.05 外，其他月份效果可信度均为 99%，效果显著性水平均低于 0.01。

表 6　2015—2016 年人工增雨效果单边检验统计

月份	3	4	5	6	7	8	9
t	8.697	5.999	6.130	5.947	2.992	5.674	9.134
α	0.01	0.01	0.01	0.01	0.05	0.01	0.01
$1-\alpha$	99%	99%	99%	99%	95%	99%	99%

6　结论

（1）在河西走廊西部旱区进行火箭人工增雨试验效果是明显的，直观图示分析法、区域对比试验法和降水量区域历史回归试验法的分析结果均有显著的增雨效果，检验可信度绝大多数在 99%以上，即在河西走廊西部进行人工增雨作业是可行的。

（2）区域历史回归试验法中，除使用原始的历史资料外，新加入了雷达回波、卫星云图红外探测、ECMWF 数值预报资料，克服了某些增雨假效果杂波的影响，试验增雨效果为 32.8%，可见回归分析更具客观性。

（3）增雨作业点附近未出现大的降水，中心区出现在增雨区的下风方 60 km 以后区域，说明火箭弹升空进入云区后播撒催化剂需要一定的时间，这个时间与高空风速的大小成正比，即设置增雨作业点时,应尽可能设置在增雨区域的上风方向。

(4)在气候、地形差异不明显,对比区和试验区所受天气系统影响基本上一致的条件下,历史资料年份比较长($n>20$)时。具有良好的正态分布性及相关、回归方程和增雨量的显著性。

(5)在同一区域多设增雨点,不同区域间进行联合作业,增雨效果将会更为显著。

参考文献

[1] 胡鹏,谷湘潜,冶林茂,等. 人工增雨效果的数值统计评估方法[J]. 气象科技,2005,33(2):189-192.

[2] 曾光平. 非随机化人工增雨效果的统计模拟研究[J]. 应用气象学报,1999,10(2):255-256.

[3] 曾光平,刘峻. 人工降水试验效果检验的统计模拟方法研究[J]. 气象学报,1993,51(2):241-247.

[4] 夏彭年. 内蒙古地区层状云催化的条件和效果//《人工影响天气》(十一)[M]. 北京:气象出版社,1998:33-40.

[5] 胡志晋. 检验人工降水效果的协变量统计分析方法[J]. 气象,1979,6(9):31-33.

[6] 曾光平,方化珍,肖锋. 1975—1986年古田水库人工降雨效果总分析[J]. 大气科学,1991,15(4):97-108.

[7] 曾光平,非随机化人工降雨试验效果评价方法研究[J]. 大气科学,1998,18(2)232-242.

[8] 章澄昌. 当前国外人工增雨防雹作业效果评估[J]. 气象,1998,24(10):3-8.

[9] 叶家东,范蓓芬. 人工影响天气的统计数学方法[M]. 北京:科学出版社,1982.

[10] 中国气象局科技发展司. 人工影响天气岗位培训教材[M]. 北京:气象出版社,2003.

[11] 章澄昌. 人工影响天气概论[M]. 北京:气象出版社,1992.

一次典型人工防雹增雨作业过程及效益分析

史莲梅[1] 赵风环[2] 李 娜[2] 王存亮[3]

(1. 新疆维吾尔自治区人工影响天气办公室,乌鲁木齐 830002;
2. 新疆维吾尔自治区气象台,乌鲁木齐 830002;3. 石河子市人工影响天气办公室,石河子 832000)

摘 要 利用2017年6月26日发生在石河子垦区莫索湾地区的一次典型人工防雹增雨作业个例,从环流形势、物理量诊断、探空分析和雷达回波特征等方面分析了此次降雹天气的成因,并基于人工影响天气静力催化理论,在规避了一些不确定因素的情况下,使用数理统计等方法分析计算了石河子此次火箭人工防雹增雨作业过程的经济效益。

关键词 冰雹 人工防雹 效益分析

1 引言

石河子位于天山北麓中段,准噶尔盆地南缘,独具西部风情的“丝绸之路”上,因风光旖旎、环境优美,被誉为“塞外江南”“戈壁明珠”。石河子地形由南向北依次为天山山区、山前丘陵区、山前倾斜平原、洪水冲积平原和风成沙漠区,形成了东南高西北低的地势特点。这种复杂的下垫面,使得石河子成为冰雹灾害易发区。其常年受纬向型天气过程影响降雹,其雹云多以雷暴云、云系云区、冷云核等为主[1],年均雹灾频次1.4次,且石河子以棉花为主要受灾体,承载体单位面积的受灾成本相对较高。因此,人工防雹增雨作业在石河子地区尤为重要,提高该地区人工防雹增雨效益,意义重大。

2 防雹个例概况

2017年6月26日,石河子垦区莫索湾地区于15:42出现雷暴,16:03出现阵雨,17:41出现冰雹。农业受灾面积266.7 hm^2,直接经济损失80万元。

石河子垦区148、149、150团出动多辆流动火箭作业车,于14:15—19:30实施了人工防雹增雨作业,消耗人工防雹增雨火箭651枚。此次作业采用提前、大剂量、联防作业的方式开展,效果明显,因此本文特对这次降雹的成因和人工防雹增雨作业的经济效益进行分析。

3 冰雹出现的天气形势及雷达回波特征

3.1 环流形势分析

6月26日08时500 hPa高空图(图1)上,整个中高纬环流形势呈两脊一槽型,东欧平原和贝加尔湖为高压脊控制,乌拉尔山至新疆为宽广的低槽活动区,上游东欧脊衰退的过程中,低槽东移,其底部不断有短波分裂,而石河子(图1中黑点所示)正处于短波影响区。短波分裂后,不断有冷空气补充南下,有利于产生强对流天气。由此可见,这是一次明显的短波扰动型强对流天气过程。

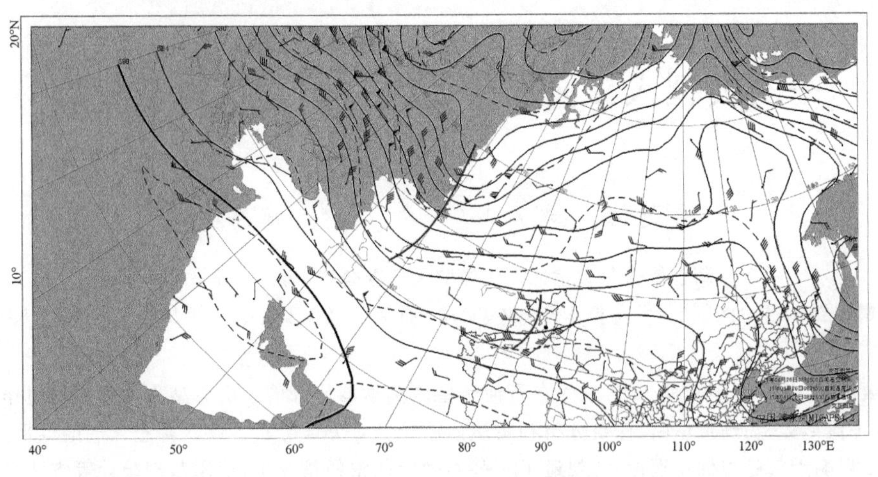

图1　6月26日08时500 hPa高空图

3.2　物理量诊断与探空分析

3.2.1　物理量诊断

6月26日14时700 hPa湿度场(图2)显示,石河子(作业点)位于强湿度中心,相对湿度达到100%。由图3可以看出,在降雹(17:41)前,石河子出现弱降水,近地层有明显的增湿,为局地强对流天气提供了有利的水汽条件。由作业点当天逐小时的实况温度可知,白天因太阳照射,地面温度自08时的20.3℃升至17时的28.4℃,升温明显,对地面起到了很好的“加热”作用,又为局地强对流天气的产生提供了较好的热力条件。

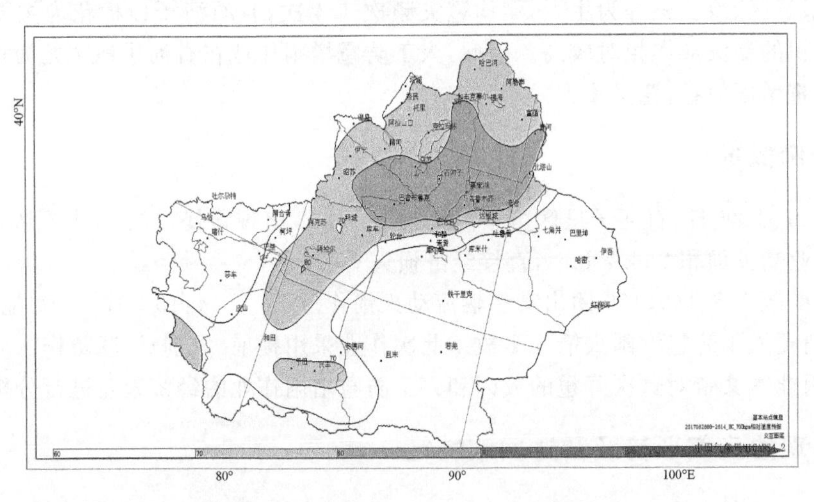

图2　6月26日14时700 hPa湿度场

3.2.2　探空分析

夏天温度高,降水后空气湿度大,有利于大气中能量的蓄积,一旦遇到触发机制,极易引起强对流天气。而冰雹正是中小尺度强对流迅速发展的产物,通常是在不稳定的大气层结条件下产生的[2]。由于石河子没有设探空站,因此从大气层结与稳定度方面来判断存在很大困难。但是,鉴于目前业务上通常利用位于石河子西北方、相距170 km的克拉玛依探空站资料进行

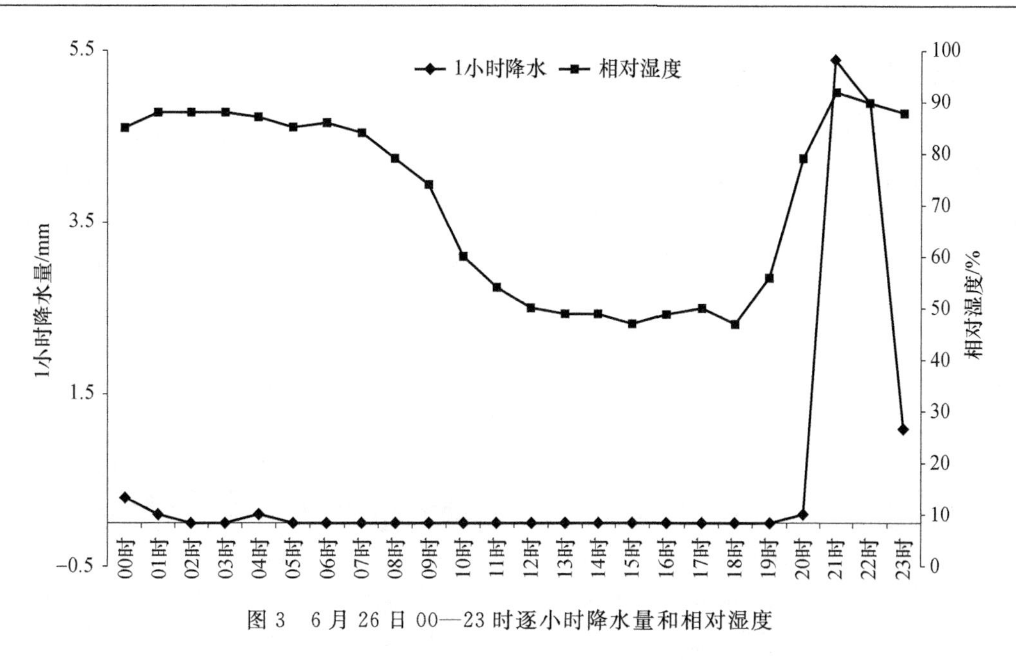

图 3　6 月 26 日 00—23 时逐小时降水量和相对湿度

补充分析，也具有一定的指示意义。从 6 月 26 日 08 时克拉玛依站的 t-ln$p$ 图(图 4)可以看出，K 指数为 26 ℃，0 ℃和－20 ℃层高度分别为 3726 m 和 7180 m，分别对应 650 hPa 和 400 hPa。依据长期积累的预报经验，说明该地上空的大气层结处于较不稳定的状态，为局地强对流天气的产生提供了有利条件。

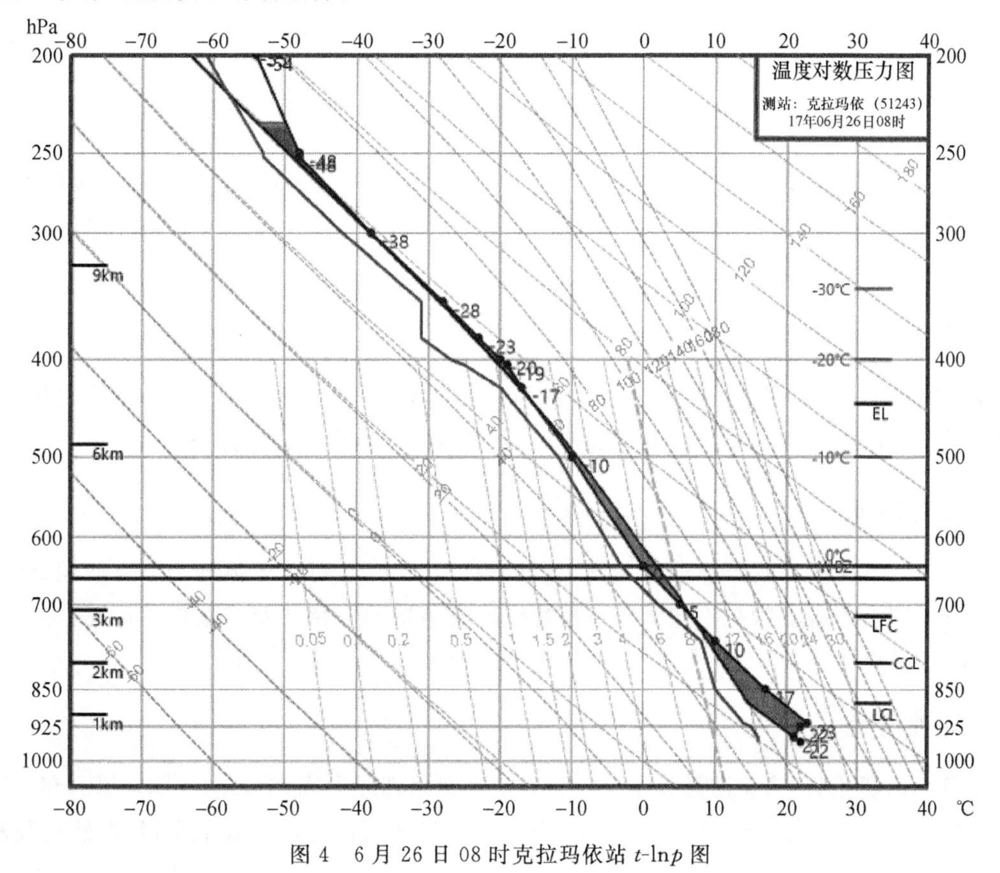

图 4　6 月 26 日 08 时克拉玛依站 t-ln$p$ 图

3.3 雷达回波特征分析

分析石河子站雷达测到的目标云的组合反射率发现,6 月 26 日 14 时左右,值班员发现雷达探测到弱回波;至 15 时左右,已在石河子北部偏西地区出现强对流单体;16:24,该强对流单体移动至莫索湾西北 40 km 处,其雷达回波中心强度达 57 dBZ。此后,该对流单体的雷达回波中心强度一直保持在 45 dBZ 以上,17:41 开始降雹,并在 17:50 出现了前悬回波,说明目标云已降雹,如图 5 所示。

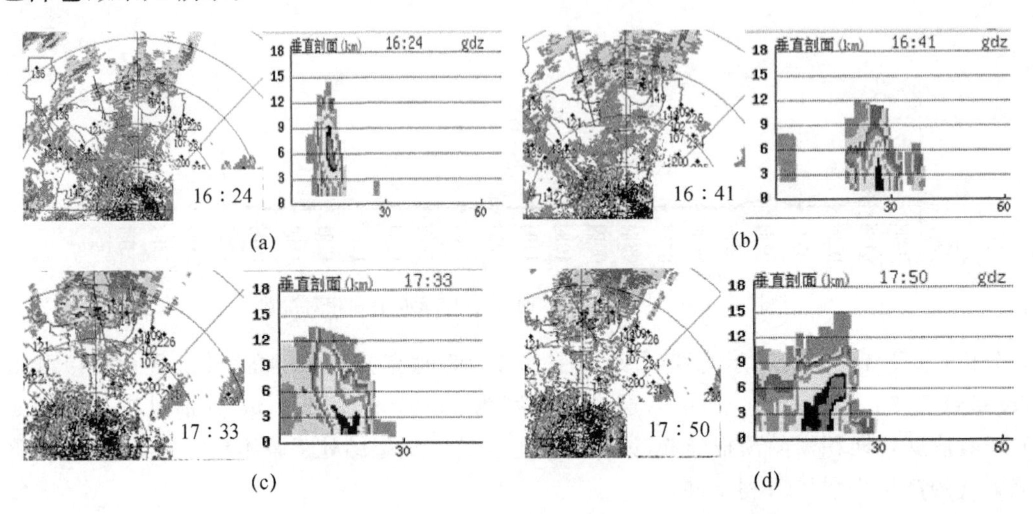

图 5　6 月 26 日作业前后目标云的组合反射率演变特征

4　防雹作业方案设计

人工防雹作业具有时效性强的特点[3],提早催化,抓住有效的作业时机选择合理的作业部位及时作业,才能取得比较理想的防雹效果。石河子本次作业就在防区外设立了"卸雹区",起到提早催化的作用。

4.1　作业工具

目前,石河子只采用火箭一种方式开展人工防雹增雨作业。火箭作业具有水平射程远、垂直距离高、催化剂含量大、安全性能好的特点,其具有等同高炮的爆炸性能[2]。

4.2　作业时机

人工防雹作业应以提早作业为原则,宜早不宜迟,选择在对流云体处于形成初期、跃增和发展的阶段进行作业。根据本次天气过程目标云的雷达回波特征及空域申请情况,将作业开始时间定为 14:15。

4.3　作业部位

由作业时机推得,人工防雹作业部位应确定在自然雹胚形成、增长的区域。探测和研究表明,冰雹胚胎大多形成于－4～－10 ℃的环境中[3],该区域过冷水含量丰富,是自然雹胚和人工雹胚形成的“温床”。雷达探测还发现，如果初始回波出现在此期间－6～－8 ℃以上的高度层，有 80％的可能性形成冰雹。因此，本次作业的高度选择在－6 ℃层以上。由当日克拉玛依探空资料确定石河子－6 ℃层高度在 5000 m(地面高度)左右。

4.4 作业剂量

根据本次目标云特征，结合石河子人影指挥、作业人员的实践经验，确定本次需联合、大剂量作业，作业用弹量在 300 枚以上。

5 作业效益分析

石河子此次作业使用的人工增雨防雹火箭为 WR-98 型，该火箭的射高为 8500 m(仰角 85°)，4000 m 以上高程飞行约 5500 m，携带催化剂 720 g，其中 AgI 含量 14 g，每 1 g 的 AgI 在－10 ℃时的成核率为 1.8×10^{15} 个/g。

5.1 火箭人工增雨效益分析方法介绍

由天气概况分析得知，此次天气过程的对流云系含水量较为丰富，且尺度较大(＞500 km^2)。设单枚火箭有效成核率为 N，M 个冰核形成 1 g 降水，每吨降水价值 Y 元，每枚火箭价值 Q 元(含运输费和设备折旧费)，则每枚火箭用于人工增雨的产出/投入比为

$$R=\frac{N\cdot Y}{M\cdot Q\times10^6}$$

假设火箭在播撒过程中每 100 个冰核形成一滴水，只有 55％的 AgI 能够形成冰核(以 m_{AgI} 表示 AgI 含量)，如果 500 滴水有 1 g 重，则火箭催化剂的有效成核数为

$$N=m_{AgI}\times0.55\times1.8\times10^{15}\times100^{-2}$$

令 $M=500/\text{g}$，$Y=0.5$ 元/t，$Q=3000$ 元/枚，故有

$$R=\frac{N\cdot Y}{M\cdot Q\times10^6}=\frac{14\times0.55\times1.8\times10^{15}\times10^{-2}\times0.5}{500\times3000\times10^6}=46.2$$

5.2 火箭人工防雹效益分析方法介绍

众所周知，防雹的同时也就是增雨的过程，因此防雹效益应为增雨效益与防雹效益之和。而对于一次有效的防雹而言，我们可以假设单枚火箭的有效成核数为 N，M 为摧毁每亩农作物所需的冰雹数，每亩农作物增值 Y 元，作业区耕地与非耕地面积比为 C，每枚火箭价值为 Q，则每枚火箭的产出/投入比

$$R=\frac{N\cdot Y\cdot C}{M\cdot Q}$$

假设每 10000 个冰核能够抑制一个成灾冰雹的形成，每 1000 个冰核能够摧毁 1 m^2 的农作物，催化剂中 20％的 AgI 人工冰核能够参与抑制冰雹的形成，每亩农作物增值按 500 元计，每枚火箭按 3000 元计，据了解，2017 年石河子耕地与非耕地的面积之比为 1 ∶ 2.6，则每枚火箭的有效成核数为

$$N=14\times1.8\times10^{15}\times0.2\times10^{-4}$$

而 $M=666\times10^3$，$C=0.38$，因此，每枚火箭的产出/投入比为

$$R=\frac{N\cdot C}{M}\times\frac{Y}{Q}=\frac{14\times1.8\times10^{15}\times0.2\times10^{-4}\times0.38}{666\times10^{3}}\times\frac{500}{3000}=47927$$

即一枚火箭人工防雹的投入/产出比为 1∶47927,考虑增水效益,则总的投入/产出比为 1∶(47927+46.2),亦即 1∶47973.2。

此次防雹增雨作业共消耗火箭弹 651 枚,则火箭防雹增雨的效益约为 31200477 元,约为 3120 万元,即火箭人工防雹增雨作业就产生了 3120 万元的经济效益,若再考虑生态环境的改善等,则社会效益更为可观。

6 结论

(1)这是一次典型的短波扰动型强对流单体影响降雹的个例,云体较为庞大,生命史长(生消过程 3 小时之多)。研究发现,石河子近年来常受本地自生的对流单体影响降雹,因此要加强对强对流单体特征的研究工作,以期人影指挥更加科学有效。

(2)早期催化作业。石河子此次作业选用流动火箭作业,在防区内,对初生和正在发展的对流单体(雷达回波中心强度 45 dBZ 左右)实施催化作业,有效地破坏了云中的上升气流,抑制了冰雹的进一步发展;在防区外,设立"卸雹区"(防区前沿 20～30 km 处),对已形成的强对流单体先行卸雹。

(3)联防作业效果显著。研究发现,对于可降雹的天气系统,单点防雹常有空缺,本站防住了,周围遭灾严重。因此,建立人工防雹作业网(联防区)很有必要。石河子此次作业联合上游的 136 团、下游的 147 团以及冰雹落区的 148 团、149 团、150 团实施人工防雹作业,实现了上下游的活力衔接。同时,此次作业过程中,采用了师市联合防雹专项基金对前沿团场进行联防弹药补贴的政策,提高了各作业点联防作业的主动性,提高了此次人工防雹增雨作业的效果。

(4)过量播撒,使人工雹胚和自然雹胚"争食"过冷水而达到抑雹的目的。此次人工防雹增雨作业共消耗人工防雹增雨火箭 651 枚,即播撒 AgI9114g,数量可观。

(5)此次作业过程中,雷达探测到前悬回波,可惜石河子的人影作业工具只有火箭,若在出现前悬回波时,辅以高炮作业,形成射程远、近、高、低搭配,催化、爆炸交叉影响的作业形式,则作业效果可能更为明显。

参考文献

[1] 史莲梅,赵智鹏,王旭.1961—2014 年新疆冰雹灾害时空分布特征[J]. 冰川冻土,2015,37(4):898-904.
[2] 宋建予. 豫西山区一次典型防雹作业方案设计及效果评估[J]. 气象与环境科学,2012,35(3):59-65.
[3] 杨炳华,王旭,廖飞佳,等. 新疆人工影响天气[M]. 北京:气象出版社,2014.

第四部分　人影管理工作经验和方法

《37 mm 高射炮防雹作业方式》解读

李　燕　田　显　左爱文

（陕西省人工影响天气中心，西安 710015）

摘　要　为了促进本标准的贯彻落实，正确理解本标准起草的目的，对标准进行简单介绍和说明。依据雹云催化的数值模拟和爆炸实验结果，给出弹炸点的空间分布要求；结合高炮的机械特征，将防雹作业方式进行分类，并规范操作要求。为防雹作业指挥和炮手培训提供依据。

关键词　高炮防雹　作业方式

2017 年 9 月 7 日，中华人民共和国国家质量监督检验检疫总局、中国国家标准化管理委员会批准发布了《37 mm 高射炮防雹作业方式：GB/T 34035—2017》国家标准，自 2018 年 4 月 1 日起实施。标志着我国人工防雹作业工作有了规范性的标准，也是全国人工影响天气标准化技术委员会的第一批国家标准。在面向政府、灾害防御机构、公众应对冰雹灾害时，以此标准为要求，依据防雹作业条件，按规定开展 37 mm 高射炮（以下简称高炮）的防雹作业，保障防雹减灾工作有序高效运转，提高灾害防御的能力。为了促进本标准的贯彻落实，正确理解本标准起草的目的，对标准进行简单介绍和说明。

1　标准编制的目的和意义

利用高炮进行防雹作业是有效的雹灾防御手段。快速、准确地将防雹催化剂送入雹云中的有效催化部位，并且均匀分布人工晶核，提高有限催化剂的最大效率，是防雹作业获得成功的关键。高炮输送催化剂进入雹云是防雹作业中的最后一个环节，当一切决策都具有科学意义时，高炮的作业方式就决定了防雹作业的成败。高炮是一种用来打击点目标的常规战术武器，射击距离由弹丸引信自炸时间决定，射击范围由高炮的方向机和高低机控制。然而，雹云中的有效催化部位是人的肉眼无法直接观测得到，在防雹作业中，依据气象雷达提供的作业目标方位，通过远程指挥高炮操作者（炮手）按照作业指令实施作业，故作业指令能否准确表达防雹作业要求，炮手能否准确理解作业指令并完成高炮操作就成了业务管理工作中的核心问题。针对这些技术节点，为解决人工防雹作业的最终环节，依据人工防雹作业理论要求，对防雹的高炮作业方式进行规范，为作业指令提供支撑，为炮手的业务技能培训提供依据。为此，编制《37 mm 高射炮防雹作业方式：GB/T 34035—2017》标准具有十分重要的意义。

2　标准编制的思路和依据

在确定 37 mm 高射炮防雹作业方式时，首先要明确下面三个问题。

2.1　人工晶核均匀分布的条件

雹云催化的人工引晶数值模拟认为，分次引入数浓度为 5×10^5 个/kg 人工晶核有利于减少成雹比例和雹块尺度[1];1998年陕西省采用地基微波辐射计探测空中水的结果表明,积云的云水含量约44g/m^3[2];因此,1枚37 mm防雹弹爆炸产生的人工冰核数可以满足在8.0×10^6 m^{3}雹云体积内与自然雹胚共同争食过冷水抑制大冰雹形成的要求。结合爆炸实验结果[3],从理论上可以看到,在直径为200 m的球形体积、2 min内,爆炸>1枚的37 mm防雹弹对上升气流制动至零值的持续时间<<3min×防雹弹量(枚)。故在防雹作业中,防雹弹炸点的密度应$\leqslant 2.5\times10^{-5}$ m^{-2},即方向射界和高低射界内连续射击的弹-弹夹角>2.2°,在直径为200 m的球形体积内重复爆炸间隔时间>2 min。

2.2 弹丸弹炸点的分布特征

高炮是一种用来打击点目标的常规战术武器。方位控制是以炮盘中心点为轴心,通过方向机在水平面上可作360°的任意转动;俯仰(射角)控制是以炮盘转动轴心上的一点为轴,通过高低机在垂直面上作−5°~88°的任意转动;射击距离由弹丸引信自炸时间决定,引信自炸时间长,射击距离远,引信自炸时间短,射击距离近。高炮的机械特征,决定了弹丸发生爆炸的空间点(以下简称弹炸点)的分布特征,即:弹炸点分布在一个近似的球面上,球面的半径为射击距离。当改变射击距离时,弹炸点的分布图为一组以不同球面组成的图形。

2.3 最快速度完成高炮的操作

雹云的生消过程很快,留下的消雹时间窗口很窄,这就要求防雹作业应在短时间内完成,即以最快速度完成高炮的操作。达到这一目的,从应用工程上来说,应做到三点:(1)缩短无效工作行程,如发射2发炮弹之间的操作工作行程最短;(2)减少无效的操作转换,如频繁切换不同引信自炸时间的弹丸;(3)提高操作速度,加强炮手的业务技能培训。做到上述三点,防雹作业的高炮操作时间就可以做到最短。

3 标准编制的路线和方法

3.1 高炮防雹作业方式的分类原则

高炮防雹作业方式可以有多种分类方式:以炮为观察点,以目标物的特征进行分类;以弹炸点的分布形态分类等等。本标准以防雹作业的理论依据—人工晶核争食过冷水和爆炸抑制雹云中的上升气流为核心,采用以弹丸发生爆炸的空间点分布形态进行分类。

3.2 分类及要求

本标准依据分类原则将高炮防雹作业方式分为球面梯度作业方式、水平梯度作业方式、垂直梯度作业方式和同心圆作业方式四类。球面梯度作业方式中炮弹的弹丸引信自炸时间相同;水平梯度作业方式、垂直梯度作业方式中炮弹的弹丸引信自炸时间不同;同心圆作业方式中炮弹的弹丸引信自炸时间可以相同,也可以不同。所以,对大部分只有一种弹丸引信自炸时间的地区来说,高炮防雹作业方式只有二种:球面梯度作业方式和同心圆作业方式。

为提高方位、俯仰(射角)控制的精度与高炮操作的便捷程度,本标准要求方向机、高低机的转动速度采用慢速挡;作业时射击仰角从大到小依次调整,当连续重复射击时,可从小到大依次调整;同一射击仰角上炮弹的引信自炸延迟时间应相同。

4 标准的使用及建议

《37 mm 高射炮防雹作业方式:GB/T 34035—2017》是规范冰雹灾害防御工作的一部分。该标准的发布,将提高气象行业在社会服务中的影响力,保障气象在灾害防御工作中的服务质量。由于目前没有规范的高炮防雹作业方式,很多工作有待完善,为更好地贯彻执行本标准,做好冰雹防御的服务工作,建议提前做好以下几项工作。

(1)提高防雹作业指挥员制定高炮防雹作业指令的能力。作业指令应包含高炮防雹作业方式所需要的参数,如方位角和射角的范围、作业方式的类别等。

(2)加强炮手的业务技能培训。平时多练习不同作业方式、弹-弹夹角的控制操作,配弹、装弹的操作,以便在作业时能快速、按要求完成高炮防雹作业操作。

(3)技术总结。在每次高炮防雹作业工作完成后,指挥员、炮手应及时总结经验,吸取经验教训,完善工作流程和操作规程,积累作业资料,提高高炮防雹作业的技术能力,切实加强做好冰雹灾害的防御工作。

参考文献

[1] 何观芳,胡志晋. 不同云底温度雹云成雹机制及其引晶催化的数值研究[J]. 气象学报,1998,56(1):31-45.

[2] 梁谷,李燕,岳治国,等. 地基微波辐射计探测空中水个例分析[J]. 陕西气象,2005(1):16-18.

[3] 许焕斌. 关于爆炸影响气流的力学效应[J]. 气象,1979,5(5):26-29.

人工影响天气三七高炮动画多媒体教材的开发研究

王红岩　马官起　樊予江

(新疆维吾尔自治区人工影响天气办公室,乌鲁木齐 830002)

摘　要　本文主要介绍了人工影响天气三七高炮动画多媒体教材立项过程及研发制作内容,其研制运用了三维动画手段,分别就三七高炮的构造、动作、炮弹的构造原理、高炮事故案例进行了解释说明,具有提高基层作业水平、人员业务素质、降低作业安全事故、保证作业安全的重要意义。

关键词　人工影响天气　三七高炮　多媒体　教材

1　引言

1.1　立项背景

目前,全国用于人影防雹、增雨作业的高炮6000多门。近年来,由于各种原因导致的高炮人影作业安全事故时有发生,对人影工作产生了不利影响[1]。引发安全事故发生的原因包括很多因素,如:高炮炮龄长、部件老化、管理不善、炮弹质量不稳定等。但作业人员的安全意识差和技术水平低是造成安全事故最主要的因素[2]。如何持续地、大范围地提高人影高炮操作人员的安全意识,增强安全作业技术水平将影响到人影高炮作业的发展。

利用规范的多媒体教材开展大规模地人影高炮作业安全培训,是提升高炮操作人员安全、规范作业技术水平,降低安全事故的重要途径。开发一套规范的人工影响天气三七高炮作业事故重现动画培训反面教材,可以使基层人影培训有直观警示教育作用。

1.2　立项情况

2016年2月,中国气象局对项目可研给予了批复(中气函〔2016〕人影第4号),项目进行了立项。经中国气象局应急减灾和公共服务司人影处批准,决定由陕西人影办牵头,新疆、重庆人影办及中国气象局人影中心参与,制作“37 mm人影高炮常见故障及维护多媒体培训教材”建设工作。目的是为人影高炮作业提供直观、生动的培训教材,减少人为因素造成的安全事故,提升人影高炮作业安全水平。

1.3　目标任务

经调查研究、综合分析、征求专家意见,并得到中国气象局减灾司的指导,将本项目的工作目标定位在:根据人影高炮业务工作需要,为人影管理人员、技术人员和高炮基层作业人员安全培训工作开发制作一套规范、完整的反面动画教材。该动画教材内容需符合中国气象局发布的有关规范,系统、完整;高炮安全重点内容突出。教材开发应灵活运用三维动画技术,使内容形象、生动、直观,贴近实际,符合学习规律。

本动画教材开发完成后将向全国推广，可以作为人影作业人员上岗培训、年度岗前培训教材，也可以作为有关人员的自学教材和参考资料使用。对满足基层作业人员的培训需求，改善培训方式、规范培训内容等方面发挥积极作用。

2 项目建设内容

《人工影响天气三七高炮动画培训教材》内容如下。

2.1 高炮的构造动画

身管、炮闩、装填机、发射机、驻退机、复进机、摇架、高低机、平衡机、方向机、托架、炮床、炮车。

2.2 高炮的动作动画

2.1.1 炮闩动画

炮闩用于关闩、闭锁炮膛、击发、开闩和抽出药筒。

人工开闩。拉握把，连接条带动开关轴向后，曲臂、闭锁杠杆转动，压闩体下落，拨回击针，击发卡锁簧伸张，抽筒子抓住闩体。

人工关闩。用手提扳手，歪柄使抽筒子转动，放开闩体，关闩。

自动开闩。后坐时，炮尾带开关轴向后，滑轮沿开闩盖滑道滚动，开关轴转动，闩体下移开闩。

自动关闩。炮弹入膛，药筒底缘冲击抽筒子，抓钩离开冲铁，放开闩体关闩。

2.1.2 装填机动画

装填机，利用高炮后坐和复进的能量，连续地、有节奏地压弹并输弹入膛，以保证高炮的连续发射。

2.1.3 发射机动画

发射机，用来控制高炮的发射和停射，并使两管发射同步。

2.1.4 复进机动画

复进机，后坐时吸收部分后坐能量起一定的制退作用；后坐停止时，将后坐时吸收的能量转换成复进能量，使后坐部分复进到位。

2.1.5 驻退机动画

驻退机，在后坐时产生后坐阻力，消耗部分后坐能量，在复进时产生复进阻力，使后坐部分平稳复进。

2.1.6 自动机联动动画

高炮射击过程的动作流程：自动机是高炮的核心部件，它以火药燃烧威力产生的气体发射弹丸，并完成连续发射动作。拉握把向后并到位，自动形成保险。压弹，放回握把，到击发状态，击发，弹丸冲出炮口，产生人影效果。

自动机联动动作：握把拉向后，自动保险。拨回输弹器。打开制动器。打开炮闩。压弹。送回握把。打开保险。保险杠杆离开联动柄杠杆。踩下发射踏板，输弹簧伸张，输弹入膛，冲倒抽筒子。闭锁簧伸张,闩体向上关闩、闭锁、击发。发射后,在火药气体的作用下,后坐部分后坐,炮尾带活塞杆向后,复进机向后,压缩复进簧,输弹机向后,活动梭子小齿向上越过一发炮弹,滑轮沿开闩盖的曲线滑道滚动,开关轴向下转动,开闩。显示后坐距离,后坐停止,复进簧伸张,当只剩下一发炮弹时,自动停射。

2.1.7 高低机动画

高低机用来操纵高炮起落部分在高低射界内转动,进行高低瞄准。

2.1.8 方向机动画

方向机,用来操纵高炮回转部分在方向射界内转动,进行方向瞄准。

2.1.9 平衡机动画

平衡机,用来平衡高炮起落部分对炮耳轴所产生的力矩,使高低机动作轻便灵活。

2.1.10 托架动画

托架是高炮回转部分的主体,它用来安装起落部分及高低机、方向机等,并使之能在方向上回转。

2.1.11 炮车动画

炮车,在行进时是高炮的拖车;作业时是高炮的基础,以保证作业射击时的稳定。

2.3 炮弹的动画

炮弹主要由引信、弹丸、药筒、底火、发射装药组成。在弹丸内装有碘化银、高能黑铝炸药及火工品。引信的作用是在规定时间内引爆弹丸。由引信体、膛内惯性发火机构、药盘延时自炸机构和传爆机构等组成。

惯性发火机构原理:发射时,火帽受到巨大惯性力向后压缩保险簧,撞击击针而发火。火焰经凹形体点燃时间药剂,经一定时间燃烧,引爆传爆管,最后使弹丸爆炸。

13 型隔爆炮弹动画:发射时,击针撞击底火,弹丸在火药气体的作用下作直线加速运动和旋转运动,使引信火帽压缩侧面击针簧向下运动与侧击针撞击而发火,火焰通过横向传火道点燃时间药盘,同时也通过下面的传火道点燃传火药柱,进而引燃保险药。圆珠离开回转体解除保险,保险药柱燃尽,火药保险塞外撤,回转体转正,使雷管、火帽传火孔、传爆管对正,时间药盘经过一定时间燃烧将雷管引爆并经过传爆管使弹丸爆炸,完成整个作用过程。

2.4 高炮事故案例动画

高炮作业中发生的安全事故,大多是由于违章操作造成的,是完全可以预防和避免的。现就几起作业事故作以下动画演示。

2.4.1 洗把杆捅炮,操作错误事故

由于炮弹底火瞎火、炮闩故障不能发射的原因,造成炮弹留在膛内,作业人员没有检查膛内有无炮弹,在未拉握把的情况下,违规用洗把杆捅炮,造成重大伤亡事故。

洗把杆通炮正确操作:通炮前应先打高炮身,检查膛内有无炮弹。拉握把向后,必须将握把放至后把握扣内,看炮弹是否能从后面掉落,如不掉落,将事先准备好的洗把杆装上退弹器,再打低炮身,慢慢从炮口部推出炮弹。

2.4.2 两次拉握把错误操作伤亡事故

第一次拉握把输弹进膛，由于炮弹底火瞎火、炮闩故障不能发射的原因，造成炮弹留在膛内，作业人员在没有检查膛内有无炮弹的情况下，或违规打低炮身处理故障，第二次轻拉握把退弹，在闩体镜面没有离开弹底缘，或闩体冲铁没有被抽筒子抓住时间又送回，致使击针第二次击发打击底火，炮弹发射，造成炮口前人员伤亡。

正确处理方法：遇到炮弹发射不出去的情况，作业人员首先要打高炮身，检查膛内有无炮弹，要拉握把就要拉到位，放在后握把扣内。不能刚拉起握把，没有打开炮闩，就马上放回，造成两次击发动作。

2.4.3 落炮状态起炮时，违规打开制动开关事故

起炮时，在杠起螺杆未收到最上方、轮胎没有着地的情况下，错误认为制动开关生锈，在变换器弹簧压缩状态下，用榔头强行打开制动开关，致使弹簧迅速伸张，牵引杆瞬间失控旋转下落，造成炮手伤亡。

正确处理方法：起炮时，应将杠起螺杆收到最上方，使轮胎着地，重力落在轮胎上后，再将制动开关打开方可安全起炮。

2.4.4 落炮时，杠起螺杆履钣压脚事故

落炮时，由于炮手站立位置错误，脚面放到履钣下落位置，致使压脚事故产生。

正确处理方法：落炮时要规范动作要领，防止压脚事故再次发生。

2.4.5 高炮后坐过长，致高炮零部件损坏事故

由于驻退机的驻退液液量不足、机件磨损、复进机簧力减弱，造成高炮后坐距离过长，致使高炮零部件损坏。

正确处理方法：如发现液体不足，应及时注液。机件磨损、复进机簧力减弱，应及时更换零部件并进行维修。

2.4.6 炮弹膛内自燃爆炸事故

由于发射炮弹数量过多，身管温度过高，接近4000 ℃，致使复进簧退火，复进簧力减弱，复进不能完全到位。拉握把退弹时，自动机后移，握把拉不到位，不能正常开闩；由于膛内温度过高，炮弹火药自燃爆炸，火药气体一方面推弹丸出炮口，另一方面，弹底缘被撑爆，破片造成炮手伤亡。

正确处理方法：当高炮连续发射炮弹过多，出现炮弹楔住炮闩故障时，炮手应迅速打高炮身450，一炮手拉握把向后不松手，另一炮手打开机箱上盖，用榔头把或木棒从上向下冲炮闩，炮闩应被打开，炮弹应能掉落。如1分钟处理不掉，最长不得超过1分半钟，应立即撤离现场，等炮膛完全冷却后，再进行故障处理。

2.4.7 炮弹炸膛致炮手伤亡事故

一是发射弹炮数量过多，致身管内应力下降，撑爆身管；二是擦拭保养不到位，膛内过脏；三是炮弹的质量存在缺陷。避免发生类似事故应注意以下几点：(1)及时更换身管，减少发射数量；(2)按要求擦拭炮膛；(3)加强炮弹质量管理，特别是新型炮弹的质量监控。

2.4.8 炮弹落地，炸伤民众、炸毁民房事故

因发射炮弹偏离射界，炮弹落地炸伤民众，炸毁民房。

正确处理方法:发布作业公告,及时更新安全射界图,炮弹应严格按射界图发射。

2.4.9 农牧民捡到瞎火弹丸、玩耍敲打弹丸致其伤亡事故

捡到瞎火弹丸,擅自敲打,造成引信爆炸致其伤亡。

正确处理方法:发现或捡到瞎火弹丸时,应及时报告气象部门或公安部门,严禁私自分解敲打,擅自处置。

3 验收意见

2017 年 9 月 15 日,中国气象局组织专家对"人工影响天气三七高炮动画培训教材建设"项目进行了验收。验收专家认真听取了项目组所做的工作报告,听取了教学课件脚本、三维动画制作的专家审核意见,观看了整个动画教学片演示,审查了动画制作的版权,经现场质疑、讨论,认为:

(1)该三维动画教材内容设计合理、准确,符合高炮技术要求;

(2)该动画教材内容翔实,动画表现形式生动、直观,画面制作精美,符合基层炮手和管理人员安全培训需求;

(3)该动画教材符合多媒体制作规范,具有一定的创新,填补了人影高炮行业没有多媒体反面教材的空白。

对照中国气象局应急减灾和公共服务司人影处下达的任务要求,项目组完成了人影处下达的动画教学片制作要求,验收组一致同意通过验收。

4 结论

三七高炮是人工影响天气作业的重要工具,通过对本教学光盘的内容学习,能够使炮手在短时间内熟悉高炮、炮弹的构造原理,深层次剖析事故造成的致命原因,从中吸取经验教训,最大限度地避免事故再次发生。

参考文献

[1] 欧家理. 人影 37 高炮安全作业隐患分析及对策[J]. 沙漠与绿洲气象,2009,3(s1):216-217.
[2] 郝克俊,杨佑洪,林丹,等. 浅谈人工影响天气作业安全文化[J]. 黑龙江气象,2019,36(1):11-13.

《人工影响天气安全管理》培训教材内容解释

王荣梅　樊予江

（新疆维吾尔自治区人工影响天气办公室，乌鲁木齐 830002）

摘　要　本教材从人工影响天气作业安全管理的概念与相关理论入手，分别就从业人员的管理，作业空域的管理，作业装备高炮、火箭、地面烟炉、飞机和弹药的管理，人影作业装备在物联网中的应用，事故案例分析、事故的调查处理、事故的应急管理、安全文化、保险保障、安全督查、安全评价、安全管理规范和标准化建设等方面进行了探讨，对相关法律法规进行了解读，使人影管理人员如何进行人员、空域、作业装备和弹药的业务管理，如何减少和避免事故的发生，事故发生后如何开展事故调查处理，如何进行安全评价和加强安全文化建设，如何有效利用保险为自己提供安全保障等。

关键词　人工影响天气　安全管理　培训教材

1　引言

目前，我国人工增雨防雹作业主要使用高炮、火箭、烟炉和飞机等装备[1]，作业用炮弹、火箭弹、焰条和焰弹都具有一定的风险性，因管理不善、违章作业、产品质量等原因引起的人员伤亡和财产损失事故时有发生。如何持续地、大范围地提高人影管理人员的安全意识，增强安全作业技术水平，将影响到人影工作的发展。利用规范的教材开展大规模地人影安全培训，是提升操作人员安全、规范作业技术水平，降低安全事故的重要途径[2]。开发一套规范的人工影响天气管理培训教材，可以有效减少人为因素造成的安全事故，提升人影作业安全水平。

经调查研究、综合分析、征求专家意见，并得到中国气象局减灾司的指导，将本教材的工作目标定位在：根据人影管理工作需要，为人影管理人员、技术人员和基层作业人员安全培训工作编写一套规范、完整的教材。该教材内容需符合中国气象局发布的有关规范，系统、完整；安全重点内容突出。教材内容全面系统、生动、直观，贴近基层单位管理实际，符合学习规律。

2　《人工影响天气安全管理》培训教材简介

2.1　目的意义

为了提高人工影响天气业务管理人员和基层作业人员的业务素质和安全技能，在认真总结各地人影作业管理实践经验的基础上，查阅了大量安全管理文献资料，搜集整理了各省近年来人工影响天气安全管理工作中好的经验做法，编写了《人工影响天气安全管理》一书。

本教材从安全管理的概念与相关理论入手，分别就从业人员的管理，作业空域的管理，作业装备高炮、火箭、地面烟炉、飞机和弹药的管理，作业装备在物联网中的应用，事故案例分析、事故的调查处理、事故的应急管理、安全文化、保险保障、安全管理规范和标准化建设、安全督查、安全评价等方面进行探讨，对相关法律法规进行了解读，使人影管理人员了解安全管理的有关概念和安全理论,如何进行人员、空域、作业装备和弹药的业务管理,如何减少和避免事故的发生,事故发生后如何开展事故调查处理,如何进行安全评价和加强安全文化建设,如何有效利用保险为自己提供安全保障等等。全书参照《安全生产法》《气象法》《人工影响天气管理条例》等法律法规、规范性文件对安全管理工作进行分类,引导人工影响天气从业人员参照自己的工作岗位,查找、防范事故发生,提高安全意识。这对于提高安全管理水平,防止重、特大事故的发生和保障作业人员的安全具有重要意义。

2.2 编写过程

按照教材编写的一般程序,分步组织实施。划分以下步骤:制定审定研究大纲、选编研究文字稿本、收集素材和后期编写、测试优化、审核验收。参照项目管理方法,进行阶段审核、修正。广泛收集素材,对高炮、火箭、烟炉和飞机作业,安全作业射击、储存、运输、炮弹管理中出现的事故进行分析,总结部分事故案例,分析人影高炮、火箭操作、地面烟炉和飞机的作业方法等,规范安全操作要领。在后期编辑中,对素材进行加工处理,编写研究经过测试和优化,再经过专家多次校正、审核,从而保证教材的可行性、可靠性和高质量。

2.3 教材内容

全书共十八章,47 万字。内容包括:第一章,概述;第二章,高炮的安全管理;第三章,火箭的安全管理;第四章,地面烟炉管理;第五章,飞机作业安全管理;第六章,弹药安全管理;第七章,人影装备物联网技术应用;第八章,安全管理理论;第九章,相关法律法规解读;第十章,从业人员的安全管理;第十一章,作业空域的管理;第十二章,安全管理标准化建设;第十三章,安全文化;第十四章,保险保障;第十五章,事故调查处理;第十六章,事故应急管理;第十七章,安全检查督察;第十八章,安全评价。

2.4 出版发行情况

2016 年 12 月,《人工影响天气安全管理》由西北工业大学出版社出版发行。本书可以作为人影作业人员上岗培训、年度岗前培训教材,也可以作为有关人员的自学教材和参考资料使用。已在新疆及全国人影工作中得到广泛推广应用。这对满足基层作业人员的培训需求,改善培训方式、规范培训内容等方面发挥了积极作用。

3 结论

根据本书编者人影装备安全管理工作经历,结合全国一线人影从业人员的工作实际编写的《人工影响天气安全管理》,在新疆及全国人影工作中得到广泛应用,推动了全国人影安全,预防和减少了新疆及全国人影工作安全事故的发生。

参考文献

[1] 刘芳,贾玲．人工增雨防雹用高射炮、火箭发射系统的安全管理[J]. 陕西气象,2005(3):48-49.
[2] 马官起,冯诗杰,林俊宏,等．当前人影安全工作的分析与思考[J]. 气象软科学(3):25-27.

人工影响天气从业人员安全管理探讨

范宏云　王荣梅

（新疆维吾尔自治区人工影响天气办公室，乌鲁木齐 830002）

摘　要　人工影响天气安全管理是个系统工程，它涉及到作业装备高炮、火箭、地面焰炉、飞机和弹药的管理，作业空域的管理，从业人员的管理，事故的应急管理，安全督查，安全文化，安全评价等方方面面，而从业人员的安全管理是人工影响天气安全管理体系的重要组成部分。本文从人工影响天气从业人员的入职管理、组织管理、培训管理、职责管理、安全保障五个方面分别进行了探讨，以期指导人影从业人员的安全管理工作。

关键词　人工影响天气　从业人员　安全管理

1　引言

2015年修订的《国家职业分类大典》中，将人工影响天气作业职业命名为人工影响天气工程技术人员。人工影响天气从业人员主要包括人工影响天气作业指挥人员、业务管理人员和作业人员等[1]。多年来，因管理不善、违章作业等原因引起的人影安全事故时有发生。本文主要就人工影响天气从业人员的入职管理、从业人员的组织管理、从业人员的培训管理、从业人员的职责管理、从业人员的安全保障管理五个方面进行探讨，以规范从业人员的安全管理。

2　人工影响天气从业人员的入职管理

人工影响天气从业人员的素质高低、能力强弱直接关系到整个人工影响天气事业发展，与人工影响天气业务现代化建设息息相关[2]，因此，要切实加强从业人员的入职管理。

2.1　人工影响天气从业人员要求

因人工影响天气工作具有社会性、专业性、系统工程性、发展性、存在一定程度的不确定性和风险性等特点，特别是人工影响天气作业人员，他们工作中使用的高炮、火箭、飞机、人雨弹、火箭弹、焰弹等属于军事装备、民用爆炸物品和火工品，具有一定危险性，因此在选人用人时一定要进行严格审查，且必须满足一定条件才能从事人工影响天气作业。

2.2　人工影响天气作业人员入职程序

从事人工影响天气作业的人员实行自愿原则，凡是符合人工影响天气作业人员要求的人员均可参加当地气象主管机构组织的人工影响天气作业人员培训，取得《人工影响天气作业人员岗位培训合格证》后，填写《人工影响天气作业人员信息登记表》，报作业点法人单位，同时提交相应材料。只有取得《人工影响天气作业人员岗位培训合格证》且在当地气象主管机构备案的人员，才能从事人工影响天气作业。

2.3 人工影响天气作业人员的备案

根据《人工影响天气管理条例》第十条第二款之规定"利用高射炮、火箭发射装置从事人工影响天气作业的人员名单,由所在地的气象主管机构抄送当地公安机关备案。"人工影响天气作业人员实行备案制,既要在当地气象主管机构备案,又要在当地公安机关备案。

2.3.1 气象主管机构备案

人工影响天气作业人员在当地气象主管机构备案工作由作业点法人单位负责。作业人员在当地气象主管机构备案内容,主要包括身份证号、姓名、性别、民族、学历、政审情况、身体情况、培训情况、联系电话、所在作业点及人工影响天气作业人员入职要求提交相关材料。作业点法人单位汇总人工影响天气作业人员信息后,将汇总信息、《人工影响天气作业人员信息登记表》及相关材料报当地气象主管机构进行备案。

2.3.2 公安机关备案

人工影响天气作业人员向当地公安机关备案工作由所在地气象主管机构负责。气象主管机构汇总辖区内人工影响天气作业人员信息,填写《人工影响天气作业人员信息汇总表》,并经当地公安机关公安网查询个人无污点后,方能盖章有效。

2.4 人工影响天气从业人员的档案管理

人工影响天气从业人员档案应记录姓名、性别、年龄、身份证号码、政治面貌、工作单位、职称、职务、从事人工影响天气作业时间、岗位名称、培训情况、培训合格证获取及登记情况等,应保留本人照片及身份证复印件。

3 人工影响天气从业人员的组织管理

按照"谁用人谁负责"的管理思路,人工影响天气作业人员组织管理主要由作业点法人单位负责组织管理,气象部门主要负责人工影响天气作业人员指导和培训。目前,人工影响天气作业人员组织管理主要有政府主导、民兵预备役、社会化服务三类作业人员管理模式。

3.1 政府主导模式

政府主导模式是由地方政府牵头组织、协调、开展人工影响天气工作,政府相关部门分工协作,负责安全管理,落实作业机构、人员编制和经费保障,由基层政府工作人员或雇员实施作业。气象部门主要负责人工影响天气作业人员指导和培训。一是通过政府落实机构编制、设立公益性岗位。二是作业点法人单位与人工影响天气作业人员签订劳务派遣合同来落实。

3.2 民兵预备役模式

民兵预备役模式是指将人工影响天气作业队伍编入预备役部队、民兵组织进行准军事化管理。预备役部队有正式的军队建制,对训练时间、训练内容、战时任务及其隶属关系等都有明确的规定,人工影响天气作业人员作训费、制服等由军费列支,业务经费主要由地方财政解决。民兵的军事训练由县人民武装部组织实施,农村人工影响天气民兵在训练期间由当地政府给予误工补贴,企业事业单位人工影响天气民兵干部在训练期间由原单位负责工资奖金发放及伙食补助和往返差旅费开支。气象部门主要负责作业指导指挥、协助作业装备采购、部门内作业人员日常管理等工作。如河南省郏县乡镇武装部门承担人工影响天气作业服务、陕西省预备役人工影响天气防灾指挥中心、陕西省陇县女子防雹连就是采用这种模式。

3.3 社会化服务模式

社会化服务模式是指由社会主体承担人工影响天气作业服务,包括需求主体开展自我服务、政府购买社会服务提供等方式。相关行业部门和农业经营体等需求主体自行解决作业人员和经费保障,负责人员和安全管理。政府购买服务是由政府部门组织,通过采购招标方式,将作业服务交由符合要求的社会力量承担实施,所需资金由财政预算统筹安排。气象部门主要负责作业指导指挥、人员培训和协助作业装备采购等工作。一是行业系统组织实施。如乡镇综合农业技术服务系统组织实施。二是农业经营体自我服务。如种植大户或企业集团、政府购买服务模式,将人工影响天气作业劳动服务列入当地政府购买服务清单。

4 人工影响天气从业人员的培训管理

各级政府要完善全省人工影响天气组织体系建设,提高人工影响天气从业人员的工作水平,适时组织从业人员基础培训、岗位培训、继续教育培训和终身教育。

4.1 作业人员培训

从事人工影响天气作业的人员,必须经过省级气象主管机构组织的培训、考核合格,取得《人工影响天气作业人员岗位培训合格证》,方可实施人工影响天气作业。

4.1.1 培训的主要内容

作业装备的基本原理、结构、实践操作、安全技术规定;作业装备维护保养技能、故障处置流程;弹药安全使用、运输、存储等常识;气象基础知识;人工影响天气业务规范和行业标准;相关的法律、法规及规章制度。

4.1.2 培训的考核标准

熟悉作业装备的基本构造,熟练掌握操作规程和安全使用要求;能够排除作业装备的一般故障;熟练掌握作业装备的保养、维护;熟悉弹药的安全保管常识,掌握正确的使用方法;掌握人工增雨、防雹等基本的气象知识并能熟练应用;熟记相关法律、法规、规章制度;掌握业务规范和标准,并能熟练应用;按要求对作业情况进行记录,按时上报作业的有关数据、总结等材料。

4.1.3 培训的考核程序

人工影响天气作业人员实行年度培训考核制,省级气象主管机构组织开展作业人员培训、考核工作。培训合格证由省级气象主管机构统一印制、颁发《人工影响天气作业人员岗位培训合格证》,培训合格证不得转借、转让、涂改或作为他用。对已经取得培训合格证的作业人员,每年应在作业期前进行安全培训、考核,填写考核结果,未通过考核的,收回其培训合格证。各级气象主管机构应建立健全作业人员培训、考核档案,定期向上级气象主管机构备案。作业人员的培训考核采取实践操作与笔试考试相结合的方式进行。

4.2 作业指挥人员和业务管理人员培训

培训内容包括:人工影响天气的基本原理,云、降水动力学和微物理学基础,数值模式,人工影响天气的催化技术,人工影响天气作业和科学实验的方案设计和外场试验,人工影响天气的效果检验,业务技术系统,相关的法律法规等。

在岗期间,人工影响天气作业指挥人员和业务管理人员进行相关知识学习。不仅只是被动的课堂式学习,还包括自我提高。大气是千变万化的,需要在业务实践中加深了解,掌握规律,提高水平和能力,在实践中学习。

5 人工影响天气从业人员的职责管理

5.1 业务管理人员的职责

业务管理人员主要负责人影业务管理和安全管理,其职责是:(1)组织制定人工影响天气发展规划和年度工作计划;(2)组织制定人工影响天气标准、业务规范、业务流程、规章制度、考核办法等;(3)组织落实安全生产责任制,组织业务安全检查、督查;(4)组织协调安全事故调查、上报和善后处理等;(5)制订弹药年度计划,统一购置,组织调拨和过期弹药销毁等工作。(6)组织作业装备的购置、转让、调拨和报废等;(7)组织作业人员备案登记;(8)负责作业单位资质管理;(9)负责档案管理。

5.2 作业指挥人员的职责

(1)负责人工影响天气特种监测资料和常规气象观测资料整理分析工作;(2)负责作业过程天气预报,制订作业计划;负责作业条件潜力预报,制作作业预案;负责作业条件监测预警,制作作业方案;负责作业决策指挥、作业实施;(3)负责作业效果评估工作;(4)负责作业空域请示;(5)负责作业信息汇总、上报。

5.3 作业人员的职责

5.3.1 班长职责

作业单位应对作业点指定一名作业人员作为班长,负责作业点管理,其职责是:(1)认真贯彻执行各项规章制度,遵守作业操作规程,执行作业点工作制度;(2)对作业点的工作要认真负责,能以身作则,爱岗敬业,善于做思想教育,对作业点的工作、学习进行全面管理;(3)负责作业点的安全管理,严格按作业装备操作规程、作业流程进行操作,严禁违规操作;(4)定期检查维护保养作业设备,确保作业装备处于良好状态;(5)组织作业人员参加当地气象主管机构组织的作业人员业务培训;(6)根据天气变化情况,不失时机地组织完成每一次作业任务;(7)负责作业用弹药安全管理,做到出入库手续齐全,熟悉弹药的型号、数量、批号、质量、入库时间及存放位置,了解其构造、性能和配套情况;(8)组织作业人员对弹药库进行 24 小时看护;(9)完成作业信息及值班日志信息的填写,并负责作业信息的上报;(10)负责作业时空域申请工作,并严格按空域审批制度执行,严禁未经请示批复和超时作业;(11)负责人工影响天气相关工作的上传下达。

5.3.2 作业人员职责

作业人员应在班长带领下开展人工影响天气作业，其职责是：(1)服从命令，听从指挥，积极完成各项工作任务；(2)积极参加当地气象主管机构组织的作业人员业务培训，坚持学习人工影响天气知识，作业装备操作技术及保养维护技能，胜任本职工作；(3)熟练操作作业装备，严格按作业装备操作规程和操作要领、作业流程进行操作，严禁违规操作；(4)坚守工作岗位，密切监视天气变化，抓住每次天气过程开展作业，不擅离职守；(5)协助班长进行定期检查维护保养作业设备，保持作业装备的良好状态。严禁作业装备带病作业，防止各类事故发生；(6)协助并监督班长进行弹药安全管理，协助班长做好库存物资的技术管理工作；(7)做好库房日常勤务管理工作。

6 人工影响天气从业人员的保障管理

在现代社会中，意外事故是无处不在的，而人工影响天气从业人员工作的危险性较大，承担着较大的风险，购买保险是很有必要的。另外，由于工厂生产的弹药自身存在不安全因素，作业时可能造成地面人员生命和财产损失，所以，从业人员应有人身意外保险和劳动保护用品保障。

6.1 人身意外伤害保险

依据《人工影响天气安全管理规定》第四条第五款之规定“作业人员应享有人身安全保险。”从事人工影响天气作业人员应由作业点法人单位购买人身意外伤害保险。法人单位可根据本地区实际情况，规定人身意外伤害保险的附加险要求。办理人身意外伤害保险符合以下要求：(1)保险期限为人工影响天气作业期开始之日到作业期结束之日；(2)法人单位应在作业期开始前，办理完投保手续；(3)各单位结合本地区实际情况，投保的保险金额不低于因作业人员伤亡需补偿的金额；(4)保险费应当列入人工影响天气专项经费，保险费由所在单位支付，各单位不得向作业人员摊派；(5)投保人办理投保手续后，应将投保有关信息告知被保险人；(6)各单位在发生人工影响天气意外事故后应立即向保险公司提出索赔，使伤亡人员能够得到及时、足额的赔付。

6.2 劳动保护用品

作业点法人单位应当给人工影响天气作业人员配备工作服、安全帽、手套、雨衣、雨鞋等必要劳动保护用品。

7 结论

人工影响天气作业用的高炮、火箭、炮弹、火箭弹、焰弹等作业装备具有较大的危险性，因管理不善、违章作业等原因引起的安全事故时有发生。因此，我们要从人工影响天气从业人员的入职管理、组织管理、培训管理、职责管理、安全保障等方面分别构建关完善安全管理体系，做到管理规范化、制度化，努力提升从业人员的素质和技能，提高人影作业的安全性和作业效益，最大限度地减少安全责任事故发生。

参考文献

[1] 邓北胜. 人工影响天气技术与管理[M]. 北京:气象出版社,2011.

[2] 马官起,廖飞佳,冯诗杰,等. 人工影响天气安全管理[M]. 西安:西北工业大学出版社,2016:205-212.

阿尔泰山生态保护暨水源地人工增水重大意义

田忠锋　杨温萍

(阿勒泰地区气象局,阿勒泰 836500)

摘　要　阿尔泰山区是人工影响天气作业理想场地,有计划地开展阿尔泰山水源地人工增水、生态保护、水资源保障意义重大。

关键词　阿尔泰山　生态保护　水源地　人工增水　意义

1　阿勒泰地区基本情况

阿勒泰地区地处亚欧大陆腹地,远离海洋,位于新疆维吾尔自治区的最北部,与俄罗斯、哈萨克斯坦、蒙古国接壤,边境线长 1197 km,总面积 11.8 万 km^2,约占全疆总面积的 7.36%。下辖 6 县 1 市均为边境县(市)。2017 年末,总人口 67.16 万人,由 36 个民族组成。

阿勒泰地区地貌起伏多状,森林广布,草场丰美,山区冰川、平原丘陵、戈壁沙漠、河流湖泊、草原湿地交错并存;阿勒泰地区是新疆丰水区之一,有额尔齐斯河、乌伦古河、吉木乃山溪三大水系,大小河流共 56 条,年总径流量 133.7 亿 m^3(图 1);阿尔泰山天然森林 2748 万亩,是全国六大林区之一、新疆第二大天然林区,森林覆盖率 22.65%;天然草原面积 1.48 亿亩,可利用面积 1.08 亿亩,占土地面积约 61.9%;被国务院确定为水源涵养型山地草原生态功能区,在国家确定的 25 个重点生态功能区中,名列第三。

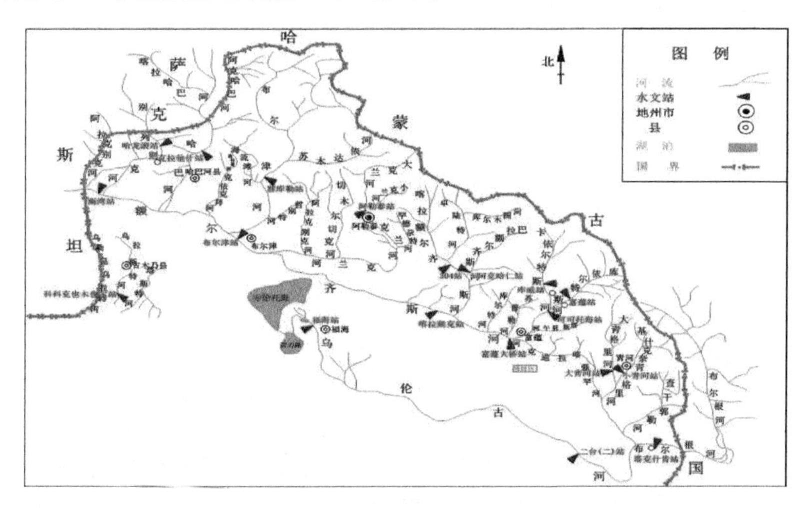

图 1　阿勒泰地区水系分布

长期以来都是以生态环境好、淡水资源丰富而著称,不仅是我国水源涵养性生态功能区,还是新疆重要水源战略储备地。承担着 635 调水工程战略任务。

2 生态保护压力严峻

近年阿勒泰地区作为新疆重要水源地,配合实施国家发展战略方案,先后开展“引额济克”“引额济乌”调水工程和“西水东引”补水工程,为自治区社会稳定、长治久安发挥了关键作用。受气候变暖、极端气候事件频发、年降水分布不均、自然降水转化率低等影响,阿勒泰地区阶段性旱情多发,造成发展用水、国家调水与自然生态补水能力不平衡,致使山区雪线上升,冰川消退,两河流域年径流量明显下降,水源涵养功能下降;河谷林减少,下游河谷林地生态受到影响;过度放牧造成土壤裸露、植被退化、土地沙化、蒸发量加大而空气湿度下降,引起干旱天气;而干旱天气使降水相对困难,小雨天气难以形成,一旦降水则往往是暴雨、冰雹一类的“无效降水”,引发富有营养的地表土严重流失,往往造成灾害,使植物的生长发育更加困难。受气候变暖影响,原始林区、丘陵、戈壁区年降水偏少,平原、河谷两侧天然林草植被退化甚至枯死,湖滨、湿地局部荒漠化,生态系统退化,沙漠化面积扩大。

党中央、国务院高度重视生态保护与建设工作。党的十八大进一步将生态文明建设与经济建设、政治建设、文化建设、社会建设并列纳入“五位一体”的中国特色社会主义事业总体布局中;党的十九大指出“建设生态文明建设是中华民族永续发展千年大计,必须树立和践行绿水青山就是金山银山理念”[1]。

3 区域增水的强大优势

阿尔泰山是全国天气系统的上游,水源地山区处于过境天气迎风坡,天气过程频繁。据统计,平均每 5 天西风带上就有一次天气系统影响阿勒泰地区,大量云水资源从空中经过。从阿勒泰地区冬、夏季多年大降水日数分布来看,阿尔泰山和萨吾尔山是出现大降水频率最高的区域(图 2,图 3)。这种得天独厚的地形、地貌特征,丰富的空中云水资源,为开展大范围人影作业提供了先天优势,是阿勒泰地区实施人工增水的关键区域。

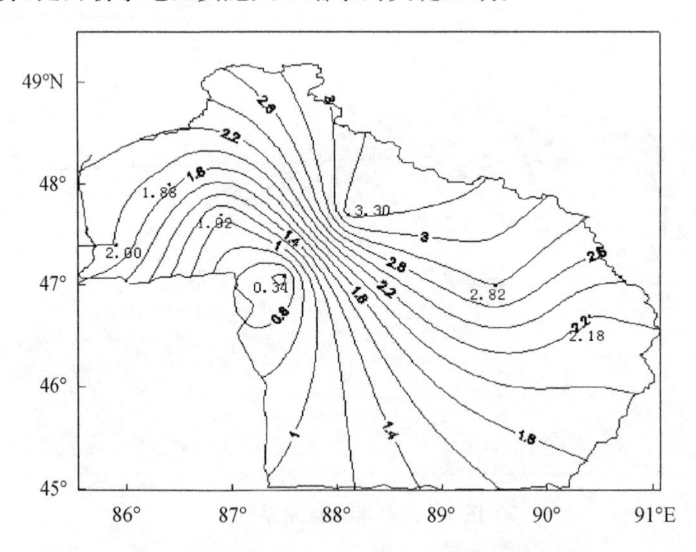

图 2 阿勒泰地区冬季大降雪多年平均日数

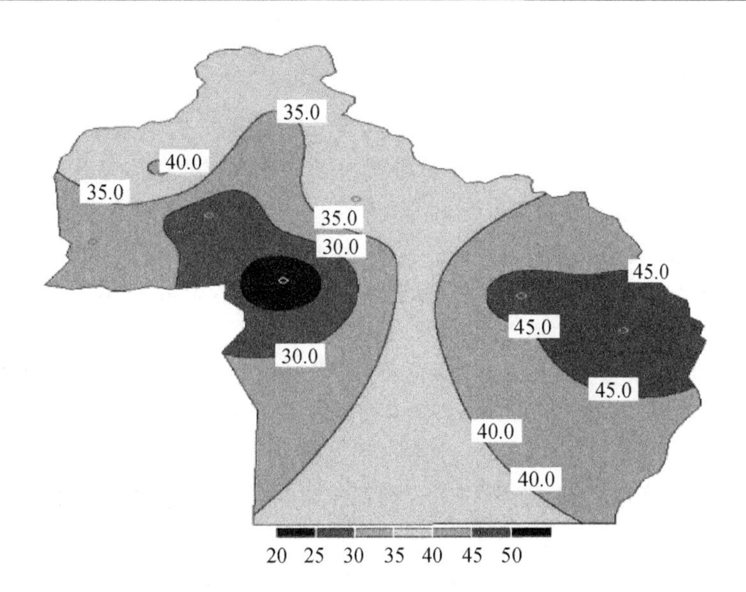

图 3 阿勒泰地区夏季大降水日数

《全国主体功能区规划》中将“阿尔泰山地森林草原生态功能区”列入全国 25 个重点生态功能区之一，其功能即保障国家生态安全，人与自然和谐相处。阿勒泰水资源的一个显著特点是依赖山区大气降水，山地降水量占全地区降水总量的 84%。阿勒泰水汽来源主要依靠西风环流携带来自大西洋和亚欧大陆的蒸散水汽，空中水汽资源非常丰富。

从生态学的角度讲，绵绵细雨是最佳的“有效降水”：雨水被植物滞留、土壤吸收，提高了空气、土壤的湿度，对植物生长十分有利；茂盛的植物蒸腾作用持续保持了较高的空气湿度，形成有利于降水的微环境，使湿润气流形成的降水能够在阿尔泰山产生反复多次的循环，良好的微环境提高了生物量，有利于草原保持较高的承载力。

4 阿尔泰山水源地人工增水的重大意义

4.1 生态保护的需要

阿勒泰地区额尔齐斯河沿岸的河谷林，是我国特有树种额河杨、银白杨、银灰杨、苦杨和欧洲黑杨的天然分布区和自然发源地，也是我国改良品种和培育新品种天然多种类杨树基因库，具有重要的研究与经济价值。受水资源短缺和过度放牧的影响，林区的林下更新极差，林分退化现象严重，森林的水源涵养功能严重弱化。

阿勒泰地区草场总面积为 1.48 亿亩，可利用面积为 1.08 亿亩，占阿勒泰总面积的 61.9%。由于全球气候变暖、极端气候事件频发，阿勒泰地区各县年降水分布不均，阶段性旱情多发，加之近几十年来，阿勒泰的畜牧业发展迅速，特别是农区养畜发展较快，草场过牧、土地开垦等原因，致使阿勒泰天然草场质量和牲畜承载力明显下降，牧草再生能力下降，涵养水源的湿地面积有所减少，生态受到影响，草原荒漠化、沙化急需遏制。草原及春秋牧场生态环境的健康发展直接影响到农牧民经济收入及地区生态保护工作。要恢复和改善草原生态环境，对水的需求量也在加大。

4.2 水资源安全需求

阿勒泰境内地表水资源丰富,水资源总量约为123亿 m^3,而地表水年内分布主要集中在5—7月,占全年总量的70%左右,其中6月份就占了30%左右,总体呈现春旱、夏洪、秋缺、冬枯的特点,空间上呈现西多东少,北多南少,山区多平原少的特点,时空分布极不均衡。目前阿勒泰地区供水现状以地表水引蓄工程为主,2017年总供水量33.17亿 m^3,占流域水资源总量的26.87%,其中农业灌溉水量占总供水量的97%左右,是水资源利用的主体,林业生态用水占3%,仅是其中的一小部分,山区生态用水会更多。

在全球气候变暖的大背景下,极端气候事件频发,阿勒泰地区各县年降水分布不均,造成"两河"年径流总量减少,流域内可用水量逐年缩减。下泄水量减少(表1)、水流速度减缓、水位下降等,也改变了中下游河段的水文、生态环境条件,致使河谷林种类和面积逐年减少,河谷草场优质牧草减少,产草量下降,草场"三化"面积扩大。需要保障阿勒泰北疆水塔水资源战略储备安全,助力自治区"引额济克""引额济乌"调水工程[2]。

表1 阿勒泰地区主要河流径流量对比

站点	南湾站	哈龙沟站	克拉他什站	群库勒站	布尔津站	阿勒泰站	库威站	可可托海站	小青河站	大青河站	二台站	福海站	塔克什青站
2000年前平均	95.1	3.8	21.5	42	34.1	6.05	14.92	16.1	2.24	4.11	14.5	4.43	3.52
2000年后平均	80	2.23	21.8	45.8	17.7	6.51	8.26	7.52	2.5	3.6	9.41	2.97	2.69

4.3 气象防灾减灾需求

阿勒泰地区自然气候条件较差,地方经济以农牧业生产为主,气象灾害较重,主要有干旱、寒潮、大风、冰雹、雷暴等,每年给农牧业生产造成严重经济损失,特别是干旱灾害,持续时间长、经济损失大,每年6—9月旱情发生频率最高,其中65%达到了严重干旱。

阿勒泰地区冰雹5—8月多发,持续时间一般在10分钟以内,多发生在福海县、吉木乃县、青河县及山区一带,而平原冰雹高发区多为农业种植区,一旦冰雹袭击,农业损失惨重。2015年7月4日,阿勒泰地区福海县出现冰雹灾害,受灾人口2775人,农业损失9683万元。

阿勒泰地区山水林田湖草防灾减灾的任务艰巨,需施以科学的人影防御措施,减轻气象灾害影响。

4.4 公共气象服务需求

阿勒泰地区森林火灾时有发生,人工增雨是预防和扑灭森林草原火灾的重要手段。由于气候变暖,地区年内降水量分布不均,阶段性干旱严重,火险等级明显上升,极易发生火灾,火灾一旦发生,将迅速蔓延,给生态系统造成毁灭性的损失。人工影响天气对森林草原防火的作用越来越大。阿勒泰地区有2011年人工影响天气灭火的成功案例。

4.5 社会稳定的需求

阿尔泰山空中水资源丰富,山势天然走向和过境天气系统的配置已具备得天独厚的有利条件。开展山区地面人影作业，提高人工增雨、防雹的作业能力，提高水资源时空配置，增加阿尔泰山水资源总量，进而补充山区冰雪储量，改善生态环境，可有效增加河川径流。这是保护生态环境、改善山水林田湖草生态环境，提高阿勒泰区域农业生产能力、保障粮食安全、保证社会公共安全、促进社会和谐发展的需求。对聚焦总目标、确保社会大局稳定，促进区域内社会经济和生态环境的可持续发展、全面决胜小康社会、实现人与自然和谐相处等方面有着十分重要的意义[3]。

参考文献

[1] 袁国映，阴俊齐．阿尔泰山森林生态作用及其保护[J]. 干旱区研究(1):21-28.

[2] 王旭，马禹．2009—2010 年新疆人工增水效果评价[J]. 水资源研究，2015,69(5):450-457.

[3] 刘海，李有宏，何生存，等．青海省人工影响天气效益评估分析[J]. 青海气象，2007(S1):63-66.

和田地区人工影响天气工作开展现状及建议

李田家　吴　静

(新疆和田地区气象局,和田 848000)

摘　要　本文就和田地区人工影响天气工作开展现状进行分析,探索今后人影工作发展的新思路,以期在人影事业的可持续发展上不断探索创新,为和田地区农业生产、生态环境和经济社会发展作出更大贡献。

关键词　人工影响天气　开展现状　发展建议　和田地区

1　引言

和田地区,隶属于新疆维吾尔自治区,位于新疆维吾尔自治区南隅,和田地区属典型的内陆干旱区,位于欧亚大陆腹地,属干旱荒漠性气候,主要特点是:四季分明,夏季炎热,冬季冷而不寒,春季升温快而不稳定,常有倒春寒发生,多风沙天气,秋季降温快;全年降水稀少,光照充足,热量丰富,无霜期长,昼夜温差大。随着和田地区人口增长、经济发展和水资源短缺的矛盾日益加剧,严重影响了当地水资源安全、粮食安全、农民增收、人民生活和生态改善,逐渐成为影响社会经济发展和全面建设小康社会的重大问题。20 世纪 90 年代以来,受到全球气候变暖的影响,和田地区干旱灾害出现频率更加频繁,加上社会经济的快速发展引起工农业生产和城市用水量不断增加,使得水资源短缺问题更加严重。开展人工影响天气工作,不仅是农业抗旱和防雹减灾的需要,也是水资源安全保障、生态建设和保护等方面的需要,在实现人与自然和谐相处,推动社会经济可持续发展方面仍具有十分重要的作用[1-3]。

2　和田地区人工影响天气工作开展现状

2.1　人工影响天气技术、装备发展情况

当前,和田地区的人工影响天气技术逐渐由过去人工观云测天、采用"土火箭""37"高炮发射碘化银炮弹的作业方式,发展成为借助于现代化的气象卫星、多普勒天气雷达等探测手段,通过新型车载移动火箭方式开展人工影响天气工作的新局面。尤其是在全球气候变暖的大背景下,和田地区气象灾害频繁出现,给当地农业生产造成了严重影响,而人工影响天气在防灾减灾中的社会效益和经济效益逐渐凸显。和田地区政府部门开始加大资金投入,为当地人工影响天气办公室购置车载式移动火箭和地面火箭发射架,进一步增强了人工影响天气作业能力和气象防灾减灾效益,人工影响天气作业得到了当地农民和政府部门的一致好评,现已成为政府科学防灾减灾的重要手段。

2.2　人工影响天气工作开展情况

结合和田地区人工影响天气工作实际,现有的人工影响天气作业方式从过去单一的农业

抗旱,逐渐朝着生态环境建设、气象防灾减灾、缓解水资源短缺等多功能、多目标的作业方式转变;作业时段也朝着常年按需作业转移。当前,人工影响天气指挥中心引入了现代化的计算机设备,同时还配备有优秀的兼职业务人员负责监测和预警指挥人工影响天气作业。在人影作业中对气象卫星、自动站监测网、多普勒雷达等现代化成果进行综合运用,进一步提升了作业前期分析、作业地点定位、作业时机掌握的精确性水平,避免了因人工目测误差、指挥与现场脱节方面的问题,增强了人工影响天气作业中的科学指挥和高效性作业。在外场作业指挥中,基本形成了以卫星、雷达、高空、地面探测等的云雨探测系统,可以对云雨的形成与发展规律进行准确判断,制定出科学有效的人工影响天气作业方案,并提前向作业人员发布对应的预警指令,同时还能对作业实时指挥,降低了人工影响天气作业中的盲目性水平,充分体现出了人影作业中的时效性和科学性水平。

2.3 技术培训情况

在人工影响天气作业过程中,应将安全责任摆在第一位,它直接对作业人员生命财产安全、社会稳定等产生影响,而建立起一支高素质、操作技能强的作业人员队伍可有效确保作业安全。为了增强人工影响天气作业人员综合素质水平,结合国务院《人工影响天气管理条例》中的相关要求,和田地区每年都要组织人工影响从业人员参加相关的培训工作,提升了人影作业人员自身的操作技能和指挥能力,同时还增强了作业人员对人工增雨、人工防雹的安全管理意识,在确保人影作业安全中发挥着十分重要的作用。

3 人工影响天气工作发展建议

3.1 充分认识到人工影响天气工作的重要性

自进入到21世纪以来,全球气候变暖现象不断加剧,和田地区干旱、冰雹等极端灾害性事件出现的频率呈现出逐年增加的趋势,其造成的危害不断加重,水资源短缺、土地沙漠化问题日益加剧,对当地人民日常生活、农业生产均造成了不同程度的影响。积极开展人工影响天气作业,对空中云水资源加大开发力度,有效缓解了干旱、冰雹灾害等对农业生产的危害,确保了农业生产可持续发展。和田地区人影办公室应认识到人影作业的重要性,加强各部门之间的协作,共同推动人工影响天气工作可以顺利开展。

3.2 健全相关制度,提高人影作业人员素质

定期对人工影响天气作业人员进行培训教育,加强专业知识学习,增强自身素质。重点强调实践经验和操作技能,对人工影响天气作业制度和应急预案不断进行完善,注重强调操作安全性水平,以提升人工影响天气作业的有效性、安全性和及时性水平,充分发挥出人影作业的社会效益和经济效益。

3.3 加强人工影响天气科普宣传

当前,人们对人工影响天气知识了解的较少,在实际的科普宣传中,需要宣传人员对人工影响天气内容、社会生产活动影响、人工影响天气效益、安全问题等进行熟练掌握,以便于为更多的人答疑解惑。只有增强人们对人工影响天气的认知水平,才能提升社会大众的防灾减灾

意识,将气象灾害对农业生产、人们日常生活等的影响降到最低,进而营造出健康良好的社会氛围。

3.4 加大财政投入力度,落实地方人影编制

对于和田地区政府部门来说,应将人工影响天气作为防灾减灾工作重点。加大资金投入力度,不断提升人工影响天气的安全性和规范性水平。尽快落实地方人影编制,将人工影响天气作业经费纳入到当地财政预算中来,确保人工影响天气工作可以顺利开展。可以在社会中公开招聘一些优秀的专业技术人员,推动人工影响天气工作长足发展。

3.5 加强现代化人才和科技支撑建设

建设人工影响天气科技支撑体系的过程中需要一支素质和技能较为突出的人才队伍;新技术、新装备的推陈出新,使得人工影响天气作业条件的预报、预测、催化和新技能效果得到了不同程度的增强,加大了科技成果转化效率。可以适当增强人影作业人员培训次数,在提升自身实践经验的同时,还能对相关科学知识进行熟练掌握,为增强人影作业的科技化水平奠定坚实的基础。

4 结论

开展人工影响天气工作,不仅是农业抗旱和防雹减灾的需要,也是水资源安全保障、生态建设和保护等方面的需要,在实现人与自然和谐相处,推动社会经济可持续发展方面仍具有十分重要的作用。为进一步做好人工影响天气工作,需要制定出长远的发展计划,充分认识到人工影响天气工作的重要性、健全相关制度,增强人影作业人员素质、加强人工影响天气科普宣传、加强现代化人才和科技支撑建设,将人工影响天气工作的社会效益和经济效益充分发挥出来。

参考文献

[1] 朱彩霞. 人工影响天气在酒泉市农业生产中的作用及其发展措施[J]. 现代农业科技,2016(4):215-216.

[2] 赵刚,周长征,姜永征,等. 人工影响天气在气象防灾减灾中的作用及发展建议[J]. 现代农业科技,2010(14):268-269.

[3] 陈伟,李晓东,米孝尉,等. 浅析北票市人工影响天气工作的现状及发展对策[J]. 中国农业信息,2016(4):147.

聚焦总目标做好阿克苏人影维稳和安全生产工作

刘　毅

（阿克苏地区人工影响天气办公室，阿克苏 843000）

摘　要　针对目前新疆严峻的反恐和维稳形势，对身处反恐前沿的南疆重镇阿克苏，结合地区人影工作的特点，对维稳和安全生产工作中出现的新情况、新问题进行不断分析，找出维稳和安全生产中存在的薄弱环节，加强整改和防范，为地区的社会稳定和长治久安、经济发展做出新贡献。

关键词　阿克苏　人影　维稳　安全生产

1　引言

阿克苏地区八县一市防雹增雨的主要工具为“三七”高炮和火箭，目前全区用于人影指挥作业的雷达 4 部，高炮 112 门、火箭发射架 176 具，固定作业点 129 个，流动作业车 95 辆，流动作业点 250 个，人影作业人员达 700 余人，受益耕地面积 700 多万亩，建成了以雷达监测指挥、电台和计算机网络通信、高炮和火箭联合作业、气象服务完善的人影联防作业体系，对减少、减轻气象灾害、确保地区的粮棉及林果业丰收起到了积极的作用。

根据统计地区年平均出现 58 次强对流天气过程，防雹增雨任务艰巨。地区人影年平均消耗炮弹 7 万发左右，2017 年消耗火箭弹 8885 枚，并且消耗炮弹和火箭弹有上升趋势。由于作业量的增多，各种安全隐患也突显出来。

中央第二次新疆工作座谈会，做出进一步维护新疆社会稳定和长治久安的重大决策部署，明确了新疆是反分裂、反恐怖、反渗透的前沿阵地和主战场[1]。对身处反恐前沿的南疆重镇阿克苏，维稳形势异常艰巨。在新形势下怎样才能紧紧围绕社会稳定和长治久安总目标，认真贯彻落实习近平总书记、陈全国书记关于安全生产的重要批示精神，落实好中国气象局、自治区气象局安全生产的工作部署，确保人员、火器弹药装备安全，维护社会和谐稳定，做好人影工作？

2　存在问题

(1)人影系统缺编严重。随着人影事业的发展，各县(市)人影办原有的人员编制已满足不了当前工作的需要。由于工作艰苦待遇偏低，人员流动较大，作业队伍极不稳定，造成一定的安全隐患。

(2)“三七”高炮作为军用淘汰产品，早已停产。目前人影作业点还在继续使用，而且普遍存在高炮老化、配件短缺的现象，高炮带病上岗，作业过程中存在极大的安全隐患。

(3)由于各县(市)人影办存有炮弹、火箭弹等易燃易爆品，要格外注意安全工作。

(4)人影作业与空中飞行矛盾突出，空域申请困难。

随着社会经济的发展，飞机航班、航线越来越密集，导致人影对空作业空域经常无法得到批复。部分作业点建成较早,现距离飞机场较近;在人影防雹作业主要时段,空域安全和人影作业矛盾冲突严重,使人影不能正常发挥防雹减灾的作用。

3 全力做好维稳安全生产工作

新疆地处反恐前沿,加强安全保卫,维护社会稳定是一项长期而艰巨的任务。地区人影系统的安全是维稳工作重中之重。在当前新疆反恐、维稳的关键时期,地区人影办要认真贯彻落实陈全国书记关于安全生产的重要批示精神,以习近平新时代中国特色社会主义思想为指导,全力以赴抓好新疆安全稳定工作,确保人民群众生命财产安全,确保牢牢绷紧防范安全风险这根弦,全面落实安全生产工作责任制,以更高的标准、更实的举措、更严的督导,全力抓好安全生产工作。

要严格责任、细化落实措施,坚持党政同责、一岗双责,齐抓共管、失职追责,严格执行各级领导干部带班值班制度,真正把责任落实到每一个环节、每一个岗位,确保安全生产工作领导到位、组织到位、力量到位、措施到位、保障到位。

要全面排查、消除安全隐患,持续不断地开展安全生产大检查,采取过筛子、地毯式全面深入细致地排查,及时进行风险提示,加强安全检查监测,加强值班值守,加强应急演练,加强督查督办。

要结合自身特点对维稳和安全生产工作出现的新情况、新问题进行不断分析,找出维稳和安全生产中存在的薄弱环节,加强整改和防范。各县(市)人影办要正确认识当前反恐、维稳形势,增强忧患意识,齐心协力做好各项维稳工作。要认真学习领会习近平总书记的重要指示精神,按照中国气象局做出的安排部署,增强做好人影作业服务和安全生产工作的政治责任感和使命感,切实把思想和行动统一到党中央的决策和部署上来,继续全面强化人影作业安全第一的意识,坚决防范重特大安全生产事故发生,切实保障人民群众生命财产安全,为实现新疆社会稳定和长治久安总目标、建设中国特色社会主义新疆营造安全稳定的和谐环境,现提出以下建议:

(1)各单位要严格按照各级党委、政府的要求,积极履行职责,认真做好维稳工作。特别是要加强基层炮点、弹药库等重点区域、要害部位的安全防范和防控能力,弹药库要符合人防、技防、物防、犬防有关要求。

(2)各单位要加强值班和领导带班制度,领导干部尤其是“一把手”手机必须保证24小时开机。值班人员要认真落实对进出单位陌生人员、车辆进行开包检查和登记制度。

(3)严禁值班期间不负责任、脱岗、睡岗等现象发生,凡值班期间不负责任,因各种维稳检查、督查、暗访,对单位造成不良影响的,将严格按照有关规定对责任人进行处理。

(4)固定作业点及每辆流动作业车上必须配备维稳防暴器材。

(5)各单位要完善突发事件处置预案,积极开展应急演练,一旦有突发事件发生,须及时组织妥善处置,并报告当地党委政府和地区人影办。坚决杜绝迟报、瞒报,漏报现象。

4 严格管理,狠抓安全生产工作

认真贯彻落实《人工影响天气管理条例》、自治区实施《人工影响天气管理条例》办法和中国气象局《人工影响天气安全管理规定》等法规,建立健全各项规章制度,建立防范各类重、特大事故的应急预案,建立和完善单位内部常态化事故隐患排查整治制度,有效防范和坚决遏制各类重特大事故的发生，确保防雹期间我区安全生产形势稳定。迅速妥善处理人影作业相关的问题。要在原有基础上，全面建立与地方党委新闻宣传部门的沟通渠道，防止恶意炒作人影事件。具体实施方案如下：

(1)加强对从事人工影响天气工作人员的政审和考核工作。对政审不合格人员坚决辞退。

(2)加强防雹监测、指挥、作业人员的岗位培训，完善人影指挥作业流程和作业操作规程。

(3)作业人员必须持证上岗，无证者严禁上岗操作。作业季节中定期和不定期对炮手进行检查，发现问题要及时纠正，对严重违反操作规程的人员要调离工作岗位或吊销上岗证。

(4)严格开展作业装备年审，提高安全保障能力。凡是投入人工影响天气作业的高炮、火箭发射装置必须进行年检。取得作业许可(资格)证后才可作业。经年检，检修的高炮、火箭发射装置仍达不到规定技术标准和要求的，应予以报废、销毁，吊销并收回许可证。

(5)严格执行人工影响天气作业空域申请制度。每次实施地面人影作业前，统一向当地飞行管制部门申请空域。凡未经请示或未获批准空域，一律不准作业，一经发现擅自作业将取消作业资格。造成后果的，追究有关单位及人员的行政或刑事责任。

(6)凡开展火箭、高炮人工影响天气作业，每年都必须进行作业前公告。要在全县范围内通过各种媒体宣传播报维、汉文人影作业公告，及注意事项；并在各作业点附近张贴维、汉文人影作业公告，做到人工影响天气作业公告家喻户晓，最大程度地避免意外事故的发生。公告内容要报送当地公安机关，并通知其做好安全保卫工作。

(7)对在人工影响天气作业中出现的各类质量、责任事故要按有关事故规定处理。

1)对在人工影响天气作业中出现造成人员伤亡和财产损失的各类质量、责任事故，应立即停止作业，进行紧急处置，同时保护好事故发生现场。

2)造成人员伤亡、财产损失时，应迅速以电话、书面形式向当地政府和县(市)人工影响天气主管机构报告，地(市)人工影响天气主管机构在当日逐级上报，特殊情况可越级上报。不得隐瞒不报、谎报或拖延上报。

3)弹药连续出现质量问题，应立即停止该批次弹药的使用，并迅速向县(市)人工影响天气主管部门报告弹药型号、批次。

4)对造成事故的高炮、火箭发射装置和剩余炮弹、火箭弹要暂时封存，待事故原因调查清楚或经重新检测合格后方可恢复使用。

5)要做好事故的存档工作。详细记录事故发生的时间、地点、原因及伤亡损失、处理结果等情况，保存好各种资料。

5 狠抓炮手培训，确保人影工作安全开展

高度重视对炮手的作业安全知识培训工作。各人影办每年在进点前要继续邀请有关专家对作业人员进行相关知识的培训，全面提高炮手素质。重点加强对高炮、火箭操作规程、工作原理及一般故障排出等知识学习，各单位还要结合实际情况对炮手进行军事化、反恐、处突等训练。作业时严格执行火器操作“十不准”，坚决不使用过期炮弹、火箭弹和火箭架，按规定停止使用不达标的炮弹、火箭弹产品。

6 积极开展地面固定作业点标准化建设

为规范安全作业行为，改善作业条件，提高安全作业水平，2011 年自治区在全疆范围内实

施了第一批人影地面作业点标准化建设,地区人影办积极配合协调落实各县(市)有关建设经费事宜。2011—2017 年全地区共完成标准化作业点建设 91 个,在今后的工作中,我们将继续做好作业点标准化建设工作。并将人影地面作业点标准化建设工作列入阿克苏地区年度考核项目和各县(市)年度考核目标。

为加强基层作业点、弹药库等重点区域、要害部位的安全防范和防控能力,地区人影办要不断协调为各防雹基层作业点安装防雷、警报装置、视频监控系统和电子围墙等设施。

7 签订安全责任书,层层抓落实

地区人影办要继续同各县(市)人影办签订安全生产管理责任书。各县(市)人影办也要与各炮点签订安全责任书,炮长要与炮手签订岗位责任书,层层抓落实。各单位主要领导要切实担负起人影安全第一责任人的任务,加强安全监管,有效防范和坚决遏制各类重特大事故的发生。实行安全生产一票否决制。一旦发生人影安全责任事故,将严格追究相关领导责任,并直接扣除责任单位的年度工作目标考核分值,取消单位和单位负责人年度评先选优资格。

8 强化人影安全生产工作检查及整改

认真贯彻落实中国气象局安全生产工作要求和《新疆维吾尔自治区实施〈人工影响天气管理条例〉办法》,进一步健全地、县、作业点三级管理制度,明确管理职责;积极开展人影安全生产大检查工作,坚守安全生产红线,积极查找安全隐患,堵塞漏洞,扎实做好装备、火器弹药和人影作业等安全生产和维稳工作,确保各项工作安全可靠有效运转。

参考文献

[1] 张新革．围绕社会稳定和长治久安总目标做好出版工作[J]. 新疆新闻出版,2014(6):58-59.

第五部分　人影相关技术与应用研究

基于微波辐射计温度数据的质量控制方法研究

孙艳桥[1,2,3]　桑建人[1,2,3]　田　磊[1,2,3]　常倬林[1,2,3]　曹　宁[1,2,3]　陶　涛[1,2,3]

（1. 中国气象局旱区特色农业气象灾害监测预警与风险管理重点实验室，银川 750002；
2. 宁夏回族自治区气象防灾减灾重点实验室，银川 750002；3. 宁夏回族自治区气象灾害防御技术中心，银川 750002）

摘　要　针对六盘山区隆德站地基微波辐射计温度数据，根据数据本身规律及各类疑误数据表现形式，结合与之相距 49 km 的平凉站 5a 历史探空资料，利用垂直变化强度极值检查、垂直变化强度标准差检查、极值检查、奇异值检查和僵值检查共 5 种检查方法，组合成垂直一致性综合检查、极值检查和时间一致性综合检查 3 类检查结果，综合 3 类检查结果最终给出组合检查和加权检查结果，并进行质量控制实验，与同期探空资料比对，分析其应用效果。结果表明，各质量检查结果对数据质量均有一定的区分能力，且对控制参数是敏感的；数据质量以晴空最优、云天次之、降水稍差，各高度层数据质量基本相当。质量控制结果相关性分析表明，各高度层上晴空相关性最好，云天次之，降水稍差，相关性都处在较高的水平上；质量控制前后相关系数整体随高度增加而减小；降水情况下质量控制效果最显著。该数据质量控制方案可行，为本资料的后续应用提供选择依据。

关键词　地基微波辐射计　温度　探空　质量控制

1　引言

随着气象科学事业的不断深入与发展，新型仪器仪表有力地推动着气象观测能力的提升和技术手段的改进，气象观测数据量不断增加，然而气象资料质量往往受到测站位置、观测仪器、观测技术、观测时间、观测方法等非气象因素的影响[1-3]。气象资料的质量控制（quality control，QC）是气象资料处理中一项十分重要的工作[4]，观测和研究前必须首先对其所用的资料进行质量检查与处理，这样才能揭示真实的天气、气候变化特征与规律[5]。因此，结合气象数据特点和新型仪器仪表的信息获取原理与方法，开展新型气象仪器仪表的观测数据验证和质量控制研究，可为气象观测和数据应用提供技术保障[6]。

地基微波辐射计是观测不同高度大气参数的新型探测设备，可同时反演高垂直分辨率的大气温度、湿度、液态水廓线和大气垂直积分水汽、云液态水总量等数据，具有可无人值守连续工作、高时间和空间分辨率、操作简洁方便等优点，是对常规探空的有益补充，已逐渐成为遥感大气温度、湿度、液态水廓线以及大气水汽和云液态水总量的有力工具[7-14]。利用地基微波辐射计，可高效、准确地观测降水前后云中水汽、液态水含量的分布和变化，为暴雨天气预报、人工增雨作业提供有力的监测手段[15-19]。不同季节和天气条件下微波辐射计探测资料的精度有差异[20-23]，微波辐射计反演系数不当、天线罩上的积水、电磁干扰、电源、通信等外界影响会导致观测数据出现异常，因此，开展系统的质量控制是合理有效使用微波辐射计探测资料的基础[24,25]。

针对常规气象观测数据，国内外气象工作者提出了多种质量控制方案。Collins[26]给出了针对大气探空资料中高度和温度的质量控制方法,发展和完善了常规质量控制方法。Durre等[27]针对全球探空数据集设计了一套完整的质量控制系统,对温度超过气候极值、垂直一致性差、僵值、时间突变等多种类型的疑误数据设计了不同的检查方法。王伯民[4]介绍了气象资料质量控制综合判别法的基本思路、内容和步骤。任芝花[5]介绍了极端异常气象资料的综合性质量控制方法。熊安元等[28]介绍了北欧国家对实时和非实时气象资料进行质量控制的流程以及所采用的方法、技术等。张志富[29]研制了适用于自动站土壤水分小时数据的质量控制方案。

微波辐射计产品属非常规气象探测数据,产品一般分为3级,其中Level-0为原始电压,Level-1为亮温,Level-2为温、湿度廓线及垂直积分水汽、液态水含量等产品。因其时间分辨率更高,探测原理、错误来源、疑误数据表现形式与常规气象资料存在差异,针对常规气象观测资料的质量控制方法不完全适用于微波辐射计[25]。鉴于此,国内部分气象工作者对微波辐射计数据质量控制方法进行了研究。李青等[6]基于辐射传输理论,检验了一台多通道微波辐射计亮温数据的"晴空"观测和数值模拟结果之间的一致性。朱雅毓等[24]针对地基微波辐射计,研究其亮温数据的质量控制方案,提出极值、时间一致性、辐射传输计算、多通道亮温交叉检查。敖雪等[30]通过个例分析微波辐射计观测值与计算值的一致性,并判断各通道观测值的合理性。傅新姝等[25]利用历史探空资料和微波辐射计反演数据,设计了极值、时间一致性、空间一致性检查等质量控制方法。

这些质量控制方法主要针对Level-1数据展开,而针对Level-2数据研究较少。目前,国内应用较多的是以美国MP-3000A为代表,以"串行常规合成器变频技术"为基础的地基微波辐射计。而德国RPG公司研制的RPG-HATPRO-G4型地基多通道微波辐射计(以下简称RPG)采用"多通道并行测量技术",其工作原理与MP-3000A型地基微波辐射计不同,有其自身的技术特点[31]。本研究利用甘肃平凉气象站历史探空资料和宁夏隆德县气象站RPG-HATPRO-G4型地基多通道微波辐射计资料,在总结前人数据质量控制方法的基础上,根据数据本身的特点及各种类型疑误数据表现形式,首次给出了一套针对RPG-HATPRO-G4型地基多通道微波辐射计Level-2温度数据的质量控制方法,为业务中有效使用其温度资料提供技术支持。

2 数据与方法

2.1 数据处理

选用隆德气象站(35.37°N,106.07°E,海拔2078 m)2017年6月10日至2017年12月31日(仪器于6月9日完成标定)RPG温度数据展开研究,其时间分辨率为1 min,垂直高度(记为H)0～10 km内共93层,垂直分辨率见表1。

表1 RPG温度廓线垂直分辨率(m)

H	分辨率	H	分辨率	H	分辨率
0～10	10	500～1200	40	3500～4500	160
10～25	15	1200～1800	60	4500～6000	200
25～100	25	1800～2500	90	6000～9800	300
100～500	30	2500～3500	120	9800～10000	200

选用甘肃平凉站(35.55°N,106.67°E,海拔 1468 m,距隆德气象站 49 km)2013—2017 年,6—12 月每日两次(08 时,20 时)的探空数据,作为确定质量控制阈值的样本。每组数据时间分辨率为 1 s,垂直分辨率为 6~7 m。探空资料已通过台站级质量控制,可直接使用。

对 RPG 数据和探空数据做如下处理:

(1)统一高度:选用平凉站探空资料中相对于隆德站 0~10000 m 范围内的数据,并采用线性插值方法将探空数据插值到对应 RPG93 个高度层上,共获得探空廓线样本 2139 个,探空数据样本 197065 个。

(2)统一时间:将 RPG 时间格式转换为北京时,根据 2017 年 6 月—2017 年 12 月插值后探空数据起止时间,选取对应时间范围内的 RPG 温度数据,共获得温度廓线样本 9679 个,数据样本 900147 个。

2.2 质量控制方法

极值检查、时间一致性检查、内部一致性检查、空间一致性检查是常用的气象资料质量控制方法[1]。本文针对 RPG 温度廓线数据特点,根据 Zahumensky[1]、马小红[2]、王伯民[4]等人质量控制设计思路和方法,设计了垂直一致性检查、极值检查和时间一致性检查 3 类检查方法,并最终给出综合检查结果。3 类检查共包含 5 个单项检查,其中垂直一致性检查又分垂直变化强度的极值检查和标准差检查,时间一致性检查又分奇异值检查和僵值检查(图 1)。综合考虑检查结果的区分度和效果,均将 3 类、5 项检查结果分成 4 档,分别用数据质量标识符 0、3、6、9 区分标识[24]。综合检查分组合、加权 2 种方法,通过设置质量标识符门限控制后期使用的数据。

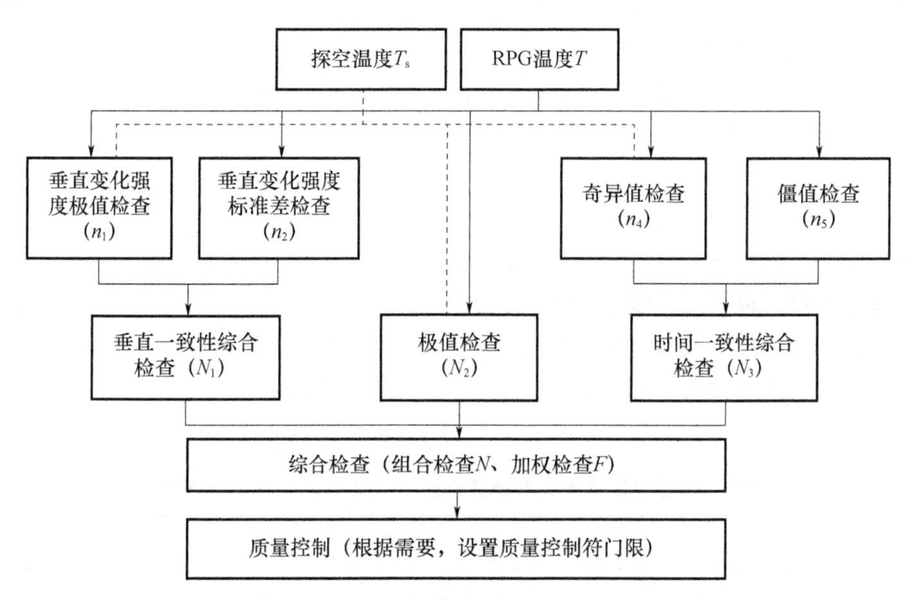

图 1 RPG 温度数据质量控制方案流程

2.2.1 垂直一致性检查

温度随高度变化具有规律性,相邻高度上温度差异应在一定范围内。因此,探空温度资料质量控制一般都包含垂直一致性检查[27]。常见不满足垂直一致性的情况主要有垂直方向存在奇异值、层际变化大等特征[25]。RPG 温度廓线数据记为 T,定义每上升 100 m,T 的变化值为垂直变化强度,记为 $\mathrm{d}T_h$(单位:℃/100 m),计算方法见公式(1)[33],其中 T_h、T_{h+1} 为第 h、$h+1$层温度,H_h、H_{h+1} 为对应的高度,每组廓线产生 92 个 $\mathrm{d}T_h$。以 $\mathrm{d}T_h$ 作为分析对象,分别进行极值和标准差检查,结合 2 种检查结果,最后生成垂直一致性综合检查结果。

$$\mathrm{d}T_h = 100 \times \frac{\Delta T}{\Delta H} = 100 \times \frac{T_{h+1} - T_h}{H_{h+1} - H_h} \tag{1}$$

(1)垂直变化强度极值检查

垂直变化强度极值检查就是 $\mathrm{d}T$ 应在历史探空样本垂直变化强度(记为 $\mathrm{d}T_s$)的最大值与最小值之间取值。考虑 $\mathrm{d}T_h$ 存在显著的季节性,且在各高度上存在差异,开展检查时,以自然月各高度层为划分单位,参考探空资料统计结果,针对 6—12 月 92 层分别设置检查阈值,最大、最小值分别记为 $\mathrm{d}T_{s'\,\mathrm{hmax}}$、$\mathrm{d}T_{s'\,h\,\mathrm{min}}$,定义 δ 为二者之差除以 100。依据所获阈值,逐廓线逐层开展检查,数据质量标识符用 n_1 表示,含义见表 2。

表 2　垂直变化强度极值检查数据质量标识符 n_1 取值解释

n_1	检查条件
0	$dT_h \in [\mathrm{d}T_{s'\,h\,\mathrm{min}}, \mathrm{d}T_{s'\,\mathrm{hmax}}]$
3	$\mathrm{d}T_h \in [\mathrm{d}T_{s'\,h\,\mathrm{min}} - 3\delta, \mathrm{d}Ts_{h\mathrm{min}}] \cup [\mathrm{d}T_{s'\,\mathrm{hmax}}, \mathrm{d}T_{s'\,\mathrm{hmax}} + 3\delta]$
6	$\mathrm{d}T_h \in [\mathrm{d}T_{s'\,h\,\mathrm{min}} - 6\delta, \mathrm{d}Ts_{h\mathrm{min}} - 3\delta] \cup [\mathrm{d}T_{s'\,\mathrm{hmax}} + 3\delta, \mathrm{d}T_{s'\,\mathrm{hmax}} + 6\delta]$
9	$\mathrm{d}T_h \in [-\infty, \mathrm{d}T_{s'\,h\,\mathrm{min}} - 6\delta] \cup [\mathrm{d}T_{s'\,\mathrm{hmax}} + 6\delta, +\infty]$

(2)垂直变化强度标准差检查

垂直变化强度标准差检查以温度层际变化不应太大为依据,将垂直变化强度标准差记为 σ[25],见公式(2),其中 m 为廓线样本数,$\mathrm{d}T_h$ 为垂直变化强度,$\overline{\mathrm{d}T_h}$ 为 $\mathrm{d}T_h$ 平均值。

$$\sigma = \sqrt{\frac{1}{m} \sum_{h=1}^{m} (\mathrm{d}T_h - \overline{\mathrm{d}T_h})^2} \tag{2}$$

垂直变化强度标准差检查采用动态阈值,即当日当层 σ 值由当天为中心,步长为 15 天的该层 $\mathrm{d}T_s$ 样本求得。根据朱雅毓[24]分档和质量标识方法,以 $\mathrm{d}T_h$ 与 $\overline{\mathrm{d}T_h}$ 之差偏离 σ 的倍数为标准,逐廓线逐层进行检查,对满足一定条件的数据进行质量标识。考虑六盘山区相邻时刻温度变化及垂直变化强度较东部沿海地区大,质量控制阈值进行一定尺度放宽,数据质量标识符用 n_2 表示,含义见表 3。

表 3　垂直变化强度标准差检查数据质量标识符 n_2 取值解释

n_2	检查条件
0	$\mathrm{d}T_h \in [\overline{\mathrm{d}T_h} \pm 2\sigma]$
3	$\mathrm{d}T_h \in [\overline{\mathrm{d}T_h} - 2.5\sigma, \overline{\mathrm{d}T_h} - 2\sigma] \cup [\overline{\mathrm{d}T_h} + 2\sigma, \overline{\mathrm{d}T_h} + 2.5\sigma]$
6	$\mathrm{d}T_h \in [\overline{\mathrm{d}T_h} - 3\sigma, \overline{\mathrm{d}T_h} - 2.5\sigma] \cup [\overline{\mathrm{d}T_h} + 2.5\sigma, \overline{\mathrm{d}T_h} + 3\sigma]$
9	$\mathrm{d}T_h \in [-\infty, \overline{\mathrm{d}T_h} - 3\sigma] \cup [\overline{\mathrm{d}T_h} + 3\sigma, +\infty]$

(3)垂直一致性综合检查

垂直一致性综合检查，是由垂直变化强度极值检查和垂直变化强度标准差检查2个单项检查得出的综合结果。结合加权判别技术[4]和数据质量分档标识方法[24]，将 n_1 和 n_2 相加，再分档，数据质量标识符用 N_1 表示，含义见表4。

表4 垂直一致性综合检查数据质量标识符 N_1 取值解释

N_1	检查条件	N_1	检查条件
0	$n_1+n_2=0$	6	$n_1+n_2=6$
3	$n_1+n_2=3$	9	$n_1+n_2\geqslant 9$

2.2.2 极值检查

极值检查就是 T 应在历史探空样本温度最大、最小值之间取值。开展极值检查时，以自然月各高度层为划分单位，参考探空历史资料统计结果，针对6—12月93层分别设置极值检查阈值，分别记为 $T_{s\max}$ 和 $T_{s\min}$，定义 t 为二者之差除以100。依据极值检查阈值，逐廓线逐层进行检查，数据质量标识用 N_2 表示，含义见表5。

表5 极值检查数据质量标识符 N_2 取值解释

N_2	检查条件
0	$T\in[T_{s\min},T_{s\max}]$
3	$T\in[T_{s\min}-3t,\ T_{s\min}]\cup[T_{s\max},\ T_{s\max}+3t]$
6	$T\in[T_{s\min}-6t,\ T_{s\min}-3t]\cup[T_{s\max}+3t,\ T_{s\max}+6t]$
9	$T\in[-\infty,\ T_{s\min}-6t]\cup[T_{s\max}+6t,+\infty]$

2.2.3 时间一致性检查

一般在时间变化的情况下，温度是变化的，且变化幅度应在一定范围内。依据该特征，时间一致性检查分奇异值检查和僵值检查2个单项检查，结合2种检查结果，最后生成时间一致性综合检查结果。

(1)奇异值检查

奇异值检查，即温度随时间变化的标准差检查，适用于温度随时间变化存在突变的数据。在数据检查过程中，将同一高度各时刻 T 值与其前后数据进行比较，从而判断数据是否存在异常。定义相邻时次变化值超过其平均值 m 倍标准差的数据为疑误数据[25](定义见公式(3)、公式(4))。

$$|\mathrm{d}T_t-\overline{\mathrm{d}T_t}|>m\times\sigma \tag{3}$$

$$\mathrm{d}T_t=T_t-T_{t+1} \tag{4}$$

式中，$\mathrm{d}T_t$ 为温度随时间的变化值，T_t 和 T_{t+1} 分别为 t 和 $t+1$ 时刻温度，$\overline{\mathrm{d}T_t}$ 为 $\mathrm{d}T_t$ 平均值，m 为偏离标准差的倍数，σ 定义见式(2)。质量控制阈值 σ 仍采用动态阈值，计算方法和检查方法同垂直变化强度标准差检查。数据质量标识符用 n_4 表示，含义见表6。

表 6　奇异值检查数据质量标识符 n_4 取值解释

n_4	检查条件
0	$dT_t \in [\overline{dT_t} \pm 2\sigma]$
3	$dT_t \in [\overline{dT_t}-3\sigma, \overline{dT_t}-\sigma] \cup [\overline{dT_t}+2\sigma, \overline{dT_t}+3\sigma]$
6	$dT_t \in [\overline{dT_t}-4\sigma, \overline{dT_t}-3\sigma] \cup [\overline{dT_t}+3\sigma, \overline{dT_t}+4\sigma]$
9	$dT_t \in [-\infty, \overline{dT_t}-4\sigma] \cup [\overline{dT_t}+4\sigma, +\infty]$

(2)僵值检查

僵值检查适用于温度随时间变化而无变化的数据。在数据检查过程中,将整层廓线值与其前后的廓线数据进行比较,从而判断数据是否存在异常。记相邻时次廓线值连续不变的条数为 m(若 $m \neq 0$,则定义该 m 条廓线数据均为疑误,且 m 最小为 2),以 m 为标准,划分数据质量等级,质量标识符用 n_5 表示,含义见表 7。

表 7　僵值检查数据质量标识符 n_5 取值解释

n_5	检查条件	n_5	检查条件
0	$m=0$	6	$m \in [6,9]$
3	$m \in [2,5]$	9	$m \in [10,+\infty]$

(3)时间一致性综合检查

时间一致性综合检查,是由奇异值检查和僵值检查 2 个单项检查得出的综合结果。与垂直一致性综合检查数据质量分档标识方法相同,将 n_4 和 n_5 相加,再分档,数据质量标识符用 N_3 表示,含义见表 8。

表 8　时间一致性综合检查数据质量标识符 N_3 取值解释

N_3	检查条件	N_3	检查条件
0	$n_4+n_5=0$	6	$n_4+n_5=6$
3	$n_4+n_5=3$	9	$n_4+n_5 \geqq 9$

2.2.4　综合检查

完成 3 类检查后,进行综合检查。综合检查包括组合、加权 2 种方法,数据质量标识符分别记为 N、F。组合检查定义为 3 类检查质量标识符的各类组合,即 $N=N_1N_2N_3$,共 64 种结果,N 各数位值越大,相应数据疑点越大;加权检查定义为 3 类检查质量标识符之和,即 $F=N_1+N_2+N_3$,共 10 种结果,F 值越大,数据疑点越大。

3　结果与分析

3.1　三类质量检查结果分析

为对比不同天气背景、不同高度的数据质量检查结果,将垂直一致性综合检查结果 N_1、极值检查结果 N_2 和时间一致性综合检查结果 N_3 的 93 层数据间隔 500 m 分割为 20 层,按不同高度层所对应的区间分别进行统计,并按全样本和不同天气背景条件分别进行频率(记为 F_r)分布统计,统计结果如图 2 所示。其中晴空(以无降水且微波辐射计资料各高度层相对湿度<

85%[34]为判据)、云天(以无降水且微波辐射计资料有1层或1层以上相对湿度≥85%[34]为判据)、降水(由辐射计降水观测资料确定)样本数分别为477834、326802、95511个,具体分析如下。

(1)晴空数据质量检查结果(图2a1—c1)中各高度层$N_1=0$、$N_2=0$、$N_3=0$的数据所占百分比均分别高于94.28%、99.91%、92.64%,整层分别为96.46%、99.99%、94.76%;各高度层$N_1\leqslant3$,$N_2\leqslant3$、$N_3\leqslant3$的数据所占百分比均分别高于98.00%、100%、98.16%,整层分别为99.22%、100%、98.78%。

(2)云天数据质量检查结果(图2a2—c2)中各高度层$N_1=0$、$N_2=0$、$N_3=0$的数据所占百分比均分别高于95.53%、98.26%、93.27%,整层分别为96.65%、99.86%、95.48%;各高度层$N_1\leqslant3$,$N_2\leqslant3$、$N_3\leqslant3$的数据所占百分比均分别高于97.52%、99.59%、98.82%,整层分别为98.90%、99.93%、99.08%。

(3)降水数据质量检查结果(图2a3—c3)中各高度层$N_1=0$、$N_2=0$、$N_3=0$的数据所占百分比均分别高于91.83%、91.62%、78.77%,整层分别为95.69%、97.89%、80.65%;各高度层$N_1\leqslant3$,$N_2\leqslant3$、$N_3\leqslant3$的数据所占百分比均分别高于96.92%、92.44%、86.26%,整层分别为99.08%、98.26%、86.80%。

(4)全样本数据质量检查结果(图2a—c)中各高度层$N_1=0$、$N_2=0$、$N_3=0$的数据所占百分比均分别高于95.31%、98.49%、91.97%,整层分别为96.45%、99.72%、93.52%;各高度层$N_1\leqslant3$,$N_2\leqslant3$、$N_3\leqslant3$的数据所占百分比均分别高于98.56%、99.05%、97.38%,整层分别为99.09%、99.79%、97.61%。

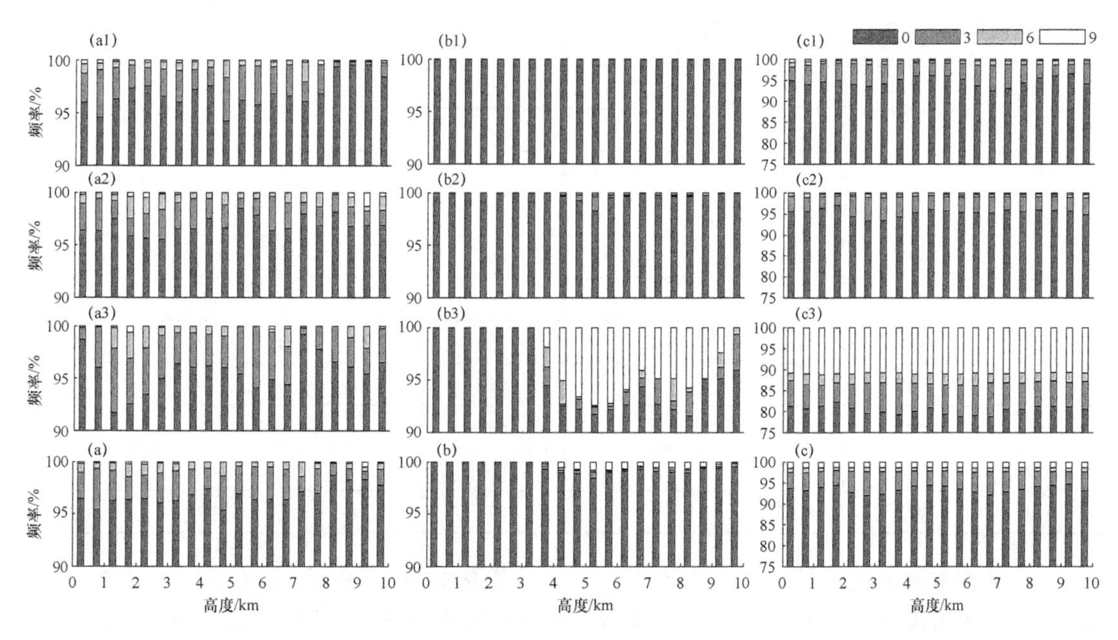

图2 不同天气背景、不同高度、不同检查方式微波辐射计温度数据质量检查结果频率分布

(a1)晴空N_1;(b1)晴空N_2;(c1)晴空N_3;(a2)云天N_1;(b2)云天N_2;(c2)云天N_3;(a3)降水N_1;(b3)降水N_2;(c3)降水N_3;(a)全样本N_1;(b)全样本N_2;(c)全样本N_3

综合上述统计结果可知,垂直一致性综合检查数据质量N_1,晴空与云天相当且均优于降水,高层整体优于中低层,$N_1=9$(质量较差的数据)以云天和降水天气贡献较大。极值检查数

据质量 N_2，晴空优于云天和降水，云天优于降水，低层整体优于中高层，$N_2=9$ 以降水天气贡献最大。时间一致性综合检查数据质量 N_3，晴空优于云天和降水，云天优于降水，各层数据质量相当，$N_3=9$ 以降水天气贡献最大。可见，3 类检查方法对温度数据质量都有一定的指示能力，数据质量以晴空最优、云天次之、降水较差，各高度层数据质量基本相当。

3.2 综合质量检查结果与区分度分析

综合检查中组合检查法 N 各位数的取值或者加权检查法 F 值的大小，对应着一定的数据质量区分能力，称为区分度[24]。对 N 进行全样本统计，对 F 进行不同天气背景及全样本的分类统计，具体分析如下。

(1)全样本 900147 个数据随 N 的变化如表 9 所示，$N=000$ 表示 3 类质量控制检查都通过，数据质量高的可能性最大，其数据个数为 811859，占数据总量的 90.19%；$N=999$ 表示 3 类质量控制检查都质量很差，其数据个数为 0；N 各位数最大的组合为 $N=399$，其数据个数仅为 94，占数据总量的 0.01%。

表 9　全样本组合检查 $N(N_1N_2N_3)$ 对应数据个数

N	数据个数	N	数据个数	N	数据个数	N	数据个数
000	811859	300	21592	600	6169	900	1333
003	34846	303	1197	603	295	903	61
006	7390	306	333	606	187	906	15
009	11729	309	475	609	144	909	4
030	408	330	2	630	0	930	1
033	66	333	0	633	0	933	0
036	27	336	7	636	0	936	0
039	121	339	13	639	0	939	0
060	106	360	4	660	0	960	0
063	36	363	1	663	0	963	0
066	33	366	6	666	0	966	0
069	135	369	13	669	0	969	0
090	319	390	22	690	2	990	1
093	327	393	16	693	1	993	0
096	78	396	2	696	0	996	0
099	677	399	94	699	0	999	0

(2)全样本及不同天气背景下数据样本随 F 的变化如表 10 所示，按 F 从小到大排列，可见，F 值对数据质量也具有同样的区分能力。取 $F\leqslant 3$，则全样本、晴空、云天、降水情况下，可能高质量数据个数分别为 868705、467607、319713 和 81385，分别占各自数据量的 96.51%、97.86%、97.83%和 84.21%。$F=24$、$F=27$ 的数据个数均为 0；数据个数不为 0 的 F 最大值为 21，对应数据个数为 94，全部出现在降水数据中；数据个数不为 0 的 F 次大值为 18，对应数据个数为 698，其中只有 3 个出现在晴空数据中，其余全部出现在降水数据中。可见，晴空和云天背景下的数据质量相当，且都很高，均优于降水背景下的数据，但即使是数据质量相对较

差的降水背景数据，$F \leqslant 3$ 数据个数依然占降水背景数据样本总量的 84.21%，这说明微波辐射计观测性能优良，即使是降水天气，数据质量也较高。

表 10　不同天气背景下加权检查 $F(N_1+N_2+N_3)$ 对应数据个数及频率

F	全样本 数据个数(F_r/%)	晴空 数据个数(F_r/%)	云天 数据个数(F_r/%)	降水 数据个数(F_r/%)
0	811859(90.192)	436926(91.439)	301201(92.166)	73732(77.197)
3	56846(6.315)	30681(6.424)	18512(5.665)	7653(8.013)
6	14930(1.659)	7255(1.518)	5139(1.573)	2536(2.655)
9	14076(1.564)	2791(0.584)	1855(0.568)	9430(9.873)
12	1235(0.137)	161(0.034)	83(0.025)	991(1.038)
15	409(0.045)	17(0.004)	12(0.004)	380(0.398)
18	698(0.078)	3(0.001)		695(0.728)
21	94(0.010)			94(0.098)

3.3　敏感度分析

垂直变化强度标准差检查结果 n_2 和时间一致性奇异值检查结果 n_4 依赖于各自的 σ 值（表 3，表 6）。如果分别以各自 σ 为阈值参考值，分别做“放宽阈值”（增大 σ）和“缩窄阈值”（减小 σ），则相应地“n_2、n_4 取小值”（增大 σ）和“n_2、n_4 取大值”（减小 σ）的发生频率应该增加。这就是质量检查结果对质量检查阈值的敏感度[24]。n_2 和 n_4 分别以各自 σ 作为参考值，将其百分比增量记为 Δ，Δ 从 −25% 至 25% 每隔 2.5% 取一值，重新对微波辐射计温度全样本数据进行检查结果的频率分布统计，如图 3 所示。

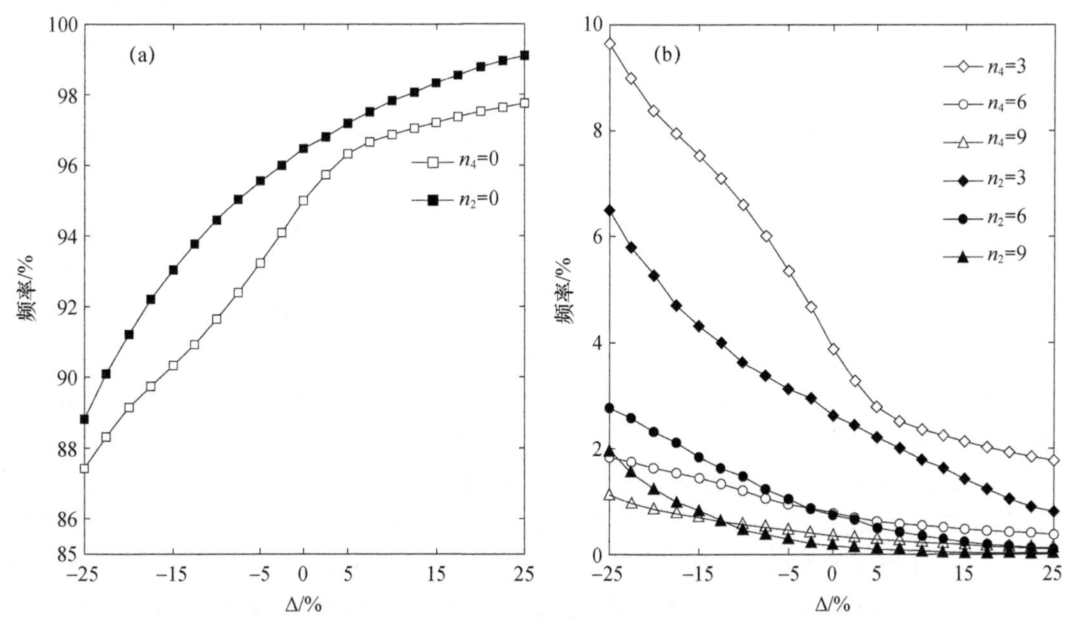

图 3　垂直变化强度标准差检查（n_2）和时间一致性奇异值检查（n_4）各档取值频率随 Δ 的变化

(a) $n_2=0$，$n_4=0$；(b) $n_2>0$，$n_4>0$ 各档

可见,随 Δ 增大,$n_2=0$ 和 $n_4=0$ 的频率逐渐增大,$n_2>0$ 和 $n_4>0$ 各档的频率均逐渐减小。表明数据质量控制结果对控制参数是敏感的。在微波辐射计温度数据的后续使用中,用户可根据需要,通过设置质量控制符门限来控制使用的数据。

3.4 相关性分析

根据同期探空资料起止时间选取微波辐射计温度廓线资料,共获得 RPG 温度廓线样本 9679 条,其中包括晴空、云天、降水样本分别为 5138、3514、1027 条。基于综合质量加权检查结果 F 设置质量控制符门限为例,首先根据不同的 F 值分别对 RPG 温度廓线数据进行质量控制,再将单次探空时段内 RPG 温度资料逐层进行平均,共获得与探空温度廓线一一对应的廓线分别为 232、168、64 条。最后按不同高度与对应的探空数据进行相关统计,得到不同天气背景下加权检查质量控制前后相关系数(R)随高度的变化结果,如图 4 所示,图中各相关系数均通过了显著性水平为 0.01 的显著性检验。

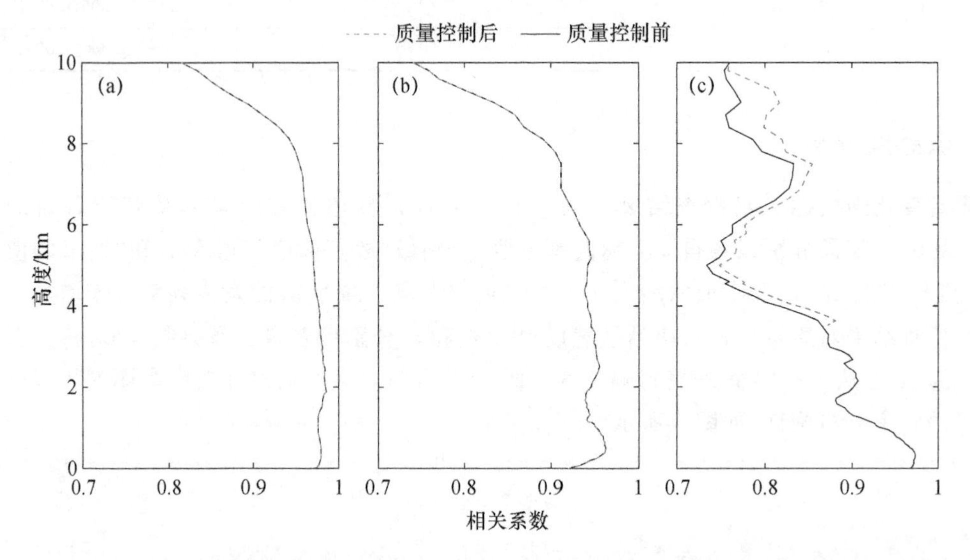

图 4　不同天气背景下加权检查质量控制前、后($F=0$ 作为质量控制符门限)相关系数(R)随高度的变化

(a)晴空;(b)云天;(c)降水

由图 4 可见,各高度层上晴空情况下相关性最好,云天次之,降水较晴空和云天稍差,但总体相关性处在较高水平上。以 $F=0$ 作为质量控制符门限为例,质量控制后对应整层相关系数平均值分别为晴空 0.967、云天 0.934、降水 0.880。降水情况下的数据质量控制效果最显著,晴空和云天质量控制前后各层相关系数均值基本无变化,整层平均值仍为 0.967 和 0.934;降水情况下质量控制后相关系数有一定提高,$F=0$、$F\leqslant3$ 所对应数据的相关系数与质量控制前数据的相关系数相比分别提高 0.015 和 0.008。

不同天气背景下,质量控制前后相关系数随高度的变化趋势基本一致,整体随高度增加而减小,但存在一定波动。地面至 300 m 范围内均呈增大趋势;300～2200 m 均先减小再增大;2200 m 以上,晴空和云天相关系数逐渐减小,到 10000 m 达最小值,分别为 0.808 和 0.743;降水情况下,2200～5000 m 相关系数逐渐减小至最小值 0.741,这可能与降水期间该范围内云层影响有关,5000～10000 m 呈先增大后减小的趋势。

4 结论

利用六盘山区隆德站 RPG_HATPRO_G4 型地基微波辐射计 level-2 级温度数据和甘肃平凉站 2013—2017 年 6—12 月每日两次的探空数据，根据数据本身规律及各种类型的错误数据表现形式，给出了适用于该型号地基微波辐射计温度数据的质量控制方案与算法，并将质量控制前后的微波辐射计资料分别与探空资料进行对比，主要结论如下：

(1)各类数据质量检查结果对数据质量均具有一定的区分能力。数据质量以晴空最优、云天次之、降水较晴空和云天稍差，各高度层数据质量基本相当。即使是数据质量相对较差的降水情况数据，$F\leqslant3$ 数据个数仍占降水数据样本总量的 84.21%，说明该微波辐射计观测性能优良。

(2)数据质量控制结果对控制参数是敏感的，在微波辐射计温度数据的后续使用中，用户可根据需要，通过设置质量控制符门限来控制使用的数据。

(3)质量控制结果相关性分析表明，各高度层上晴空情况下相关性最好，云天次之，降水较晴空和云天稍差，相关性都处在较高的水平上。不同天气背景条件下，质量控制前后相关系数随高度的变化趋势基本一致，整体随高度增加而减小，但存在一定波动，降水情况下的数据质量控制效果最显著。

参考文献

[1] Zahumensky I, Shmi J. Guidelines on Quality Control Procedures for Data from Automatic Weather Stations [C]. Commission for Instrument and Methods of Observation. CIMO/OPAG-SURFACE/ET ST&MT-1/Doc. 6. 1(2), Geneva, 2004.

[2] 马小红，苏永红，鱼腾飞，等．荒漠河岸胡杨林生态系统涡度相关通量数据处理与质量控制方法研究[J]. 干旱区地理，2015，38(3)：626-635.

[3] 刘小宁，任芝花．地面气象资料质量控制方法研究概述[J]. 气象科技，2005，33(3)：199-203.

[4] 王伯民．基本气象资料质量控制综合判别法的研究[J]. 应用气象学报，2004，15(增刊)：50-58.

[5] 任芝花，刘小宁，杨文霞．极端异常气象资料的综合性质量控制与分析[J]. 气象学报，2005，63(4)：526-533.

[6] 李青，胡方超，楚艳丽，等．北京一地基微波辐射计的观测数据一致性分析和订正实验[J]. 遥感技术与应用，2014，29(4)：547-556.

[7] 黄建平，何敏，阎虹如，等．利用地基微波辐射计反演兰州地区液态云水路径和可降水量的初步研究[J]. 大气科学，2010，34(3)：548-558.

[8] 陈添宇，陈乾，丁瑞津．地基微波辐射仪监测的张掖大气水汽含量与雨强的关系[J]. 干旱区地理，2007，30(4)：501-506.

[9] 赵维忠，孙艳桥，桑建人．利用地基双频段微波辐射计遥感宁夏大气气态水含量[J]. 宁夏工程技术，2011，10(1)：7-11.

[10] 田磊，孙艳桥，胡文东，等．银川地区大气水汽、云液态水含量特性的初步分析[J]. 高原气象，2013，32(6)：1774-1779.

[11] 刘红燕，王迎春，王京丽，等．由地基微波辐射计测量得到的北京地区水汽特性的初步分析[J]. 大气科学，2009，33(2)：388-396.

[12] 姚俊强，杨青，韩雪云，等．乌鲁木齐夏季水汽日变化及其与降水的关系[J]. 干旱区研究，2013，30(1)：67-73.

[13] 张秋晨，龚佃利，冯俊杰．RPG-HATPRO-G3 地基微波辐射计反演产品评估[J]．海洋气象学报，2017，37(1)：104-110.

[14] 郭丽君，郭学良．利用地基多通道微波辐射计遥感反演华北持续性大雾天气温、湿度廓线的检验研究[J]．气象学报，2015，73(2)：368-381.

[15] 朱元竞，胡成达，甄进明，等．微波辐射计在人工影响天气研究中的应用[J]．北京大学学报(自然科学版)，1994，30(5)：597-606.

[16] 雷恒池，魏重，沈志来，等．微波辐射计探测降雨前水汽和云液水[J]．应用气象学报，2001，12(增刊)：73-79.

[17] 黄治勇，徐桂荣，王晓芳，等．地基微波辐射资料在短时暴雨潜势预报中的应用[J]．应用气象学报，2013，24(5)：576-584.

[18] 党张利，张京朋，曲宗希，等．微波辐射计观测数据在降水预报中的应用[J]．干旱气象，2015，33(2)：340-343.

[19] 汪小康，徐桂荣，院琨．不同强度降水发生前微波辐射计反演参数的差异分析[J]．暴雨灾害，2016，35(3)：227-233.

[20] 张文刚，徐桂荣，廖可文，等．降水对地基微波辐射计反演误差的影响[J]．暴雨灾害，2013，32(1)：70-76.

[21] 刘红燕．三年地基微波辐射计观测气温廓线的精度分析[J]．气象学报，2011，69(4)：719-728.

[22] 刘建忠，何晖，张蔷．不同时次地基微波辐射计反演产品评估[J]．气象科技，2012，40(3)：332-339.

[23] 韩珏靖，陈飞，张臻，等．MP-3000A 型地基微波辐射计的资料质量评估和探测特征分析[J]．气象，41(2)：226-233.

[24] 朱雅毓，王振会，楚艳丽，等．地基微波辐射计亮温观测数据的综合质量控制与效果分析[J]．气象科学，2015，35(5)：621-628.

[25] 傅新姝，谈建国．地基微波辐射计探测资料质量控制方法[J]．应用气象学报，2017，28(2)：209-217.

[26] Collins W G. The operational complex quality control of radiosonde heights and temperatures at the national centers for environmental prediction[J]. J Appl Meteor，2001，40(2)：152-168.

[27] Durre I M，Vose R S，Wuertz D B. Robust Automated Quality Assurance of Radiosonde Temperatures [J]. Journal of Applied Meteorology and Climatology，2008，47(8)：2081-2095.

[28] 熊安元．北欧气象观测资料的质量控制[J]．气象科技，2003，31(5)：314-320.

[29] 张志富．自动站土壤水分资料质量控制方案的研制[J]．干旱区地理，2013，36(1)：101-108.

[30] 敖雪，王振会，徐桂荣，等．微波辐射计亮温观测质量控制研究[J]．气象科学，2013，33(2)：130-137.

[31] 李建强，李新生，董文晓，等．RPG-HATPRO 微波辐射计反演的温度和湿度数据适用性分析[J]．气象与环境学报，2017，33(6)：89-95.

[32] 候叶叶，刘红燕，鲍艳松．地基微波辐射计反演水汽密度廓线精度分析[J]．气象科技，44(5)：702-709.

[33] 刘增强，郑玉萍，李景林，等．乌鲁木齐市低空大气逆温特征分析[J]．干旱区地理，2007，30(3)：351-356.

[34] 黄润恒，邹寿详．两波段微波辐射计遥感云天大气的可降水和液态水[J]．大气科学，1987，11(4)：397-403.

风对 WR-98 型人影火箭弹弹道的影响

马士剑

（新疆维吾尔自治区人工影响天气办公室，乌鲁木齐 830002）

摘　要　火箭发射装置是新疆人工影响天气实施作业的重要作业工具之一。WR-98 型火箭弹在新疆应用广泛，但是在实际作业中经常遇到飞行轨迹与厂家提供的火箭弹道曲线相差很大，使火箭不能进入云体有效部位播撒作业，直接影响作业效果的实施，甚至超出安全射界，造成安全隐患。2014—2016 年，利用陕西中天火箭公司生产的测高弹在石河子、喀什夏秋季节进行探测，以数值预报中风速预报资料和探空火箭外场实测数据为依据，分析火箭在作业时，大气环境中风向和风速对作业火箭弹的影响；风对火箭漂移的影响；最后通过调整火箭发射仰角和方位角来补偿实际风场的影响，给出实际发射角度修正方法，以达到提高作业效果的目的。

关键词　人工影响天气　风　火箭　弹道

1　引言

新疆人工影响天气作业规模逐年扩大，作业装备和规模均居全国前列。全疆 15 个地区、78 个县(市)开展了人工影响天气工作，有 1562 个人工防雹、增雨作业点分布在基层，拥有作业高炮 650 余门、火箭发射系统 800 多套，地面碘化银烟炉 36 套，年消耗炮弹 20 万发，火箭弹 1.5 万枚。

火箭发射装置是新疆人工影响天气实施作业的重要作业工具之一。随着社会经济的发展，人工增雨防雹等业务进一步加强，火箭发射系统在人工影响天气中被广泛应用。经过 10 余年的应用和持续改进，火箭发射系统技术成熟、操作简单、使用方便、安全高效，目前已在 28 个省（区、市）推广应用，取得了巨大的社会效益和经济效益[1]。WR-98 型火箭弹在新疆应用广泛，但是在实际作业中经常遇到火箭发射后的飞行轨迹与厂家提供的火箭弹道曲线相差很大，使火箭不能进入云体有效部位播撒作业，直接影响作业效果的实施，甚至超出安全射界，造成安全隐患。因此，有必要对 WR-98 型人影火箭弹在作业时的飞行轨迹进行分析，研究风对人影作业火箭弹的影响。

2　使用中天 GCG-GPS 测高火箭弹情况

根据人影作业火箭空中飞行播撒催化剂的特点，利用陕西中天火箭公司生产的测高弹进行探测，获取外场探测数据。在研究初期需要进行外场试验，获取多次飞行轨迹试验数据。以数值预报中风速预报资料和探空火箭外场实测数据为依据，分析火箭在以超声速飞行时，大气环境中风向和风速对作业火箭弹的影响。

陕西中天火箭技术有限责任公司生产的 WR-98 型增雨防雹火箭技术参数见表 1。[2]

表1　WR-98火箭技术参数

项目	指标	项目	指标
弹径(mm)	Ø82	最大射高(km)	≥8.5
播撒时间(s)	≥35	最大射程(km)	≥9.5
弹重(kg)	8.5	残骸着陆速度(m/s)	≤8
发射成功率(%)	99	高低射角(°)	45～85
AgI含量(g)	36	总长(mm)	1450
贮存温度(℃)	－35～45	射界方向(°)	360
AgI成核率(－10℃)	1.8×10^{15}	贮存寿命(年)	3

首先,对陕西中天火箭公司研制的GCG-GPS人影测高火箭理论飞行轨迹进行分析。其次,采用陕西中天火箭公司研制的GCG-GPS人影测高火箭系统,在博州精河、石河子、喀什进行外场试验数据采集,实时采集0～7 km高度范围内的大气物理参数,其中主要包括风速、风向和测量点三维坐标等数据,显示测点参数的变化曲线和空中运行轨迹。跟踪计算基于取得的探测火箭外场试验数据,分析火箭在风速、风向等因素影响下的火箭飞行过程中的跟踪性能报告,提交作业发射仰角和方位角修订参数。

3　研究主要内容及资料方法

3.1　外场试验数据的获取

在作业中经常遇到火箭发射后的飞行轨迹与厂家提供的火箭弹弹道曲线相差很大的情况,除弹体质量问题外,还与发射时对流性天气空中的温度、密度、湿度、风向、风速等因素有关,其中以风向风速的影响最为显著。利用陕西中天火箭生产的测高火箭弹实施外场试验,在不同天气情况下进行探测和播撒作业,实时采集0～7 km高度范围内的大气物理参数,获取分析研究的基础数据。

3.2　风对WR-98型人工增雨防雹火箭弹飞行轨迹的影响分析

以测高火箭弹在不同天气条件下获得的探测数据为基础,依据探测时间选取探空数据、数值预报数据,结合防雹火箭弹理论飞行曲线进行比对分析,诠释风向、风速对火箭弹飞行轨迹的定量影响。

4　风对WR-98型人工增雨防雹火箭弹道的影响

4.1　发射方向的风对发射仰角的影响

由于火箭体积头部小尾部大,飞行中头部风阻力较尾部小(图1),飞行弹道受环境风的影响较大,在火箭飞行主动段,风的影响使箭体发生俯仰和偏斜[3]。在发动机推力作用下。飞行弹道将偏离无风时的理想弹道,最终将影响火箭弹道高度和射程。到了高空,由于火箭速度相对于风速大得多,受风的影响程度会小些。当火箭顺风发射飞行时,风对火箭尾部的推力大于火箭头部,使火箭体仰角抬高(图 2),当火箭逆风发射飞行时,风对火箭尾部的阻力大于火箭头部,是火箭体仰角降低(图 2)。

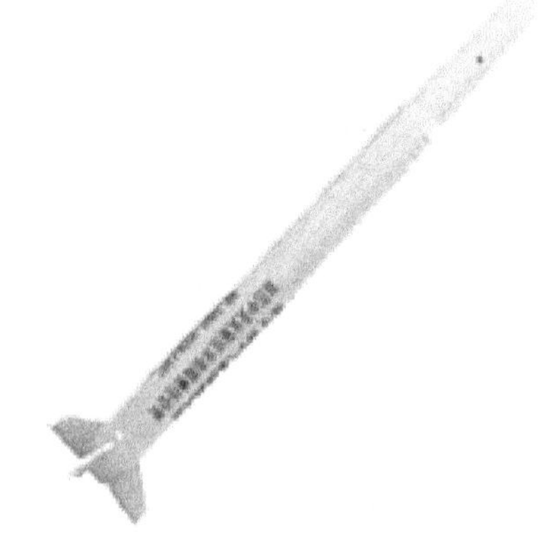

图 1　GCG 测高火箭弹几何形状

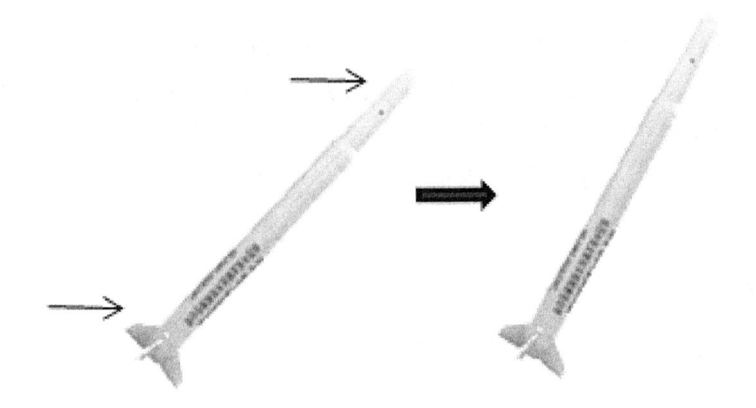

图 2　顺风时火箭仰角抬高

正常风速下顺风发射和逆风发射可使出膛后的火箭仰角偏离正常设定的值约 3°～5°,影响射高 500～800 m、射程 500～1000 m,当地面及低空的风达 4 级时,甚至影响达到近 10°,很可能影响弹体不能进入有效高度。例如 2016 年 6 月 22 日 22:30 在喀什英吾斯塘乡防雹作业时遇到较大西北风,地面风速达 6 级,根据喀什雷达站防雹指挥小组指令,向西北方向仰角 55°、方位 360°发射 5 发防雹火箭弹(逆风发射),随后发射一枚 GCG-GPS 测高弹,火箭出膛后弹体仰角开始明显降低,弹体未进入积雨云的有效部位。23 时 16 分又发射 3 发火箭弹,仰角调到 70°发射,弹体出膛后受逆风影响仰角开始降低到 60°～65°进入对流云,有效射高4980 m,由于逆风使火箭弹仰角降低,1 分 38 秒后火箭弹落地。

4.2　横侧方向风对发射方位角的影响

横侧方向的风使箭体发生偏斜,对出膛后火箭飞行方位角产生影响。如右侧风将使弹体向右侧滑(图 3),左侧风将使弹体向左侧滑。侧风对火箭方位角的影响非常明显,据观测 10 m/s的横侧风可使弹体方位角偏转 20°以上。以偏离预设方位角 5°,按仰角 65°发射计算,到空中后可使弹体偏离云体约 500 m。

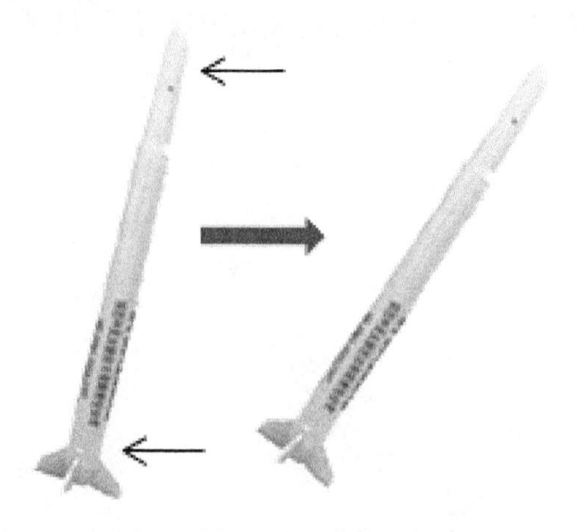

图3　右侧风使火箭向右侧滑

4.3　风对火箭漂移的影响

弹体飞行中会随风漂移。在低空风不大，加之火箭出膛惯性，此现象不明显。到高空火箭飞行后期的惯性飞行段，火箭速度变慢，加之风大，火箭将随风“飘动”，偏离原轨道，往下风方有一定位移。假设火箭在有效飞行途中，高空风速平均 10 m/s。若以火箭发射到催化剂开始撒播时间间隔 15 s 计算，此速度可使火箭漂移 150 m，到撒播结束≥35 m 时间计算，漂移 400 m。

4.4　实际发射角度修正方法

WR-98 型增雨防雹火箭的飞行弹道受风的影响较大，在有风的情况下，火箭的终点位置均要偏离理论值。为了使火箭的飞行高度接近理论标称值，可通过调整火箭发射仰角和方位角来补偿实际风场的影响。根据外场探测作业实践分析和参考其他低空无控火箭的风补偿量，风对 WR-98 型增雨防雹火箭弹道影响的补偿按表 2、表 3 数值较接近实际，操作也较简单。

表 2　发射方向的风对火箭发射仰角补偿

发射方向风速(m/s)	顺风补偿仰角(°)	逆风补偿仰角(°)
0	0	0
2	−2	2
4	−4	4
6	−7	7
8	−10	10
10	−13	13
12	−16	16
14	−20	20

表 3 侧风对火箭发射方位角补偿

侧方向风速(m/s)	右侧风补偿方位角(°)	左侧风补偿方位角(°)
0	0	0
2	−4	4
4	−8	8
6	−12	12
8	−16	16
10	−20	20
12	−24	24

如 2016 年 6 月 29 日 21:30,在石河子 142 团 15 连防雹作业。防雹指挥部根据作业点位置及 Cb 积雨云来向、高度,指令作业队向 210°方向、仰角 70°发射防雹火箭弹,时遇地面及低空为西西北风,地面风速估计达 5 级约 10 m/s,将风分解为北风 7 m/s、西风 7 m/s,需调高火箭发射仰角约 8°、调小方位角约 14°,调整后的发射仰角为 78°、方位角为 196°,出膛后弹体仰角开始降低,方位开始右偏,观察到弹体进入积雨云的有效部位。

5 结束语

在有风时,WR-98 型增雨防雹火箭发射后的飞行轨迹与厂家提供的火箭弹弹道曲线有差异,火箭顺风发射飞行时,风使火箭弹体仰角抬高,逆风发射时,风使火箭弹体仰角降低;右侧侧风将使弹体向右侧滑,左侧侧风将使弹体向左侧滑,对出膛后火箭飞行方位角产生影响;火箭飞行中还会随风漂移。

在火箭发射之前,应根据探测到 Cb 云体的 0 ℃层高度、云顶高度及水平距离和方位等,按照 WR-98 型增雨防雹火箭弹弹道曲线图初步确定发射仰角和方位角,并根据地面和高低空风向风速情况,综合考虑两个方向的风速分量,对发射仰角和方位角进行风修订,该射角应保证催化剂开始撒播时的火箭高度、方位满足预定作业要求,以达到提高作业效果的目的。

参考文献

[1] 陈光学. 火箭人工影响天气技术[M]. 北京:气象出版社,2008:229-231.

[2] 卢培玉. WR-98 火箭系统在人工增雨防雹中的性能分析//第 27 届中国气象学会年会大气物理学与大气环境分会场论文集[C]. 2010.

[3] 邱荣剑,陶杰武,王明亮. 弹道修正弹综述[J]. 国防技术基础,2009(8):45-48.

基于空间均匀定常风场的人影作业高炮安全射界修正

王田田　尹宪志　黄　山　李宝梓　丁瑞津　罗　汉

(甘肃省人工影响天气办公室,兰州 730020)

摘　要　针对 37 mm 人工影响天气作业高炮推导非标准气象条件下质点外弹道的计算方法,分析弹丸分别受横风和纵风影响时的弹道侧偏及射程修正。结果表明:风对高炮弹丸的运动轨迹影响较为剧烈。纵风通过影响空气阻力的大小和方向,改变弹道射程;横风影响空气阻力的方向,从而使弹道轨迹产生顺风向侧偏。在同一发射仰角下,随着风速的变化,横风引起的弹道偏程修正量和纵风引起的射程修正量呈现出近似等差数列的变化规律。通过拟合分析,得到风速、发射仰角与弹道修正量之间的关系表达式,在实际作业时,可粗略地利用该数学表达式快速估算任意风速下的弹道修正量。

关键词　人影作业　安全射界　均匀风场

1　引言

随着我国经济社会快速发展,为有效应对各类灾害性天气气候,防灾减灾,修复生态环境,人工影响天气作业(以下简称"人影作业"),尤其是大范围人工增雨、防雹作业,需求逐渐增大[1-4]。37 mm 高炮是我国开展地面人工增雨防雹作业的主要装备之一,所使用的人影炮弹存在约 3‰~3%的引信瞎火率[5]。随着人口和地面建筑物密度增大,开展地面人影作业的安全射击区域不断受到挤压限制。通过精确绘制和规范使用安全射界图,可以有效避开禁射区,提高地面人影作业的安全性。

弹丸从炮口射出后,在空中的飞行轨迹直接受气象条件影响。若忽视这种影响,37 mm 高炮未爆弹丸的落点区域将和标准落点之间产生较大偏差,增加人影作业事故发生的风险。风是对弹丸运动轨迹产生影响最大的气象因素之一,对弹丸弹道及弹道诸元都有影响,直接威胁弹丸的发射和射击安全[6]。因此,在确定人影作业高炮安全射界时,必须提前计算风偏差量,进行弹道修正,提高射击精度,确保安全作业。

现阶段,不考虑气象条件影响下的弹道仿真模拟与修正的研究[7-10],以及基于海拔高度对弹道修正的研究[11-13],都已取得诸多成果。但气象条件,尤其是风的影响不可忽略。有研究通过建立不同风场模型和设立特定非标准气象条件,探讨气象要素对弹丸外弹道特性的影响[14-20]。然而,以往研究大多针对不同口径的火炮、榴弹等军事打击类武器,关于人影作业常用的 37 mm 高炮受风影响的弹道规律研究相对空白。因此本文基于弹箭外弹道学原理[21],分析风对 37 mm 高炮弹道轨迹的影响规律,为精确绘制高炮安全射界图提供技术支撑。

2　风对高炮弹道的影响

大气中的风一般平行于地面。忽略其垂直分量的影响,风可以分解为纵风和横风,平行于射击平面的风速分量称为纵风,顺风为正,用 W_x 表示;垂直于射击平面的风速分量称为横风,面向射击方向观察，从左向右为正，用 W_z 表示。

由于风的存在，使得弹丸飞行时受到的空气阻力和空气阻力加速度的大小和方向发生了变化。根据速度叠加原理，弹丸的绝对速度 v(m/s)可以看成是相对于空气的速度 v_r(m/s)与风速 W(m/s)(牵连速度)的矢量和。具体公式如下：

$$v=v_r+W \tag{1}$$

基于 37 mm 高炮的特点，根据质点弹道原理[21]，将弹丸当作质点研究。由此得到非标准气象条件下质点运动方程组如下：

$$\begin{cases}\dfrac{\mathrm{d}v_x}{\mathrm{d}t}=-C\cdot H(y)G(v_r)(v_x-W_x)\\ \dfrac{\mathrm{d}v_y}{\mathrm{d}t}=-C\cdot H(y)G(v_r)v_y-g\\ \dfrac{\mathrm{d}v_z}{\mathrm{d}t}=-C\cdot H(y)G(v_r)(v_z-W_z)\\ \dfrac{\mathrm{d}x}{\mathrm{d}t}=v_x\\ \dfrac{\mathrm{d}y}{\mathrm{d}t}=v_y\\ \dfrac{\mathrm{d}z}{\mathrm{d}t}=v_z\\ vr=\sqrt{(v_x-W_x)^2+{v_y}^2+(v_z-W_z)^2}\end{cases} \tag{2}$$

式中：x,y,z(m)分别表示弹道水平距离、弹道高度和弹道侧偏；C 为弹道系数，表示弹丸本身的特征对运动的影响，其计算公式如下：

$$C=\frac{id^2}{m}\times10^3 \tag{3}$$

式中：i 为弹形系数，d(mm)为弹丸直径；m(kg)为弹丸质量。

$H(y)$为空气密度函数，反映大气密度对弹丸飞行的影响，具体公式如下：

$$H(y)=\frac{\rho}{\rho_{\mathrm{on}}} \tag{4}$$

式中：ρ(kg/m^3)为弹丸所在高度的空气密度；ρ_{on}(kg/m^3)为地面标准空气密度。当 $y\leqslant9300$m 时，$H(y)$可以近似为 y 的函数，表达式如下：

$$H(y)=(1-2.1904\times10^{-5}y)^{4.399} \tag{5}$$

$G(v)$为空气阻力函数，表示弹丸相对于空气的运动速度 v 对运动的影响，具体公式如下：

$$G(v)=4.737\times10^{-4}v\,C_{x\mathrm{on}}(\mathrm{Ma}) \tag{6}$$

式中：马赫数 Ma 表示速度与当地音速的比值，阻力系数 $C_{x\mathrm{on}}$(Ma)是一组标准弹的阻力系数 $C_{x\mathrm{on}}$与马赫数 Ma 的关系，本文通过查询 1943 年的阻力定律表后插值获得。

从公式(1)和质点运动方程组(2)可以看出，纵风既能影响空气阻力的大小，也影响阻力的方向，故而改变弹丸的射程；横风是通过改变空气阻力的方向来影响弹道，横风对弹道的影响总是偏向顺风方向。

2.1 横风产生的侧偏修正

由质点弹道方程组(2)可知，横风 W_z通过 v_r影响射程和射高。由于 W_z与 v_x和 v_y相比是很小的量,W_z 对 v_r 影响甚小。因此,可以认为横风 W_z 除了引起弹道侧偏外,对弹道没有其他影响。

当只考虑横风 W_z 时,对方程组(2)进行积分可得横风引起的落点侧偏为:

$$Z_W = W_z\left(T - \frac{X}{v_0\cos\theta_0}\right) \tag{7}$$

式中:Z_W(m)表示横风引起的落点侧偏;X(m)表示无风条件下的射程;T(s)表示全飞行时间;v_0(m/s)表示弹丸初速度;θ_0(°)表示发射仰角。在考虑 W_z 引起的弹道侧偏量时,可以使用 X 和 T 来估算。由于弹丸实际飞行的弹道水平分速度不断减小,$\frac{X}{v_0\cos\theta_0}$ 表示当弹丸以不变的水平速度 $v_0\cos\theta_0$ 飞行到 X 处所需的时间,显然这比真实飞行时间小得多,Z_W 永远大于0,所以横风引起的弹道侧偏永远为正,是顺风偏。

利用 Matlab 编程计算的 37 mm 高炮常用炮弹(JD-89 型人雨弹,弹丸参数为:弹丸口径 37 mm,弹形系数 $i=1$,质量为 0.6 kg,初速为 950 m/s)在仅考虑横风($W_z=10$ m/s)的均匀风场中飞行参数随时间变化情况(图 1)。其中,发射仰角 θ_0 为 60°。

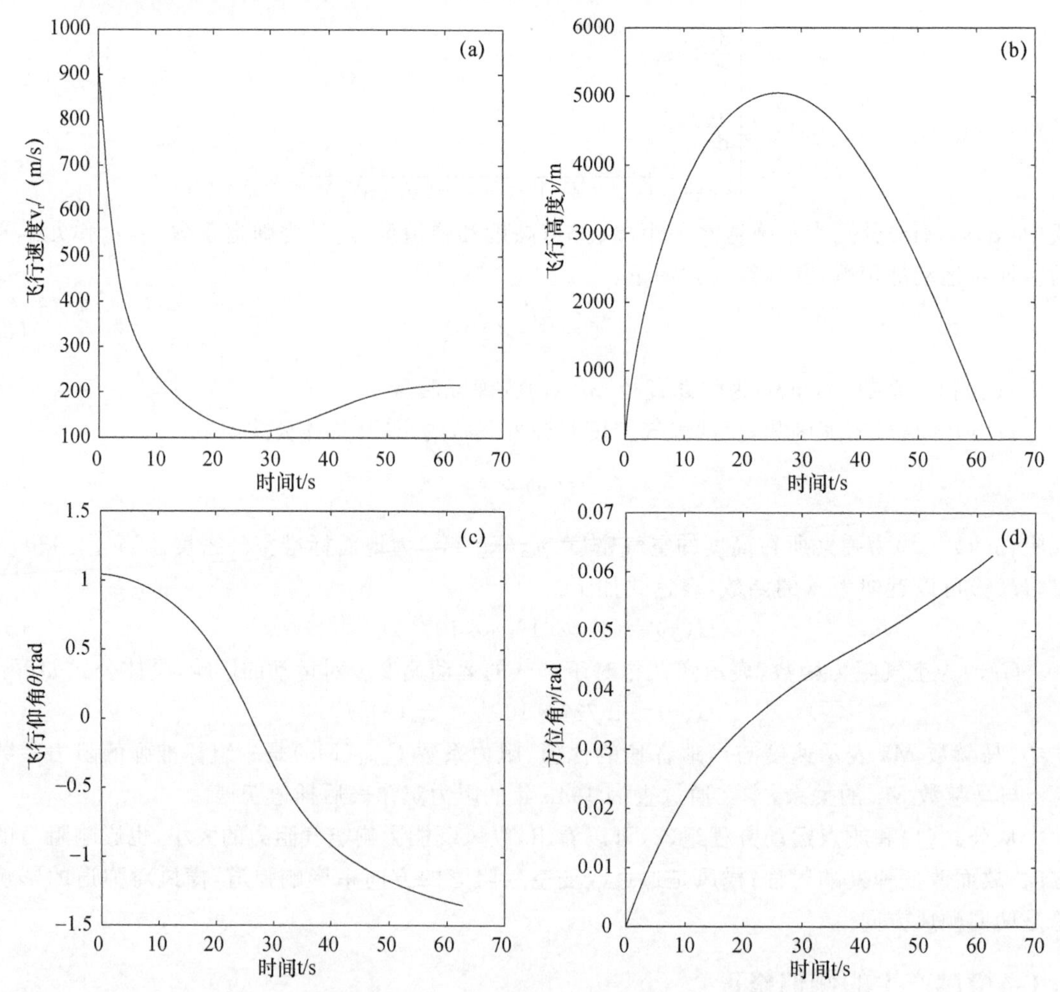

图 1 JD-89 型人雨弹在仅考虑横风的均匀风场中的运动参数变化

(a)飞行速度;(b)飞行高度;(c)飞行仰角;(d)方位角

由图 1 可知，飞行速度 v_r 经历了从一开始快速减小到缓慢上升至趋于稳定的过程；飞行高度 y 随时间变化的曲线为典型的抛物线；飞行仰角 θ 随时间持续减小，从一开始的 $\pi/3$ 减小为 0（此时弹丸飞行到最高点），再从 0 减小为负值；方位角 γ 是指弹丸飞行弹道偏离发射方向的偏离角度，由于横风的作用，飞行轨迹与发射方向逐渐偏离。

将无风和有横风（$W_z=10$ m/s）的情况放在一起进行比较，利用弹丸运动的三维轨迹图（图 2）可以看出，横风对弹丸的弹道影响非常明显，z 轴侧偏可达 469 m。

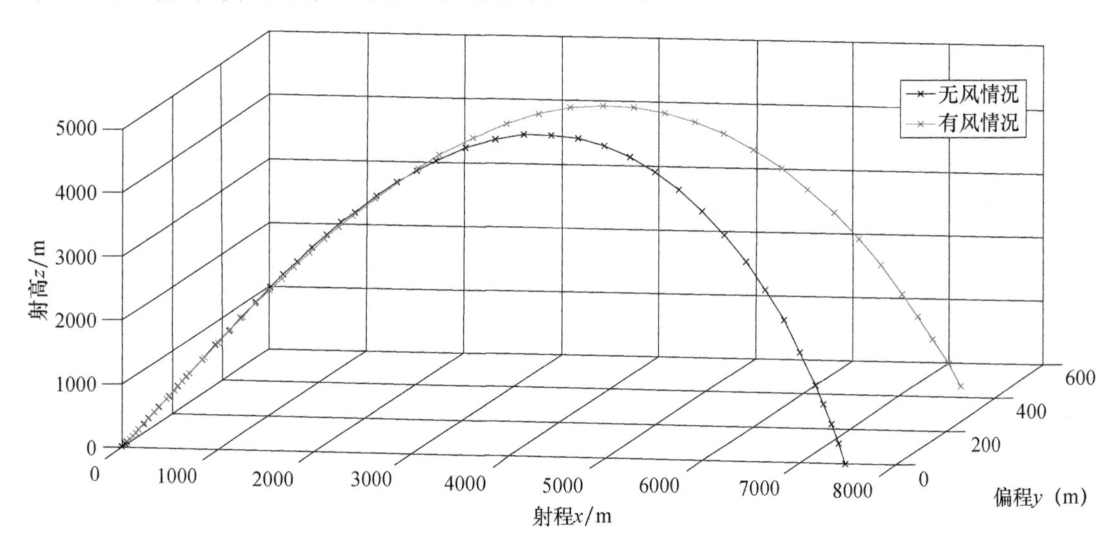

图 2　JD-89 型人雨弹在无风和有横风的作用下弹道轨迹对比

2.2　纵风对射程的修正

当只考虑纵风（W_x）时，由方程组（2）可以得到纵风引起的射程变化为：

$$X_W=X_r(C,v_{0r},\theta_{0r})+W_xT \tag{8}$$

式中：$X_r(C,v_{0r},\theta_{0r})$ 是参数为 C,v_{0r},θ_{0r} 的弹丸射程。

$$v_{0r}=\sqrt{(v_0\cos\theta_0-W_x)^2+(v_0\sin\theta_0)^2} \tag{9}$$

$$\theta_{0r}=\arctan\left[\left(1-\frac{W_x}{v_0\cos\theta_0}\right)^{-1}\tan\theta_0\right] \tag{10}$$

利用 Matlab 编程计算得到 37 mm 高炮 JD-89 型人雨弹在仅考虑纵风（$W_x=10$m/s）的均匀风场中飞行参数随时间变化情况（图 3）。其中，发射仰角 θ_0 为 60°。

从图 3 中可以看出，飞行速度 v_r、飞行高度 y 和飞行仰角 θ 随时间的变化规律与横风时相同；由于仅考虑纵风的影响时，弹丸弹道并不会产生侧偏，因而方位角 γ 随时间的变化则是一条恒为 0 的直线。

将无风和有纵风（$W_x=10$ m/s）的情况放在一起进行比较，利用弹丸运动的三维轨迹图（图 4）可以看出，纵风对弹丸的射程影响非常明显，达 531 m。

3　基于空间均匀定常风场对高炮射界的修正

实际大气中的自然风随地理位置、时间和高度不断变化，因而，要建立准确的风场数学模型非常困难[22]。由于 37 mm 高炮弹丸在空气中飞行时间一般在 2 min 以内；且射高一般不超过

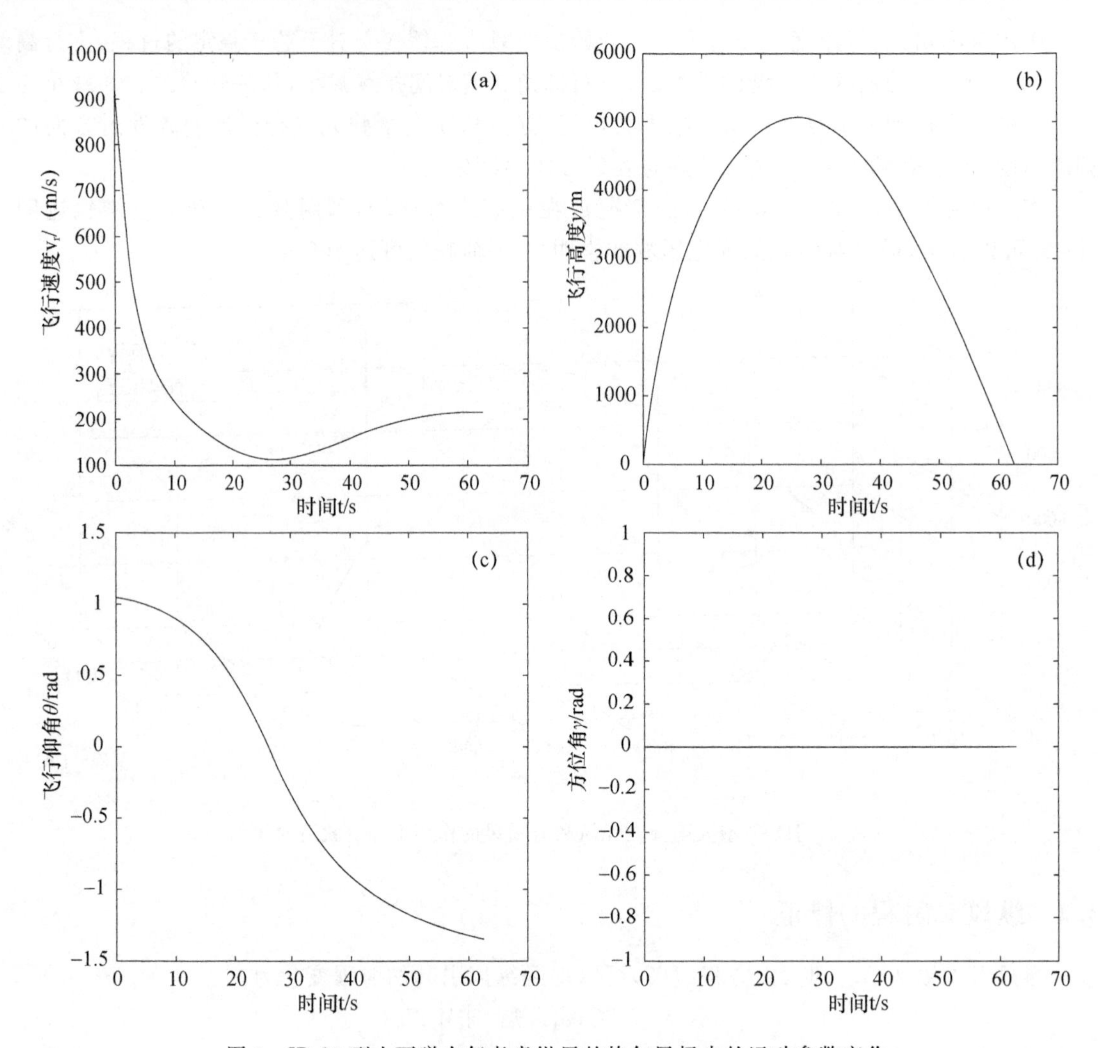

图3 JD-89型人雨弹在仅考虑纵风的均匀风场中的运动参数变化

(a)飞行速度;(b)飞行高度;(c)飞行仰角;(d)方位角

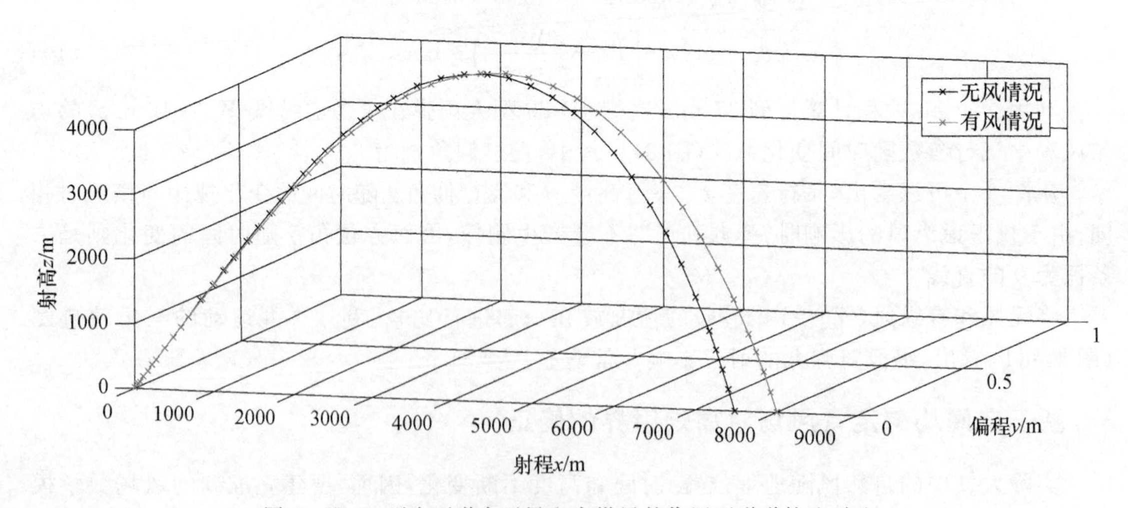

图4 JD-89型人雨弹在无风和有纵风的作用下弹道轨迹对比

7 km，弹丸在 5 km 以上的高空中飞行时间极短，可以忽略高空急流的影响。在需要人影作业时，某一高炮的射界范围一般都处于同一小尺度天气系统内；故粗略地将影响高炮弹道曲线上的风场近似为空间均匀的定常风场，计算不同风速的横风、纵风对 37 mm 高炮常用弹型(JD-89 型人雨弹)弹道的修正量(表 1)。

表 1　弹道横风、纵风对 JD-89 型人雨弹弹道的修正(60°发射仰角)

横风/(m/s)	偏程修正/m	纵风/(m/s)	射程修正/m	纵风/(m/s)	射程修正/m
0	0	0	0	−0	0
1	46.9	1	53.1	−1	−53.1
2	93.8	2	106.2	−2	−106.2
3	140.7	3	159.3	−3	−159.3
4	187.7	4	212.6	−4	−212.3
5	234.6	5	265.8	−5	−265.4
6	281.6	6	319	−6	−318.5
7	328.5	7	371.5	−7	−371.1
8	375.5	8	424.5	−8	−424.2
9	422.3	9	478.6	−9	−477.3
10	469.4	10	531.8	−10	−530.1
12	563.3	12	638.4	−12	−635.8
14	657.1	14	744.9	−14	−741.5
16	751	16	851.6	−16	−847.2
18	844.9	18	958.3	−18	−952.7
20	938.7	20	1065	−20	−1058.1
25	1173.4	25	1332.2	−25	−1321.4
30	1408	30	1599.8	−30	−1584

由表 1 可以看出，随着横风风速增大，弹道偏程修正量几乎呈等差数列递增；同样，随着纵风风速的增大或减小，弹道射程修正量也几乎呈等差数列递增或递减。因此，只需计算某一射角下任一风速对弹道的修正量即可估算在任意风速下的弹道修正量。

表 2 为不同发射仰角下(间隔 5°)弹道横风(1 m/s)、纵风(1 m/s)对 JD-89 型人雨弹弹道的修正量，以便实际进行人影作业确定安全射界时参考。可以看出，在风速绝对值相同时，纵风引起的射程修正量随发射仰角变化较小，而横风引起的偏程修正量则随发射仰角变化较大。纵风顺风(风速为正)与逆风(风速为负)的风速绝对值相同时，对射程修正量的绝对值也非常接近，逆风时略小；随着风速绝对值增大，顺风和逆风对射程修正量绝对值之间的差异逐渐增大，这是由于顺风使得弹丸飞行时间减小，而逆风使得弹丸飞行时间增加。

表 2　不同发射仰角下弹道横风(1 m/s)、纵风(1 m/s)对 JD-89 型人雨弹弹道的修正量

发射仰角/°	偏程修正/m	射程修正/m	
	横风	纵风顺风	纵风逆风
45	39.2	49	−48.9
50	42	50.1	−50.0
55	44.6	51.8	−51.8
60	46.9	53.1	−53.1
65	48.8	54	−54.0
70	50.4	54.9	−54.6
75	51.7	54.6	−54.3
80	52.5	54.2	−54.1

通过拟合分析风速、发射仰角与射程(偏程)修正量之间的关系,得出如下数学表达式:

横风偏程修正:

$$Z_W=(-0.0066\theta^2+1.2135\theta-2.0077)W_z(R^2=0.99)$$

纵风射程修正量:

$$X_W=(-0.0068\theta^2+1.0127\theta+16.814)W_x(R^2=0.98)$$

4　结论与讨论

(1)实际气象条件下,风对弹丸弹道轨迹的影响很大,在实际进行人影作业时,必须考虑风的影响来对高炮的安全射界进行修正。纵风既能影响空气阻力的大小,也影响阻力的方向,故而改变弹丸的射程;横风改变空气阻力的方向,故而使弹道轨迹产生顺风向侧偏。

(2)同一发射仰角下,随着风速的变化,横风引起的弹道偏程修正量和纵风引起的射程修正量均呈现出近似等差数列的变化规律。

(3)在风速绝对值相同时,纵风引起的射程修正量随发射仰角变化较小,而横风引起的偏程修正量则随发射仰角变化较大。纵风顺风(风速为正)与逆风(风速为负)的风速绝对值相同时,对射程修正量的绝对值也非常接近。

(4)通过拟合分析,得到风速、发射仰角与弹道修正量之间的关系表达式,在实际作业时,可粗略地利用该数学表达式来快速估算任意风速下的弹道修正量。

本文在进行风对弹道轨迹修正时,仅基于空间均匀定常风场。然而实际大气中的风场远比空间均匀定常风场复杂,若要进行更为精确的修正,则须首先精确模拟发射点的风场变化。

参考文献

[1] 邵洋,刘伟,孟旭,等. 人工影响天气作业装备研发和应用进展[J]. 干旱气象,2014(4):649-658.
[2] 王以琳,王俊. 地面人工增雨随机试验方法的探讨[J]. 干旱气象,2015,33(5):756-760.
[3] 李晓鹤,蒲金涌,袁佰顺,等. 甘肃省天水市近 40a 冰雹分布特征[J]. 干旱气象,2013,31(1):113-116.
[4] 王胜,郭海瑛,牛喜梅. 甘肃省汛期小时降水的变化特征[J]. 干旱气象,2018,36(4):610-616.
[5] 马官起,王洪恩,王金民,等. 人工影响天气三七高炮实用教材[M]. 北京:气象出版社,2011.
[6] 张军. 军事气象学[M]. 北京:气象出版社,2005.
[7] 倪庆乐,王雨时,闻泉,等. 弹丸空气阻力定律全定义域解析函数经验公式[J]. 弹箭与制导学报,2016,36

(6):101-104.

[8] 史金光,刘猛,曹成壮,等. 弹道修正弹落点预报方法研究[J]. 弹道学报,2014(2):29-33.

[9] 肖亮,王中原,周卫平,等. 低伸弹道的外弹道相似条件和模拟试验研究[J]. 兵工学报,2010,31(4):437-441.

[10] 黎祖贤,刘红武,廖俊,等. 基于外弹道计算的人影高炮作业安全评估方法[J]. 气象科技,2016,44(1):152-156.

[11] 蒋明,刘玉文,李泳,等. 我国高原气象条件及其对火炮外弹道特性影响[J]. 兵器装备工程学报,2016,37(5):7-11.

[12] 王良明,钱明伟. 高原环境对高炮外弹道特性的影响[J]. 弹道学报,2006,18(1):18-21.

[13] 王田田,尹宪志,李宝梓,等. 基于海拔高度的人影作业安全射界图订正[J]. 干旱气象,2018,36(2):319-325.

[14] 冯德朝,张方方,胡春晓. 自然风对旋转弹丸外弹道性能影响的仿真研究[J]. 指挥控制与仿真,2012,34(1):96-98.

[15] 侯健,张方方. 非标准条件下旋转弹丸刚体外弹道的建模与仿真[J]. 海军工程大学学报,2012,24(5):65-69.

[16] 刘俊邦,张猛,朱建峰. 非标准气象条件下火炮外弹道仿真[J]. 指挥控制与仿真,2013,35(2):80-84.

[17] 张松兰,刘晓利. 风场建模与弹道仿真[J]. 弹箭与制导学报,2006,26(1):550-552.

[18] 高太长,涂雪伟,方涵先,等. 关于2种典型风场对弹箭运动轨迹影响的三维数值分析[J]. 解放军理工大学自然科学版,2011,12(2):178-183.

[19] 吴汉洲,宋卫东,张磊,等. 低空风风场建模与对弹丸弹道特性影响的研究[J]. 军械工程学院学报,2015(4):38-42.

[20] 杨凡,黄明政,薛允传,等. 基于高分辨率卫星影像的高炮作业点安全射界图的制作[J]. 气象,2008,34(4):124-126.

[21] 韩子鹏. 弹箭外弹道学[M]. 北京:北京理工大学出版社,2014.

[22] 曲延禄. 外弹道气象学概论[M]. 北京:气象出版社,1987.

双偏振雷达维护的内容和注意事项

热孜亚·克比尔　亥沙尔·库尔班

(阿克苏地区人工影响天气办公室,阿克苏 843000)

摘　要　双偏振雷达是一种新型的雷达,它可以交替发射和接收水平/垂直线偏振波,从而获取气象目标物内更多的信息,为人们监测和预报灾害性天气提供了更加精确的依据。然而雷达的性能对探测云雨的准确性有很大影响。为了进一步确保雷达系统在业务运行中的正常技术状态,提高雷达系统的可靠性、可用性和到报率,必须定期对雷达各项参数进行检查和维护。在此,介绍了双偏振雷达维护的内容、顺序和注意事项,供机务保障人员参考。

关键词　雷达　维护　检查

1　引言

SCRXD-02 型雷达是新一代 X 波段双偏振全相参脉冲多普勒天气雷达,具有测量不同偏振方向回波功率的功能,它通过交替发射和接受水平/垂直线偏振波,实现除了能探测云,降水的反射率因子,平均径向速度和速度谱宽外,还能够测得差分反射率因子 Z_{DRH},差分相移 K_{DP},零延迟相关系数 $P_{HV}(0)$和线形退极化比 $L_{DRH}(V)$等。SCRXD-02 雷达获取降水区中风场分布,监测恶劣天气所带来的风害,准确地提供流场分布信息和动态结构,双偏振参数的测量范围距离大于 150 km,并能够实现对近 150 km 范围内的降水量分布和区域降水量进行准确的估测。

2　雷达的定期维护

2.1　日维护

雷达的定期维护分为日维护、周维护、月维护和年维护。日维护每天进行一次,不影响雷达担负任务。其内容主要是对雷达作一般的外部擦拭、检查和试机。做好开机的准备工作,对雷达工作机柜要做清洁卫生处理,每天正常开机 0.5 小时以上,其中加高压的时间不得小于 0.5 小时,开机后作显示画面检查,用吸尘器清理雷达工作方舱和雷达生活方舱的地面。

2.2　周维护

周维护每周进行一次,所需要时间通常为 4～6 个小时。周维护主要对雷达各分系统进行有计划、有重点的检查维护,测量主要技术数据,并进行必要的调整。首先对各机柜和分系统进行外部检查,并清除灰尘,观察发射监控分机面板上的速调管电流指示,检查发射功率是否符合要求,检查天线座上各电缆插头以及所有连接部分有否松动,如有,则应予坚固。在空调使用期间,按空调器使用说明清洗滤尘网。

2.3 月维护

月维护就是每月对雷达进行一次维护，所需维护时间8～12个小时，主要对天线装置和精密复杂器件进行有计划的维护、检查和校正，测量各分系统主要电压(流)、电阻值的波形，并进行必要的调整。主要有以下几个步骤：

(1)测量发射平均功率和平率；

(2)检查天线座的水平度并进行调整；

(3)做门限检查；

(4)根据上个月雷达的工作情况，重点测量某些分系统中主要部分的电压、电流或波形；

(5)在空调使用季节过后，准备收藏之前，应在一晴天让风扇连续运转6个小时，使其内部干燥。在清洗排水槽、蒸发器、冷凝器后，包装好收藏起来。

2.4 年维护

年维护每年进行一次，所需维护时间通常为5～9天。年维护时，要对雷达进行全面彻底的维护和检查，测量全部技术数据，并进行必要的整修。实施年维护期间应解除雷达的工作任务。

(1)全面检查雷达各分系统的各个部分，测量雷达的全部技术数据；(2)对雷达整机进行必要的整修；(3)维护方位和俯仰旋转阻流关节；(4)方位及俯仰减速箱的油塞拧开，将陈油放干净，用汽油清洗各机件。待晾干后，加入HP-8航空润滑油，再拧紧油塞；(5)将方位及俯仰转动机构的末级以及方位、俯仰同步电机装置齿轮上的陈油用汽油清洗干净，待晾干后，均匀涂上7007润滑脂；(6)转动台升降机构齿轮上的陈油用汽油清洗干净后，均匀涂上7007润滑脂[1-2]。

3 主要维护用品的性能和使用注意事项

3.1 各类清洁剂的性能和使用注意事项

清洁剂是一种溶解剂，它可以溶解机件表面脏物。常用的清洁剂有酒精、四氯化碳、汽油等。酒精是无色液体，容易燃烧，解容能力强。它能溶解金属表面的油污、积灰，常用来清洗高压绝缘柱、汇流环和各种接触点，它不能用来清洗橡胶、明胶板和油漆。四氯化碳是无色的液体，容易挥发，不燃烧，有刺激气味，是一种较好的溶解剂。使用范围与酒精相同，用酒精或四氯化碳清洗后，在物件表面生成一层薄膜，应用干布将其擦去。汽油是一种溶解能力较强的擦拭剂。它的挥发性强，容易着火，用来清洗齿轮和轴承[1]。

3.2 清洗用品的性能和使用注意事项

常用的清洗用品有细布、绒布、毛刷、钢丝刷等。细布用来擦拭元件表面、接触点和汇流环。绒布用来清洗荧光屏。粗糙的金属器件表面锈蚀需用干布擦拭干净或细纱纸打磨。

为了清除开关触点上的油污，用细布沾上酒精直接擦拭触点，然后再用干净的毛刷刷去触点上可能沾上的纤维，以免造成接触不良。对于不宜擦洗的波段开关触点，用酒精滴一些在触点上，扳动开关利用触点的摩擦将油污磨掉，然后再用干布擦拭干净[1-2]。

参考文献

[1] 魏勇,王存亮,向导,等. 石河子 XDP937 型全固态全相参双偏振多普勒天气雷达日常维护注意要点[J]. 沙漠与绿洲气象,2016,10(s1):62-163.

[2] 詹棠,龚志鹏,郑浩阳,等. 使用气象目标物验证珠海-澳门双偏振雷达的差分反射率标定[J]. 气象科技,2019,47(1):12-20.

新一代天气雷达基数据自动整编程序简介

张继东[1]　张继韫[2]

(1. 新疆阿克苏地区人工影响天气办公室,阿克苏 843000;2. 新疆哈密地区气象局,哈密 839000)

摘　要　新一代天气雷达体扫资料数据量大,占用空间大,资料存储备份工作庞大而繁杂。本文介绍了阿克苏新一代天气雷达(CINRAD/CC)基数据自动整编程序,该程序采用向导式任务处理技术实现了新一代天气雷达基数据资料整编的自动化、批量化和标准化处理,极大提高了雷达实时资料整编归档业务的质量和工作效率。

关键词　新一代　雷达　基数据　整编

1　引言

随着我国新一代天气雷达布网建设,雷达业务应用愈加广泛。新疆于2001年在阿克苏布设了第一部新一代天气雷达,现已拥有新一代天气雷达11部。新一代天气雷达全天候探测能力和丰富产品信息,为新疆短时临近预报、防灾减灾提供准确及时的预报依据,大大提高了中小尺度天气系统的探测和预警能力。

新一代天气雷达体积扫描获取的基数据文件是加工处理生成基本产品和导出产品的源数据,是监测中小尺度灾害性天气和气象服务的基础数据[1]。鉴于新一代天气雷达基数据的重要性,基数据存储管理一直是布网雷达台站的考核内容,中国气象局和新疆维吾尔自治区气象局均出台了相关业务观测规范及数据存储整编规定。但由于雷达资料数据量大,占用空间大,资料存储备份工作庞大而繁杂,为此,针对阿克苏新一代天气雷达(CINRAD/CC)编写了基数据雷达资料整编程序(以下简称整编程序),实现无人工干预、安全可靠地自动压缩存贮备份新一代天气雷达基数据资料,有效减轻了业务人员的工作量。

2　新一代天气雷达基数据现状

新一代天气雷达基数据产品文件,是雷达获取的原始数据,包括回波强度、径向速度和速度谱宽等,表示新一代天气雷达在某一时刻完成一个体积扫描时所存储的雷达数据,以二进制形式存储成为基数据文件。

阿克苏CINRAD/CC型雷达每个体积扫描生成一个数据V文件和一个标定B件,命名格式分别为yyyymmddhh. nnV、BITyyyymmddhhnnss. 000。在正常工作时,每6min产生大约21M的雷达基数据文件,若24h不间断扫描,每天生成近300个基数据文件,需要占据近6G的磁盘空间,容量非常大。如此海量的数据量如不及时进行管理,将占满磁盘,大量占用系统资源,直接影响雷达系统运行的稳定性。其次,长期不备份资料,实时资料存储量不断增大,整编工作量也随之加大,数据存储管理变得更加复杂。而且基数据具有反复长期使用的要求,对其进行有效存储管理,已经成为雷达台站一项非常重要的工作。

但雷达基数据检索和整编的工作量非常巨大[2],仅依靠人工处理这些数据难度大,效率低,易出错,无法满足实际工作的需要。因此,阿克苏雷达站建立了面向雷达业务工作人员的集雷达数据收集、归档、压缩、存储、整编为一体的无人工干预业务处理系统,极大提高了雷达实时资料整编归档业务的质量和工作效率。

3 软件开发及运行环境

利用C++开发出一套完整的新一代天气雷达资料整编压缩软件,形成批处理程序,通过计划定时完成设定任务。软件设计到文本框、命令按钮等工具,能够运行在Windows 2000,Windows XP,Windows 7操作系统下,计算机配置CPU P4以上,1GB内存,硬盘160GB,程序根据计划任务设置的时间自动启动运行,启动后在后台运行,不需要打开软件运行界面,不干预其他软件运行,软件所需内存小,不会与他软件发生冲突,达到自动压缩存储,并实现资料多重机器自动存储备份。

4 雷达软件安装和软件配置

雷达资料整编程序是一个可执行软件,只需将软件拷贝至雷达采集基数据的计算机任一磁盘下双击运行即可。

为维护数据的安全性,程序设置了用户权限,在登录时,必须在对话框中输入正确的用户名和密码才具有使用该程序和更改程序配置的权限。

程序首次运行前,需要先设置基数据提取路径(即源文件夹)和压缩后的基数据保存路径(即压缩文件夹)。

5 程序结构和功能特点

新一代天气雷达基数据整编程序由文件查询、转存、压缩、命名、批处理、备份等功能组成,这一系列工作均由后台自动批处理自动完成,其运行主界面如图1所示。

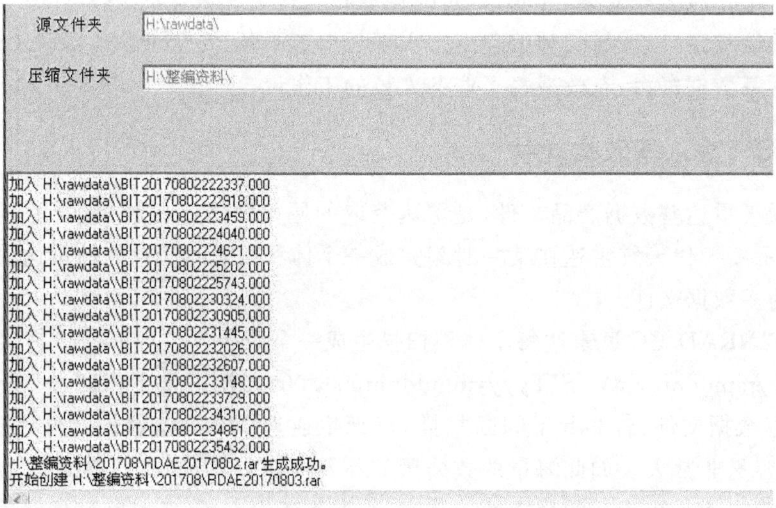

图1 基数据整编程序运行主界面

该程序每月 1 日自动在指定目录生成“××年××月”的文件夹;每日 00:00 查找前一日所有的 V 文件和 B 文件,自动复制,转存到相应××年××月的文件夹中;按照基数据整编统一格式自动压缩前一天的雷达基数据,并以“RDAEyyyymmdd.rar”的格式生成压缩包文件,完成格式转换;删除原文件。同时,由于雷达数据量比较大,为防止数据库中数据损坏或丢失,程序还提供了数据备份功能。

6 结论

新一代天气雷达资料整编程序实现了在无人工干预的情况下,自动按照相关基数据整编规定进行整编工作,具有配置简单、操作方便、占用系统资源少、不与业务软件冲突等特点。该软件自投入业务运行以来,稳定可靠,简化了资料存储备份工作,极大地提高了雷达实时资料整编归档业务的质量和工作效率,在灾害性天气监测预警和防灾减灾后续研究工作中发挥了重要作用。

参考文献

[1] 楚志刚,银燕,顾松山. 新一代天气雷达基数据文件格式自动识别方法研究[J]. 计算机与现代化,2013(7):180-184.

[2] 邹书平,卜英竹,武孔亮,等. 新一代天气雷达基数据转存归档系统设计和应用[C]//第 31 届中国气象学会年会论文集. 北京,2014:409-412.

[illegible]

[illegible]

[illegible]

[illegible]

[illegible]

[illegible]